Python 编程
零基础入门

Get Programming

Learn to code with

Python

[美] 安娜·贝尔（Ana Bell）著

徐波 译

人民邮电出版社

北 京

图书在版编目（CIP）数据

Python编程零基础入门 / （美）安娜·贝尔
(Ana Bell) 著；徐波译. -- 北京：人民邮电出版社，
2023.1
ISBN 978-7-115-51977-1

Ⅰ. ①P… Ⅱ. ①安… ②徐… Ⅲ. ①软件工具－程序
设计 Ⅳ. ①TP311.561

中国版本图书馆CIP数据核字(2019)第193304号

- ◆ 著　　　　[美]安娜·贝尔（Ana Bell）
- 译　　　　徐　波
- 责任编辑　武晓燕
- 责任印制　王　郁　焦志炜
- ◆ 人民邮电出版社出版发行　　北京市丰台区成寿寺路 11 号
  邮编　100164　电子邮件　315@ptpress.com.cn
  网址　https://www.ptpress.com.cn
  三河市君旺印务有限公司印刷
- ◆ 开本：800×1000　1/16
  印张：25.5　　　　　　　2023 年 1 月第 1 版
  字数：543 千字　　　　　2023 年 1 月河北第 1 次印刷
  著作权合同登记号　图字：01-2018-4174 号

定价：119.80 元
读者服务热线：**(010)81055410**　印装质量热线：**(010)81055316**
反盗版热线：**(010)81055315**
广告经营许可证：京东市监广登字 **20170147** 号

内容提要

　　本书是一本真正地从零开始讲解 Python 编程的图书，它旨在让零基础读者较快地掌握编程知识，并能使用程序来满足自己的需要。

　　本书共有 9 个部分，除第 1 部分外，其余部分都以一个阶段性项目结尾。第 1 部分（第 1~2 章）介绍了学习编程的意义；第 2 部分（第 3~6 章）介绍编程的基本知识；第 3 部分（第 7~12 章）讲解了字符串、元组以及与用户交互的代码；第 4 部分（第 13~15 章）介绍如何编写程序来进行选择；第 5 部分（第 16~19 章）主要涉及循环的相关知识；第 6 部分（第 20~23 章）引入了函数和模块化的相关概念；第 7 部分（第 24~29 章）介绍了一些高级对象类型，如可变对象、列表、字典等；第 8 部分（第 30~34 章）为面向对象编程的相关知识；第 9 部分（第 35~38 章）介绍了一些可供读者使用的现成代表库。

　　本书不仅适用于 Python 语言的初学者，也适合有一定 Python 语言基础的读者学习，还可以作为高等院校相关专业的教学用书和培训学校的教材。

序

　　我写作本书有两个主要的原因。我的目标是编写一本真正从零开始学习编程的图书，并且想把编程表述为一种能够在日常生活中为我们提供帮助的活动。

　　人们常常误认为编程是一项艰巨的工程，编写程序好像就是为了解决全世界的难题。事实并不是这样。编程也可以在日常生活中为我们提供帮助！我随时都在编写小程序，有时候是为了解决一些难题，有时候只是为了帮助我做出一些决定。

　　在本书中，我希望能够一直贯彻这种精神，尽可能使每个人都学会编程。读者只要具备少许的编程知识，就可以编写实用的程序满足自己的需要。

　　我在 MIT 用 Python 语言为本科生讲授入门级的计算机科学课程。学习我的课程的大部分学生之前没有任何编程经验。我的课程节奏非常快，许多学生问我是不是还有其他在线资源可以帮助那些从未学习过编程的人。但是，我为他们提供的几乎所有资源都要求掌握一定的编程知识，这就添加了一层额外的障碍。他们必须先理解编程的概念，然后才能把这些概念应用到 Python 语言。不管我教了多少年的编程，我时刻提醒自己不要忘了下面的学生都是从零开始学习编程的。我希望本书能够成为用当前最流行的语言之一所编写的容易上手的编程入门图书，能够向读者展示编程并不是一件非常困难的事情。

致谢

我非常高兴能编写本书，使我有机会带领读者走入编程的广阔世界。

首先，我要感谢我的丈夫 CJ，他在我写作本书时对我的支持始终不曾动摇，包括向我提供建议，或者当我周末加班写书时帮忙照看孩子。然后，我要感谢我的父母和姐姐。我父亲在我 12 岁的时候教我编程，我不会忘却他不厌其烦地向我解释面向对象编程，直到我最终领悟。我的母亲和姐姐多次在我忙于写作的时候长途跋涉来帮我照顾孩子。尤其是我的母亲，她是我的"秘密武器"。她以前从来没有学过编程，因此是一个完美的目标读者。她在我写作时同步参与了学习，对章节的内容以及练习部分提出自己的意见。

我还要感谢我在 Manning 出版社的责任编辑：Kristen Watterson、Dan Maharry 和 Elesha Hyde。我非常感谢这几位编辑在我编写和修订本书时所表现出来的耐心。本书经过多次修订才变成现在这个样子，几位编辑提出了很多非常宝贵的建议，使本书更加完善。另外也非常感谢我的技术编辑 Frances Buontempo 和技术校对人 Ignacio Beltran Torres，他们非常仔细地阅读了本书，并指出了本书的错误之处，还提出了许多宝贵的建议，进一步提升了本书的质量。此外，还要感谢 Manning 出版社帮助制作和完善本书的其他工作人员。当然，还要感谢本书的审阅者们，他们花费大量的时间对本书进行了阅读和评论，他们是 Alexandria Webb、Ana Pop、Andru Estes、Angelo Costa、Ariana Duncan、Artiom Plugachev、Carlie Cornell、David Heller、David Moravec、Adnan Masood、Drew Leon、George Joseph、Gerald Mack、Grace Kacenjar、Ivo Stimac、James Gwaltney、Jeon-Young Kang、Jim Arthur、John Lehto、Joseph M. Morgan、Juston Lantrip、Keith Donaldson、Marci Kenneda、Matt Lemke、Mike Cuddy、Nestor Narvaez、Nicole E. Kogan、Nigel John、Pavol Král'、Potito Coluccelli、Prabhuti Prakash、Randy Coffland、R. Udendhran Mudaliyar、Rob Morrison、Rujiraporn Pitaksalee、Sam Johnson、Shawn Bolan、Sowmy Vajjala-Balakrishna、Steven Parr、Thomas Ballinger、Tom Northwood、Vester Thacker、Warren Rust、Yan Guo 和 Yves Dorfsman。

前言

本书的目标读者

本书的目标读者是所有对编程感兴趣的人，它并不要求读者以前有任何编程经验，只需要熟悉下面这些概念。

- 变量：在数学课上学过初等代数的读者应该知道什么是变量。本书解释了编程中的变量与数学中的变量的区别所在。

- 确定语句的真假（True/False）：语句就是可以确定为真或假的句子。例如，"下雨了"就是一个可以为真也可以为假的语句。我们应该知道怎么在语句上添加否定条件以改变它的真假值。例如，如果"下雨了"为真，则"没有下雨"就为假。

- 语句的连接：如果有多条语句，可以用"和（并且）""或者"把它们连接在一起。例如，"下雨了"和"我很高兴"可以连接为"下雨了，并且我很高兴"。

- 做出选择：对于多条语句，我们可以使用"如果……则"结构判断一条语句是否为真，在此基础上做出一个选择。例如，"如果下雨了，则地面是湿的"就是由两条语句"下雨了"和"地面是湿的"所组成的。"地面是湿的"这条语句是"下雨了"这条语句的结果。

- 按照指令执行下列活动（或类似活动）：玩 20 个问题组成的游戏、根据菜谱做菜、完成冒险游戏或理解一种算法（遵循一组指令，做出分支选择）。

本书的组织形式：路线图

本书分为 9 个部分，共 38 章。除第 1 部分外，其余部分都以一个阶段性项目结尾。每个部分都通过一系列的紧凑章节讨论一个重要的编程概念。各个部分的介绍如下。

- 第 1 部分鼓励读者走进编程世界。我们将看到怎样把编程与读者曾经完成过的其他任务进行比较。
- 第 2 部分介绍了编程背后的基础知识以及计算机程序的基本组成部分。我们将下载一个编程环境并熟悉它，掌握怎样用它编写程序。
- 第 3 部分通过获取用户的输入以及向用户显示输出，开始编写与用户进行交互的代码。
- 第 4 部分介绍了怎样编写程序做出选择。我们将编写代码来实现不同方向的分支。当程序运行时，它根据决策点的值选择采用哪个分支。
- 第 5 部分建立在计算机能够快速完成任务的思路之上。我们在编写代码时将充分利用计算机的速度优势，编写能够自动重复执行多次的一组命令，从而多次重复执行某些命令。
- 第 6 部分介绍了一种编写组织化代码的方式，将函数作为包含一些可复用代码的模块。
- 第 7 部分介绍了一些可以在编程时使用的高级对象类型。在学完这个部分之后，我们能够编写具有极强实用性并且功能极为丰富的程序。
- 第 8 部分介绍了怎样创建自己的对象类型。这个功能并不是所有的编程语言都具有的，但当前仍在使用的编程语言大多具备这个功能。
- 第 9 部分是本书的终篇，它介绍了其他人所编写的一些代码库，可以供我们在自己的程序中使用。该部分还把一些抽象的概念集成在一起，介绍了怎样对代码进行组织，并利用以前所编写的代码。

代码

本书的内容和代码是用 Python 3 版本描述的，这也是本书写作时最新的 Python 版本。

本书的代码例子显示了如何应用每一章所学习的概念，执行一个在日常生活中可能需要完成的任务。在本书将要结束时，这些代码例子也越来越长，有些时候会在不同的场景下再次完成原来的任务。

除第 1 部分外，在其余部分结束时，会有一个阶段性项目对这个部分的各个章节所介绍的概念进行总结。首先描述一个问题，然后逐渐完成一个可行的解决方案。我们将会发现如何把这个任务所规划的语言描述"转换"为代码。

本书的源代码例子有很多出现在带编号的程序清单中，也有很多与普通的文本编排在一起。不管是哪种情况，源代码都采用固定宽度的字体，以便与普通的文本进行区别。

有时候，代码是用粗体表示的，以强调这些代码是在本章前面相同步骤的代码的基础上进行了修改，例如在一行现有的代码中添加了一个新特性。

在许多情况下，我们对原始的源代码进行了重新编排。我们添加了行分隔符并重新安排了缩进，使代码能够容纳于书页空间中。在少数情况下，这种做法仍然无法满足需要，此时程序清单中会包含行延续标记（➡）。

另外，如果在正文中已经对代码进行了描述，在源代码中往往就会省略这些代码的注释。许多程序清单伴有代码的注解，强调了一些重要的概念。

本书的论坛

购买本书的读者可以免费访问 Manning 出版社维护的一个私有论坛。在这个论坛中，读者可以对本书做出评价、咨询技术问题并获取作者和其他用户的帮助。

Manning 为读者所提供的服务是一个交流场所，读者之间以及读者和作者之间可以进行有意义的对话。对于论坛中的活跃作者数量，我们并没有具体的承诺，因为作者对论坛的贡献是自愿的（没有报酬）。为了避免作者们觉得乏味，建议读者向他们咨询一些具有挑战性的问题。只要本书仍处于在售状态，读者都可以通过出版商的网页访问这个论坛并得到讨论内容的详细信息。

作者简介

Ana Bell 博士是麻省理工学院（Massachusetts Institute of Technology，MIT）电子工程和计算机科学系的讲师。

她用 Python 主讲了两门计算机科学入门课程，历时已有五年之久。其中一门课程的目标人群是那些没有任何编程经验的学生，另一门课程在第一门课程的基础上进行了拓展。她非常乐于向学生讲授编程知识，并且享受学生们在学习编程过程中由于不断进步而逐渐获得的自信。用不同的方式向学生讲述同一个概念，学生能够融会贯通地理解和应用是她收获的最大回报。

她在普林斯顿大学时开始接触 Python，并在自己的研究中应用 Python 解决问题。根据自己的经验，她觉得 Python 是一种天性自然的语言，非常易于学习和使用。

资源与支持

本书由异步社区出品，异步社区（https://www.epubit.com）为您提供后续服务。

提交错误信息

作者、译者和编辑尽最大努力来确保书中内容的准确性，但难免会存在疏漏。欢迎读者将发现的问题反馈给我们，帮助我们提升图书的质量。

当读者发现错误时，请登录异步社区，按书名搜索，进入本书页面（见下图），单击"提交勘误"，输入错误信息，单击"提交"按钮即可。本书的作者、译者和编辑会对读者提交的错误信息进行审核，确认并接受后，读者将获赠异步社区的 100 积分。积分可用于在异步社区兑换优惠券、样书或奖品。

详细信息	写书评	提交勘误

页码：[   ]　　页内位置（行数）：[   ]　　勘误印次：[   ]

B I U ABC ☰▼ ☰▼ 〃 ら 🖼 ▤

字数统计

提交

扫码关注本书

扫描下方二维码，读者将在异步社区微信服务号中看到本书信息及相关的服务提示。

与我们联系

我们的联系邮箱是 contact@epubit.com.cn。

如果读者对本书有任何疑问或建议，请发邮件给我们，并请在邮件标题中注明书名，以便我们更高效地做出反馈。

如果读者有兴趣出版图书、录制教学视频，或者参与图书翻译、技术审校等工作，可以发邮件给我们；有意出版图书的作者也可以到异步社区在线提交投稿（直接访问 www.epubit.com/contribute 即可）。

如果读者所在的学校、培训机构或企业，想批量购买本书或异步社区出版的其他图书，也可以发邮件给我们。

如果读者在网上发现有针对异步社区出品图书的各种形式的盗版行为，包括对图书全部或部分内容的非授权传播，请将怀疑有侵权行为的链接通过邮件发给我们。读者的这一举动是对作者权益的保护，也是我们持续为读者提供有价值内容的动力之源。

关于异步社区和异步图书

"异步社区"是人民邮电出版社旗下 IT 专业图书社区，致力于出版精品 IT 图书和相关学习产品，为作译者提供优质出版服务。异步社区创办于 2015 年 8 月，提供大量精品 IT 图书和电子书，以及高品质技术文章和视频课程。更多详情请访问异步社区官网 https://www.epubit.com。

"异步图书"是由异步社区编辑团队策划出版的精品 IT 专业图书的品牌，依托于人民邮电出版社近 40 年的计算机图书出版积累和专业编辑团队，相关图书在封面上印有异步图书的 LOGO。异步图书的出版领域包括软件开发、大数据、人工智能、测试、前端、网络技术等。

异步社区

微信服务号

目录

第 1 部分　学习编程

1　第 1 章　为什么要学习编程　3
1.1　为什么编程很重要　3
1.1.1　编程并不仅限于专业人员　3
1.1.2　改善自己的生活　4
1.1.3　挑战自我　4
1.2　起点与终点　5
1.3　我们的编程学习计划　7
1.3.1　开始步骤　7
1.3.2　实践! 实践! 实践　7
1.3.3　像程序员一样思考　8
1.4　总结　9

2　第 2 章　学习编程语言的基本原则　10
2.1　编程是一项技能　10

2.2　以烘焙为比喻　11
2.2.1　理解"烘焙一块面包"这个任务　11
2.2.2　寻找菜谱　12
2.2.3　用流程图展示菜谱的可视化表现形式　13
2.2.4　使用现有的菜谱或自己创建一份菜谱　14
2.3　思考、编码、测试、调试、重复　14
2.3.1　理解任务　16
2.3.2　任务的黑盒表现形式　16
2.3.3　编写伪码　18
2.4　编写容易阅读的代码　18
2.4.1　使用描述性和有意义的名称　19
2.4.2　对代码进行注释　19
2.5　总结　20

第 2 部分　变量、类型、表达式和语句

3　第 3 章　介绍 Python 编程语言　23
3.1　安装 Python　23
3.1.1　什么是 Python　24
3.1.2　下载 Python 3.5 版本　24
3.1.3　Anaconda Python 发布包　24

3.1.4　集成开发环境　24
3.2　设置工作空间　26
3.2.1　IPython 控制台　27
3.2.2　文件编辑器　29
3.3　总结　31

4　第 4 章　变量和表达式：为对象赋予名称和值　32

4.1 为对象提供名称 33
  4.1.1 数学与编程 33
  4.1.2 计算机可以做什么？不可以做什么 34
4.2 变量 35
  4.2.1 对象就是可以进行操作的物品 35
  4.2.2 对象具有名称 35
  4.2.3 允许什么样的对象名称 36
  4.2.4 创建变量 37
  4.2.5 更新变量 38
4.3 总结 40
4.4 章末检测 40

5 第 5 章 对象的类型和代码的语句 41

5.1 对象的类型 42
5.2 编程中对象的基本类型 42
  5.2.1 整数 42
  5.2.2 表示小数的浮点数 43
  5.2.3 表示真/假的布尔值 44
  5.2.4 表示字符序列的字符串 44
  5.2.5 空值 44
5.3 使用基本类型的

数据值 45
  5.3.1 表达式的构件 45
  5.3.2 不同类型之间的转换 46
  5.3.3 数学运算对对象类型的影响 46
5.4 总结 48

6 第 6 章 阶段性项目：第一个 Python 程序——时分转换 49

6.1 思考、编码、测试、调试、重复 50
6.2 分解任务 50
  6.2.1 设置输入 51
  6.2.2 设置输出 51
6.3 实现转换公式 51
  6.3.1 多少小时 51
  6.3.2 多少分钟 52
6.4 第一个 Python 程序：解决方案一 52
6.5 第一个 Python 程序：解决方案二 54
6.6 总结 55
6.7 章末检测 55

第 3 部分 字符串、元组以及与用户的交互

7 第 7 章 介绍字符串对象：字符序列 59

7.1 字符串就是字符序列 60
7.2 字符串的基本操作 60
  7.2.1 创建字符串对象 60
  7.2.2 理解字符串的索引 61
  7.2.3 理解字符串的截取 62
7.3 字符串对象的其他操作 63
  7.3.1 使用 len()获取字符串的字符数量 63
  7.3.2 用 upper()和 lower()进行字母大小写的转换 64

7.4 总结 65
7.5 章末检测 65

8 第 8 章 字符串的高级操作 66

8.1 与子字符串有关的操作 67
  8.1.1 使用 find()在字符串中查找一个特定的子字符串 67
  8.1.2 用"in"判断字符串中是否包含某个子字符串 68
  8.1.3 用 count()获取一个子字符串的出现次数 69

8.1.4 用 replace() 替换子
字符串 69
8.2 数学操作 70
8.3 总结 71
8.4 章末检测 71

9 第 9 章 简单的错误消息 72
9.1 输入语句并尝试执行 72
9.2 理解字符串错误消息 73
9.3 总结 74
9.4 章末检测 74

10 第 10 章 元组对象：任意类型的
对象序列 75
10.1 元组就是数据序列 76
10.2 理解对元组的操作 77
10.2.1 用 len() 获取元组的
长度 77
10.2.2 用[]获取元组索引以及
截取元组的部分内容 77
10.2.3 执行数学操作 79
10.2.4 在元组内部交换对象 79
10.3 总结 80
10.4 章末检测 80

11 第 11 章 与用户的交互 81
11.1 显示输出 82
11.1.1 打印表达式 82
11.1.2 打印多个对象 83

11.2 获取用户的输入 83
11.2.1 提示用户进行输入 84
11.2.2 读取输入 84
11.2.3 把输入存储在变量中 85
11.2.4 把用户的输入转换为不同
类型 85
11.2.5 要求更多的输入 86
11.3 总结 87
11.4 章末检测 87

12 第 12 章 阶段性项目：姓名的
混搭 88
12.1 理解问题陈述 89
12.1.1 画出程序的基本结构 89
12.1.2 设计例子 90
12.1.3 把问题抽象化为伪码 90
12.2 分割名字和姓氏 91
12.2.1 寻找名字和姓氏之间的
空格 91
12.2.2 使用变量保存经过处理的
值 91
12.2.3 对到目前为止完成的工作
进行测试 92
12.3 存储所有名字的
一半 93
12.4 对名字的一半进行
组合 94
12.5 总结 95

第 4 部分 在程序中做出选择

13 第 13 章 在程序中引入选择
机制 99
13.1 根据条件做出选择 100
13.1.1 是否问题和真假
语句 100
13.1.2 在语句中添加条件 101
13.2 编写代码做出选择 101
13.2.1 一个例子 102

13.2.2 做出选择的代码：基本
方式 103
13.3 程序的结构变化 103
13.3.1 做出多个选择 104
13.3.2 根据另一个选择结果做出
选择 104
13.3.3 一个更加复杂的嵌套的
条件的例子 106
13.4 总结 108
13.5 章末检测 108

14

第 14 章　做出更复杂的选择　109

14.1　组合多个条件　110
　14.1.1　由真/假表达式组成的条件　111
　14.1.2　操作符的优先级规则　112
14.2　选择需要执行的代码行　114
　14.2.1　执行某个操作　114
　14.2.2　综合讨论　117
　14.2.3　对代码块进行的思考　119

14.3　总结　120
14.4　章末检测　121

15

第 15 章　阶段性项目：冒险游戏　122

15.1　制定游戏规则　122
15.2　创建不同的路径　123
15.3　更多的选项？可以，尽管尝试　124
15.4　总结　126

第 5 部分　重复执行任务

16

第 16 章　用循环重复任务　129

16.1　重复一个任务　130
　16.1.1　在程序中引入非线性结构　130
　16.1.2　无限循环　131
16.2　循环一定的次数　132
16.3　循环 N 次　134
　16.3.1　常见的 0 到 $N-1$ 的循环　135
　16.3.2　展开循环　135
16.4　总结　136
16.5　章末检测　136

17

第 17 章　自定义的循环　137

17.1　自定义的循环　138
17.2　对字符串进行循环　139
17.3　总结　141
17.4　章末检测　141

18

第 18 章　在条件满足时一直重复任务　143

18.1　在条件为真时保持循环　144
　18.1.1　通过循环进行猜数　144
　18.1.2　while 循环　145
　18.1.3　无限循环　146
18.2　for 循环和 while 循环的比较　147
18.3　对循环进行控制　149
　18.3.1　提前退出循环　149
　18.3.2　回到循环的开始位置　150
18.4　总结　152
18.5　章末检测　152

19

第 19 章　阶段性项目：拼字游戏（艺术版）　153

19.1　理解问题陈述　154
　19.1.1　更改所有合法单词的表示形式　154
　19.1.2　用给定的字母卡组建一个合法的单词　156
19.2　把代码划分为代码段　159
19.3　总结　161

第 6 部分　将代码组织为可复用的代码块

20

第 20 章　创建持久性的
程序　165

20.1　把一个较大的任务分解
为更小的任务　166
20.1.1　在线订购一件商品　166
20.1.2　理解主要概念　168
20.2　在编程中引入黑盒
代码　169
20.2.1　使用代码模块　169
20.2.2　代码的抽象化　169
20.2.3　复用代码　170
20.3　子任务存在于它们自己
的环境中　172
20.4　总结　173
20.5　章末检测　174

21

第 21 章　用函数实现模块化和
抽象　175

21.1　编写函数　176
21.1.1　函数基础知识：函数的
输入　177
21.1.2　函数基础知识：函数执行
的操作　178
21.1.3　函数基础知识：函数的返
回信息　178
21.2　使用函数　179
21.2.1　返回多个值　180
21.2.2　没有 return 语句的
函数　182
21.3　编写函数说明书　184
21.4　总结　184
21.5　章末检测　185

22

第 22 章　函数的高级操作　186

22.1　从两个角度思考
函数　187
22.1.1　函数编写者的角度　187
22.1.2　函数使用者的角度　187
22.2　函数的作用域　188
22.2.1　简单的作用域例子　188
22.2.2　作用域规则　188
22.3　嵌套函数　192
22.4　把函数作为参数
传递　193
22.5　返回一个函数　194
22.6　总结　195
22.7　章末检测　195

23

第 23 章　阶段性项目：对朋友进
行分析　197

23.1　读取文件　198
23.1.1　文件格式　198
23.1.2　换行符　198
23.1.3　删除换行符　199
23.1.4　使用元组存储信息　200
23.1.5　返回什么　200
23.2　对用户的输入进行
净化　201
23.3　测试和调试到目前为止
所编写的代码　202
23.3.1　文件对象　202
23.3.2　编写一个包含姓名和电话
号码的文本文件　202
23.3.3　打开文件以进行读取　203
23.4　重复使用函数　203
23.5　分析信息　204
23.5.1　规范　204
23.5.2　帮助函数　205
23.6　总结　208

第 7 部分　使用可变数据类型

24　第 24 章　可变对象和不可变
　　　　　　　　对象　211
24.1　不可变对象　212
24.2　对可变性的需求　214
24.3　总结　216
24.4　章末检测　216

25　第 25 章　对列表进行操作　217
25.1　列表与元组的比较　218
25.2　创建列表和获取特定位
　　　　置的元素　219
25.3　对元素进行计数以及获
　　　　取元素的位置　220
25.4　在列表中添加元素：
　　　　append、insert 和
　　　　extend　221
　　25.4.1　使用 append　221
　　25.4.2　使用 insert　222
　　25.4.3　使用 extend　222
25.5　从列表中移除元素：
　　　　pop　223
25.6　更改元素的值　224
25.7　总结　225
25.8　章末检测　226

26　第 26 章　列表的高级操作　227
26.1　排序和反转列表　228
26.2　列表的列表　229
26.3　把字符串转换为
　　　　列表　230
26.4　列表的应用　231
　　26.4.1　堆栈　231
　　26.4.2　队列　232
26.5　总结　233
26.6　章末检测　233

27　第 27 章　字典作为对象之间的
　　　　　　　　映射　234
27.1　创建字典、键和值　236
27.2　在字典中添加键
　　　　值对　237
27.3　从字典中删除键
　　　　值对　238
27.4　获取字典中所有的键
　　　　和值　239
27.5　为什么应该使用字典　241
　　27.5.1　使用频率字典进行
　　　　　　计数　241
　　27.5.2　创建非常规的字典　242
27.6　总结　243
27.7　章末检测　243

28　第 28 章　别名以及复制列表和
　　　　　　　　字典　245
28.1　使用对象的别名　246
　　28.1.1　不可变对象的别名　246
　　28.1.2　可变对象的别名　247
　　28.1.3　可变对象作为函数的
　　　　　　参数　249
28.2　创建可变对象的
　　　　副本　250
　　28.2.1　复制可变对象的
　　　　　　命令　250
　　28.2.2　获取有序列表的
　　　　　　副本　251
　　28.2.3　对可变对象进行迭代时
　　　　　　需要小心　252
　　28.2.4　为什么要存在别名　253
28.3　总结　254
28.4　章末检测　254

29　第 29 章　阶段性项目：文档的
　　　　　　　　相似度　255
29.1　把问题分解为不同的子

任务 256
29.2 读取文件信息 256
29.3 保存文件中的所有
单词 257
29.4 把单词映射到它们的
频率 259

29.5 使用相似度比较两个
文档 260
29.6 最终的整合 261
29.7 一个可能的扩展 262
29.8 总结 263

第 8 部分　使用面向对象编程创建自己的对象类型

30 第 30 章　创建自己的对象
类型 267

30.1 为什么需要新类型 268
30.2 什么组成了一个
对象 269
  30.2.1 对象的属性 269
  30.2.2 对象的行为 270
30.3 使用点号记法 270
30.4 总结 271

31 第 31 章　为对象类型创
建类 272

31.1 用类实现新的对象
类型 273
31.2 数据属性作为对象的
属性 273
  31.2.1 用__init__初始化对
象 274
  31.2.2 在__init__内部创建对
象属性 274
31.3 方法作为对象的操作和
行为 275
31.4 使用定义的对象类型 276
31.5 在__init__中创建带参数
的类 277
31.6 作用于类名而不是对象
的点号记法 278
31.7 总结 279
31.8 章末检测 279

32 第 32 章　使用自己的对象
类型 280

32.1 定义堆栈对象 281
  32.1.1 选择数据属性 281
  32.1.2 实现 Stack 类的方法 282
32.2 使用 Stack 对象 283
  32.2.1 创建一个煎饼堆栈 283
  32.2.2 创建一个圆堆栈 284
32.3 总结 287
32.4 章末检测 287

33 第 33 章　对类进行自定义 288

33.1 覆写一个特殊的
方法 289
33.2 在自己的类中覆写 print()
方法 291
33.3 背后发生的事情 292
33.4 可以对类做什么 293
33.5 总结 294
33.6 章末检测 294

34 第 34 章　阶段性项目：牌类
游戏 295

34.1 使用已经存在的类 296
34.2 详细分析游戏规则 296
34.3 定义 Player 类 297
34.4 定义 CardDeck 类 298
34.5 模拟牌类游戏 299
  34.5.1 设置对象 299

34.5.2 模拟游戏中的回合 300
34.6 用类实现模块化和
抽象 301

34.7 总结 302

第 9 部分　使用程序库完善自己的程序

第 35 章　实用的程序库 305
35.1 导入程序库 306
35.2 用 math 库进行数学
运算 308
35.3 用 random 库操作随
机数 309
35.3.1 随机化的列表 309
35.3.2 模拟概率游戏 310
35.3.3 使用种子重复结果 311
35.4 用 time 库对程序进行
计时 312
35.4.1 使用时钟 312
35.4.2 使程序暂停运行 312
35.5 总结 313
35.6 章末检测 313

第 36 章　测试和调试程序 314
36.1 使用 unittest 程序库 315
36.2 将程序与测试分离 316
36.3 调试代码 319
36.4 总结 321
36.5 章末检测 322

第 37 章　图形用户接口
程序库 323
37.1 一个图形用户
接口库 323

37.2 使用 tkinter 库设置
程序 324
37.3 添加部件 325
37.4 添加事件处理函数 327
37.5 总结 329
37.6 章末检测 330

第 38 章　阶段性项目：追逐
游戏 331
38.1 确认问题的组成
部分 332
38.2 在窗口中创建两个
形状 332
38.3 在画布中移动形状 335
38.4 检测形状之间的
碰撞 337
38.5 可能的扩展 338
38.6 总结 339

附录 A　各章习题的答案 340

附录 B　Python 语法摘要 381

附录 C　有趣的 Python
程序库 384

## 第 1 部分

学习编程

在本书刚开始的时候，我首先要激发大家学习编程的兴趣。不管读者是什么身份，学习一些编程知识总是有益无害的。我们甚至可以在日常生活中使用编程，使自己需要完成的一些工作变得简单。在本书的这个部分，我们将简单地介绍一些在开始编程之前应该熟悉的概念，并知道在学完本书之后能够掌握哪些知识。

在这个部分的最后，我们将以一个烘焙面包的例子帮助读者理解编程是一项需要实践和创造力的技能。这个部分归纳了本书学习之旅的中心思想：大量的实践！学习编程看上去是一个艰巨的任务，但是我们只需要日积月累每天提升一小步。这是一条充满艰辛但回报也极为丰厚的道路。

让我们开始本书的学习之旅吧！

第 1 章　为什么要学习编程

在学完第 1 章之后，你可以实现下面的目标。

- 理解编程的重要性
- 制订学习编程的计划

1.1　为什么编程很重要

编程是随处可见的。不管我们的身份是什么、从事的工作是什么，都可以学习编程，使自己的工作或生活变得更加轻松。

1.1.1　编程并不仅限于专业人员

不论是程序员老手还是从未学过编程的菜鸟，都存在一个误解，以为一旦开始学习编程，就必须持续学习，直至成为专业程序员。这个误解很大程度上来自那些极为复杂的系统，包括操作系统、汽车/航空软件和人工智能等。

我觉得编程就是一项技能，就像阅读、写作、数学或烹饪一样。我们并不一定要成为畅销书的作者，也不一定要成为世界一流的数学家或者米其林星级餐厅的厨师。

如果具备下面这些领域的一些知识，就可以显著地提高自己的生活质量：如果知道怎样阅读和写作，就可以与其他人进行交流；如果掌握了基本的计算，至少在餐厅付小费时就不会算错；如果明白了怎样根据菜谱进行烹饪，在必要的时候就可以自己做饭。知道一些编程知识可以避免自己在某些场合不得不向其他人求助，可以帮助自己用一种特定的方式更有效地完成想要完成的任务。

1.1.2　改善自己的生活

如果学习了编程，你可以使用技巧有效地创建自己的工具箱。把编程融入自己生活中的程度越深，解决个人任务的效率也就越高。

为了维持自己的编程水平，可以经常编写自定义的程序以满足自己的日常需要。自己编写程序而不是使用现有的程序的优点是可以对它们进行自定义，以适应自己的准确需要。具体事例如下。

- 我们以前有没有习惯在本子上记录每张支票的信息？我们可以考虑把它们输入一个文件中并编写一个程序，读取这个文件并对信息进行组织。通过编程，在读取数据之后，我们就可以计算总金额、根据日期范围对支票进行分组，或者进行其他想要的操作。
- 我们是不是经常拍照并把照片下载到自己的计算机上，但照相软件所提供的文件名并不是我们想要的名称？我们不需要通过手工方式为数以千计的照片进行重命名，而是可以编写一个简短的程序自动对所有的文件进行命名。
- 如果我们是准备参加 SAT 考试的学生，想要确定自己对二次方程式的解答是否正确，那么可以编写一个程序，使它根据缺少的参数对方程式进行求解。这样，在手工解题之后，就可以通过这个程序进行验算，确定自己的计算结果是否正确。
- 如果一位教师想要批量地向每位学生发送一封个性化的电子邮件，其中包含了学生某次考试的成绩，他不需要手工复制和粘贴文本来填充成绩，而是可以编写一个程序，从一个文件读取学生的姓名、电子邮件地址和成绩，然后高效自动地完成每位学生的邮件内容的填写，并发送邮件。

上面的场景说明编程可以使我们的生活更有条理，提高工作效率。

1.1.3　挑战自我

编程看起来像是一件技术活。刚开始编程的时候确实如此，尤其是在学习基本概念的时候，但编程也是一项很有创造力的活动。通过编程用几种方法完成一个任务之后，就需要做出决定，选择最为合适的方法。例如，在阅读一个文件的时候，是一次读完所有的数据、保存文件并进行一些分析，还是每次读取部分数据，并随时对数据进行分析？根据自己所掌握的知识做出决定，就向自己提出了挑战：更深入地思考自己想要实现的目标以及如何更有效地实现这些目标。

1.2 起点与终点

本书并不要求我们具有任何编程经验。如果我们具有一定的编程经验，应该熟悉下面这些内容。

- 理解变量——如果我们以前学过初级代数课程，应该明白什么是变量。在本书的下一部分，我们将会了解编程中的变量概念与代数中的变量的区别。
- 理解真/假（True/False）语句——我们可以把语句看成用于确定真假的句子。例如，"下雨了"这条语句可以为真，也可以为假。我们还可以使用 not 这个词把语句转换为其相反值。例如，"下雨了"为真，那么"没有下雨"就为假。
- 连接语句——如果有多条语句，可以用单词 and 或 or 连接它们。例如，"下雨了"为真，"我饿了"为假，则"下雨了并且我饿了"就为假，因为这两个部分都必须为真这条语句才能成立。但是"下雨了或者我饿了"为真，因为至少有一个部分为真。
- 做出决定——如果有多条语句，就可以使用 if⋯then 根据一条语句是否为真来做出决定。例如，"如果下雨了，地面就是湿的"由两个部分组成："下雨了"和"地面是湿的"。语句"地面是湿的"是语句"下雨了"的后果。
- 遵循流程图——理解本书的内容并不需要用到流程图，但理解流程图所需的技巧与理解基础编程知识是一样的。这种技巧的其他应用还包括玩问题游戏、遵照菜谱做菜、阅读自己最喜爱的书籍以及理解算法等。我们应该熟悉遵循一组指令并做出分支决策的过程。流程图显示了一个指令列表，其中的指令从一个流向另一个，允许我们做出决定，从而导致不同的路径。在流程图中，我们会被询问一系列的问题，它们的答案是二选一：是或否。根据问题的答案，我们将会选择流程图中的某条特定路径，最终得到一个答案。图 1.1 是流程图的一个例子。

掌握了前面的技巧就可以开始我们的编程之旅了。在读完本书之后，我们将掌握编程的基础知识。我们将要学习的适用于所有编程语言的基本概念包括：

- 在编程中使用变量、表达式和语句；
- 使程序根据条件做出决定；
- 使程序在某些条件下自动地反复执行任务；
- 复用语言内置的操作，提高工作效率；
- 通过把一个大型任务分解为几个更小的任务，使代码更容易理解和维护；
- 理解不同的场合适合使用哪种数据结构（一种已经创建的结构，可以用某种特定的格式存储数据）。

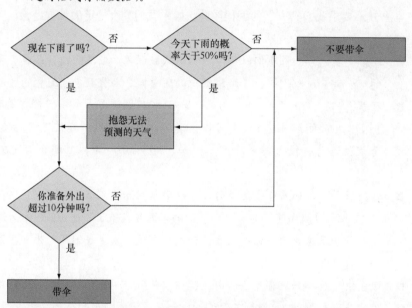

图 1.1　决定今天是否带伞的流程图

我们将使用一种名为 Python（3.5 版本）的语言来学习怎样进行编程。本书所学习的所有关于编程概念的知识都可以很轻松地转换到其他任何编程语言中，因为不同编程语言的基础知识都是相同的。更具体地说，在本书结束时，我们将熟悉 Python 编程语言的细节。我们将掌握下面这些内容。

- 怎样使用 Python 语言的语法（在英语中，相当于怎样形成合法的句子）。
- 怎样有机地组合不同的代码块，编写更为复杂的程序。
- 怎样使用其他程序员所编写的代码（在英语中，相当于引用其他人所写的作品，这样自己就无须重新书写）。
- 怎样有效地检查程序是否能够完成任务，包括测试和调试（在英语中，相当于检查拼写错误和语法错误）。
- 怎样编写通过键盘和鼠标与用户进行交互的程序。
- 怎样编写以数据为中心的程序或数学程序。

1.3　我们的编程学习计划

在学习编程语言时，个人的动力是最重要的成败因素之一。坚实缓慢的学习节奏、大量的实践、花费足够的时间充分理解学习材料，可以使迈向成功的道路更平坦。

1.3.1　开始步骤

如果我们之前完全没有编程经验，就非常适合使用本书进行学习。本书分为几个部分，每个部分包含几章，其中每章都和某个特定的编程概念有关。

本书每一部分的第一章通常是为了增强我们的学习动力，最后一章则是一个阶段性项目，介绍一个现实生活的问题或任务。我们可以自己尝试完成这个阶段性项目，或者认真阅读它的解决方案，重要的是我们走在理解这些概念的道路之上。

针对我们所阅读的内容，本书提供了很多实践的机会。在每一章开始时，我们将会看到一个简单的练习，称为"场景模拟练习"，它引导我们思考周围的世界以及与它进行交互的方式。这个练习向我们介绍了该章的主要思路。它在描述问题时并没有使用与该章将要学习的各种编程思路有关的术语或提示。在本章中，我们将了解怎样把用日常语言描述的练习"转换"为代码。每一章包含了许多练习，帮助我们理解概念。完成所有的练习可以帮助我们强化对概念的理解。这些练习的答案可以在附录 A 中找到，方便我们进行检查。

随时随地进行练习，对于本书前几章学习 Python 编程的基础知识而言，显得特别重要。在最后几章中，我们将会看到其他程序员所编写的一些程序包，有机会学习如何使用这些程序包创建更为复杂的程序。其中一个程序包允许我们创建通过鼠标和键盘进行可视化交互的程序，可以看到自己的程序在屏幕上更新一幅图像。另一个程序包向我们展示了如何与输入数据进行交互。我们将学习如何读取某种结构的文件，如何分析收集的数据以及如何把数据写入另一个文件。

1.3.2　实践！实践！实践

每一章都包含了一些提供了解决方案的小练习。在 Python 中（也可以推及到编程这个整体），大量的实践对于真正理解概念是至关重要的，尤其是当我们之前从来没有学习过编程的时候。不要被编写程序时所产生的错误所吓倒，通过修正预期之外的错误，可以加深自己对编程的理解。

我们可以把这些练习看成阶段性的检验，以了解自己对相关知识的掌握程度。编程并不是一种被动的活动。我们应该坚持不懈地进行实践，积极理解和思考书中所描述的问题和概念。阶段检验练习所涉及的是该章所讨论的重要概念，覆盖该章的所有学习材料，因此要尝试自行完成每一个习题练习。如果读者具有强烈的探索精神，甚至可以尝试完成这些练习的一些变体，尝试为自己所想到的问题编写新的程序。

1.3.3　像程序员一样思考

本书有意提供独一无二的学习体验。我不仅想教大家怎样用 Python 编程，还想指导大家能够像程序员一样思考。

为了理解这个说法，请参考下面这个比喻。有两个人，其中一个是小说作者，另一个是新闻记者。小说作者构思了情节、人物、对话和交流，然后遵循语言的规则，按照一种有趣的方式把这些思路组合在一起。小说作者编写故事供人们娱乐。记者在创造力方面并没有太高的要求，他根据事实描写故事。记者把这些事实写在纸上，同样遵循语言的规则，为人们提供信息。

小说作者与新闻记者之间的比较可以说明计算机科学家与程序员的区别。计算机科学家和程序员都知道怎样编写计算机代码，都遵循一种编程语言的规则以创建能够完成某个任务的程序。就像小说作者所思考的是独特的故事以及怎样以最好的方式描述该故事，计算机科学家把更多的精力放在构思新的思路而不是用语言组织他们的思路上。计算机科学家思考全新的算法或者研究理论问题，例如计算机可以做什么以及不能做什么。另一方面，程序员根据现有的算法或他们必须遵循的一组需求实现程序。程序员熟悉语言的细节，可以快速、有效、正确地实现代码。在现实中，程序员和计算机科学家的角色常常会重叠，他们之间并没有明确的分野。

本书将介绍如何向计算机提供详细的指令，由计算机实现相关的任务，并帮助我们成为这方面的行家里手。

> **像程序员一样思考**
>
> 在学习本书的过程中，要关注这个模块的内容。
>
> 我们将得到一些有用的原则，提示我们在当前所讨论的概念上怎样像计算机程序员一样思考。这些原则把本书内容紧密地结合在一起，这有助于我们形成程序员的思维。

下一章提出了一些原则，我们在进行每一章的学习时要牢记这些原则，尽快进入程序员的角色。在适当的时候，本书会向我们提示这些原则，我们在学习本书的过程中要学会深入思考这些原则。

1.4 总结

在本章中，我们的目标是激发自己学习编程的动力。我们并不一定要成为专业程序员。使用基本的编程思路和概念可以改善我们的个人生活，这个目标甚至可以用很简单的方式实现。编程是一项技巧，通过大量的实践可以帮助我们加深对它的理解。当我们阅读本书时，可以思考自己在生活中手工完成的枯燥乏味的任务是不是可以通过编程更有效地解决，并积极进行尝试。

让我们开始本书的学习之旅吧！

第 2 章　学习编程语言的基本原则

在学完第 2 章之后，你可以实现下面的目标。
- 理解编写计算机程序的过程
- 对"思考、编码、测试、调试、重复"这个范式建立总体的印象
- 理解如何处理编程问题
- 理解编写容易阅读的代码是什么意思

2.1　编程是一项技能

就像阅读、计数、弹钢琴和打网球一样，编程也是一项技能。和任何技能一样，编程也必须经过大量的实践才能得到提高。实践需要我们全心全意、坚持不懈并且自律。在刚开始学习编程时，我强烈建议大家尽可能多地编写代码。打开代码编辑器并输入自己看到的每一段代码。尝试手动输入而不是使用复制和粘贴。现在，我们的目标是使编程成为自己的第二本能，而不是快速地进行编程。

本章的目的是帮助我们培养程序员的思维。第 1 章所引入的"像程序员一样思考"小栏目将分布于全书。接下来的几节将会提供一个整体视图，以介绍这个小栏目的主要思路。

『场景模拟练习』

我们想要教一位穴居土著怎样打扮自己以参加一项工作面试。假设需要的衣服已经就位，并且这位土著已经熟悉了这些衣服，但尚不知道穿衣打扮的流程。我们要告诉他进行哪些步骤。答案应该尽量具体。

[答案]

1. 拿起内裤，把左脚穿过其中一个裤腿，把右脚穿过另外一个裤腿，然后把内裤提上去。
2. 拿起衬衫，一只手穿过一只袖子，另一只手穿过另一只袖子。纽扣应该在前面。把所有的纽扣分别扣到对应的纽扣孔中，使衬衫闭合。
3. 拿起裤子，一只脚穿过一个裤腿，另一只脚穿过另一个裤腿。裤子的开口应该位于前面。拉上拉链并扣好纽扣。
4. 拿起一只袜子并穿在一只脚上，然后穿上一只鞋，拉紧鞋带并系好。另一只脚也重复同样的过程。

2.2 以烘焙为比喻

假设我们需要烘焙一块面包。从接到这个任务开始，直到面包出炉，需要经历什么过程呢？

2.2.1 理解"烘焙一块面包"这个任务

第一个步骤是确信自己理解给定的任务。"烘焙一块面包"这样的表述可能有些含糊不清。为了更清晰地了解这个任务，我们需要理解下面这些问题。

- 需要烘焙的面包的大小。
- 需要烘焙的面包是普通的面包还是某种风味的面包？是否必须使用或者不能使用某些特殊的配料？我们是不是缺少某些配料？
- 我们需要什么设备？是不是已经为我们提供了这个设备？或者需要自己准备？
- 是不是存在时间限制？
- 有什么菜谱可供我们查阅和使用？或者我们必须创建一份自己的菜谱？

重要的是我们必须得到这些细节，以避免从头开始完成这个任务。如果无法得到这个任务的更多细节，我们所设计的解决方案应该尽可能简单，并尽量减少需要完成的工作量。

例如，我们应该查阅一份简单的菜谱，而不是自己研究配料的正确组合。另一个例子是先烘焙一小块面包，不要添加任何调味品或佐料，并使用面包机（如果有）以节省时间。

2.2.2　寻找菜谱

明确与这个任务有关的所有问题并解开了一些误会之后，就可以寻找一份菜谱或者自己研制一份菜谱了。菜谱告诉我们怎样完成这项任务。自己研制菜谱是完成这个任务最困难的部分。有了一个可以使用的菜谱之后，我们只需要把所有的任务细节组合在一起。

现在你可以快速浏览任何一份菜谱。图 2.1 展示了一份示例菜谱。

数量	配料
1/4盎司	活性干酵母
1汤匙	盐
2汤匙	黄油（或菜籽油）
3汤匙	糖
2份1/4杯	温水
6份1/2杯	通用面粉

1. 在一只大碗中，用温水溶解酵母。添加糖、盐、油和3杯面粉并调匀。
2. 不断搅拌，使面粉形成一个软面团。
3. 将面团摊成一个面饼。
4. 不断地揉捏，使其光滑有弹性。
5. 将面团放入一个抹了油的碗，再次进行揉捏。
6. 把碗放在一个温暖的地方并加上盖子，使面团的体积膨胀扩大一倍，这需要1~1.5小时。
7. 在一个撒了少许面粉的面板上，把面团向下压平。
8. 把面团分为两半，每一半都为条状。放在两个（9×5）英寸的涂了油的平底锅上。
9. 将面团覆盖在锅底使之膨胀，直到面积扩大一倍，需要30~45分钟。
10. 在190℃的温度下烘焙30分钟或者烤到面包皮呈金黄色。
11. 把面包从烤箱中拿出，放在晾架上冷却。
12. 把面包切片并享受成果！

图 2.1　一份面包菜谱示例

菜谱应该包含以下内容。

- 应该采取的步骤以及这些步骤的顺序。
- 具体的分量要求。
- 关于什么时候重复执行一项任务以及重复几次的指令。
- 某些配料的替代品。
- 成品的所有收尾工作以及怎样交给顾客。

图 2.1 所示的菜谱包含了一系列的步骤，我们必须按照这些步骤来烘焙面包。这些步骤是按顺序进行的。例如，把面团放在锅底之前，我们不能从烤箱里拿出面包。在某些步骤中，我们可以选择用某种配料代替另一种配料，例如我们可以放入黄油或菜籽油，但不能两者皆放。有些步骤可能需要重复，例如在面包烘焙完成之前需要不定期地检查面包皮的颜色。

2.2.3 用流程图展示菜谱的可视化表现形式

当我们阅读一份菜谱时，它的步骤序列很可能是用文本描述的。作为一名程序员，我们可以考虑用流程图以可视化形式来表示菜谱，如图 2.2 所示。

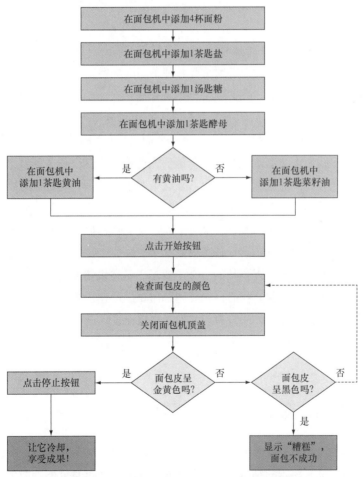

图 2.2 一份简单的面包烘焙菜谱的流程图。矩形框表示一个行动。菱形框表示一个决策点。箭头指向前一个步骤的线表示一系列的重复。按照箭头方向我们可以跟踪菜谱的各种不同的实现路径

图 2.2 展示了怎样用一幅流程图描述烘焙面包的过程。在这个场景中，我们使用的是一台面包机，所使用的配料与图 2.1 所描述的略有不同。在这幅流程图中，步骤是在矩形框中展示的。如果一份菜谱允许使用替代品，就用菱形框表示这种选择。如果一份菜谱需要我们重复某个任务，就绘制一个向上的箭头，指向这个重复序列的第一个步骤。

2.2.4　使用现有的菜谱或自己创建一份菜谱

烘焙面包的菜谱有很多，我们如何知道该使用哪一个菜谱呢？对于诸如"烘焙一块面包"这样的含糊表述，所有的菜谱都是适用的，因为它们都能完成这个任务。从这个意义上说，当我们有一组菜谱可供选择时，越基本的表述越容易处理，因为每种菜谱都可能适合。

但是，如果有一位挑剔的食客，他要求烘焙的面包并无菜谱可参照，这时候我们想要完成任务就很困难了。我们必须试验各种不同的配料组合和数量，并试验各种不同的温度和烘焙时间。很可能，我们需要推倒重来好几次。

我们面临的最常见的问题类型就是某个特定的任务向我们提供了一些信息，例如"给我烘焙一块两斤重的迷迭香面包，用 4 杯面粉、1 汤匙糖、1 汤匙黄油、1 茶匙盐和1 茶匙酵母"。我们无法准确地找到一份能够完美地完成这个任务的菜谱，但我们已经得到了与这个任务有关的大量关键信息。在这个例子中，除了迷迭香的数量，其他配料的数量我们都已经知悉。这个任务最困难的地方在于试验各种配方的组合方式以及迷迭香的添加数量。如果我们并不是第一次烘焙面包，我们会对添加多少迷迭香具有一些直观概念。我们的经验越丰富，这个任务就越简单。

这个烘焙面包例子可以概括的一个主要思想是在烘焙面包时，我们需要做的事情要远远多于一份菜谱的步骤。我们首先要理解需要烘焙什么东西，其次必须确定是否有任何现有的菜谱可供参照。如果没有，我们必须自己设计一份菜谱，并对它进行试验，直到做出与需求相匹配的最终产品。在下一节中，我们将看到怎样把这个烘焙例子转换到编程中。

2.3　思考、编码、测试、调试、重复

在本书中，我们不仅要编写简单的程序，还将编写复杂的程序。不管程序的复杂性如何，通过一种有组织的结构化方法解决每个问题是非常重要的。我建议使用图 2.3 所示的"思考、编码、测试、调试、重复"范式，直到我们认为自己的代码已经很好地满

足了问题所提出的要求为止。

"思考"步骤相当于确保自己理解了需要制作哪种类型的烘焙食品。思考一些由自己回答的问题,并决定是否已经有了适用的"菜谱"还是需要自行构思一个菜谱。在编程中,菜谱相当于算法。

"编码"步骤相当于开始动手试验各种配料、替代材料和重复过程(例如每隔 5 分钟检查一下面包皮的颜色)的各种组合。在编程中,它相当于用代码实现一种算法。

"测试"步骤相当于确定最终的产品是否与预期的相符。例如,从烤箱里拿出来的烘焙食物是不是一块面包?在编程中,我们用不同的输入运行一个程序,并检查它们的实际输出是否与预期输出相符。

图 2.3　用编程解决问题的理想方法。在编写任何代码之前理解问题,然后对自己所编写的代码进行测试,并根据需要对代码进行调试。不断重复这个过程,直到代码通过了所有的测试

"调试"步骤相当于对菜谱进行微调。例如,如果做出来的东西太咸,就减少烘焙过程中所添加的盐。在编程中,我们对程序进行调试,找出哪行代码导致了不正确的行为。如果我们并没有遵循最佳实践,那么这只是一个粗略的过程。本章后面还将介绍一些调试方法,本书的第 8 部分也会描述一些调试技巧。

这 4 个步骤根据需要重复多次,直到代码通过所有的测试。

2.3.1　理解任务

当我们面对一个需要用编程解决的问题时，我们不应该立即就开始编写代码。如果我们从编写代码开始，就进入了图 2.3 所示的"编码"阶段。我们在第一次就能正确地编写代码是件不太可能的事情，因为我们不可能第一次就能够正确地解决问题。我们需要不断地重复整个周期，直到对特定的问题已经深思熟虑。从思考问题入手，我们就最大限度地减少了编程周期的重复次数。

我们处理难度大的问题时，可以尝试把它分解为几个更小的问题。这些更小的问题具有更简单、更少的步骤组合。我们首先可以把注意力集中在解决更小的问题上。例如，我们不应该一开始就烘焙一块充满"异国情调"的面包，而是可以从烘焙一个小面包卷入手，这样就能够熟悉正确的配料比例，从而不至于浪费太多的资源或时间。

当我们面对一个问题时，应该询问自己下面这些问题。

- 程序应该实现什么目标？例如，"计算圆的面积"。
- 程序与用户是否存在任何交互？例如，"用户将输入一个数"和"向用户显示该半径的圆的面积"。
- 用户提供的是哪种类型的输入？例如，"用户将提供一个表示圆的半径的数"。
- 用户期望从程序获得什么？以什么样的形式获得？例如，我们可能向用户显示"12.57"，或者是较复杂的"半径为 2 的圆的面积是 12.57"，或者可以向用户显示一幅画像。

我建议按照以下两种方式描述问题，从而有组织地对问题进行思考。

- 确定问题的黑盒表现形式。
- 写下一些示例输入以及它们的预期输出。

即学即测 2.1　找出一份菜谱（从身边或者从网上寻找）。写下关于该菜谱用途的问题。首先编写一个含糊的问题，然后再编写一个更加具体的问题。

2.3.2　任务的黑盒表现形式

当我们需要用编程解决一个特定的任务时，可以把这个任务看成一个黑盒。一开始，并不需要关注它的具体实现。

定义：实现就是编写代码来完成任务的方式。

我们暂时不关心实现的细节，而是专注于具体的问题：有没有与用户进行任何交互？程序是否需要输入？程序是不是会产生一些输出？程序在背后是不是需要执行一些计算？

绘制一张图展示程序与用户之间可能发生的交互是很有帮助的。回到面包烘焙菜谱这个例子。图 2.4 展示了一种可能的黑盒表现形式。输入在黑盒的左边，输出在黑盒的右边。

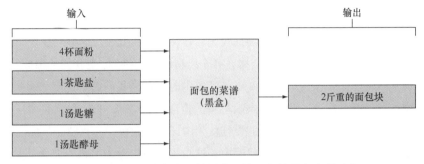

图 2.4　用一组特定的配料烘焙一块面包的黑盒表现形式

当我们对黑盒的输入和输出有了概念之后，就可以考虑程序可能具有的一些特殊行为了。这个程序在不同的情况下是否具有不同的行为？在上面这个面包例子中，如果没有糖，有没有替代品可以使用？如果只加糖不加盐，会不会产生一种不同类型的面包？我们应该写下在这些情况下程序的行为。

所有这些特定的交互都可以用流程图来展示。我们可以追踪流程图中的多条路径，每条路径可以表示一种不同的实现和结果，如图 2.2 所示。

即学即测 2.2　我们需要在完成烘焙之后进行一些清理工作。我们需要完成两件事情：洗碗和倒垃圾。用图 2.2 所示的流程图组织下面这些步骤和决策。尽可能多地使用下面这些步骤和决策，但并不需要全部使用。

步骤：用水冲洗碗　　　　　　　决策：还有东西需要放在垃圾袋里吗？

步骤：唱歌　　　　　　　　　　决策：我对自己的烘焙技巧是否满意？

步骤：扎紧垃圾袋　　　　　　　决策：还有没有剩下的脏碗？

步骤：将垃圾拿出门　　　　　　决策：今晚我是否应该去看电影？

步骤：拿起一个脏碗

步骤：用洗洁精擦洗脏碗

步骤：把洗干净的碗放入晾碗架

步骤：把垃圾袋放在地板上

步骤：把一些垃圾倒入垃圾袋中

2.3.3　编写伪码

现在，我们已经设计了一些测试用例，知道了一些需要关注的特殊行为，并了解了完成特定的任务所需要的一系列步骤的黑盒表现形式。如果能够用流程图画出这些步骤，现在是时候把流程图上的内容转换为用编程概念表示的语言了。为了解决问题，我们必须设计一系列需要遵循的步骤，用它们实现在问题中所规划的任务。

伪码混合使用了日常语言与编程代码，它可以写在纸上，也可以在代码编辑器中输入。它可以帮助我们确定程序的结构在各个阶段都是正确的：当我们从用户获取输入时；当我们显示输出时；当我们需要做出一个决定时以及当我们需要重复一组步骤时。

用语言概括一系列的步骤就像编写和试验自己的菜谱一样，我们必须根据自己所知道的配料味道和用途来决定它们的最佳使用方式。在编程中，我们必须使用自己所掌握的知识，把各种技巧和结构融入代码中，这也是编程中最为困难的部分。

在伪码中，计算圆的面积的代码可能像下面这样。

1．从用户那里获取一个半径。

2．应用一个公式。

3．显示结果。

4．重复步骤 1~3，直到用户停止。

在本书中，我们将看到一些例子，它们说明了某些编程概念的重要性。知道使用哪个概念以及在什么时候使用这个概念的唯一方式是直觉，而直觉是通过大量的实践产生的。

当然，我们在编程中可以用很多方法完成同一个任务。在某种方法中陷入僵局无法取得进展并不是坏事，至少我们理解了为什么一种特定的方法对于当前情况并不适用。随着时间的积累和经验的增加，我们能够培养出更好的直觉，能够感觉到某个概念比另一个概念更为适用。

> **即学即测 2.3**　毕达哥拉斯定理（勾股定理）是 $a^2 + b^2 = c^2$，求 c 的值。用伪码编写一系列步骤求出 c 的值。
>
> 提示：$\sqrt{x^2} = x$

2.4　编写容易阅读的代码

当我们对编程的了解越来越多，尤其是熟悉了本书所讨论的 Python 编程时，我们会发现 Python 提供了一些语言特定的细节，这些细节可以帮助我们实现这个原则。

本章并不讨论语言的这些特定的细节。现在需要记住的是，在开始编写代码之前，我们就要想到自己所编写的代码可能会被其他人所阅读，自己也可能在几星期之后阅读。

2.4.1 使用描述性和有意义的名称

下面是一小段 Python 代码，我们现在并不需要理解它们的具体含义。这段代码由 3 行代码组成，从上到下依次执行。注意，它看上去有点像我们在数学课上所写的式子：

```
a = 3.1
b = 2.2
c = a * b * b
```

站在较高的层面上，我们能不能看出它进行的是什么计算？很难。假设把它改写为：

```
pi = 3.1
radius = 2.2
# 使用公式计算圆的面积
circle_area = pi * radius * radius
```

现在，我们能不能看出这些代码的用途？是的！它用来计算（或者估计）一个半径为 2.2 的圆的面积。和数学一样，编程语言使用变量存储数据。在编程时编写容易阅读的代码的一个关键思路就是使用描述性和有意义的变量名。在前面的代码中，pi 是变量名，我们用它来表示值 3.1。类似地，radius 和 circle_area 也是变量名。

2.4.2 对代码进行注释

另外，我们可以注意到前面的代码中有一行代码由#字符开始，这样的代码行称为注释。在 Python 中，注释由一个#符号开始，但是在其他语言中，注释可能由一个不同的特殊符号开始。当程序运行时，注释行并不会运行，它们在代码中的作用就是描述代码的重要信息。

定义：注释是 Python 程序中以#字符开始的一行。在程序运行时，注释行会被 Python 忽略。

注释应该帮助其他人和自己理解为什么要按那种方式编写代码。它们不应该仅描述代码实现了什么。"使用公式计算圆的面积"的注释比"把 pi 乘以 radius 再乘以 radius"的注释要好得多。注意，前者解释了代码的正确用法，后者只是简单地描述了代码的具体操作。在这个例子中，阅读这行代码的人已经知道它是把这 3 个值相乘（因为他们知道怎样阅读代码！），但他们可能并不知道为什么要进行这种乘法。

当注释描述了一大段代码背后的基本原理时，它们就显得极为实用，特别是当我们设计出一种独特的方式来计算或实现某个功能的时候。注释应该描述特定代码块的实现背后的整体思路，因为它对其他人而言可能并不显而易见。当阅读代码的人理解了代码的整体思路之后，他就能通过阅读每行代码来观察它们所进行的具体计算，从而领悟代码的特殊之处了。

> **即学即测 2.4** 下面是一小段 Python 代码，该代码是下面这个问题的一个解决方案。在注释处填上适当的内容。"用两根水管向水池里灌水。绿管灌满水池需要 1.5 小时，蓝管灌满水池需要 1.2 小时。我们想要双管齐下加快灌水进度。绿管和蓝管一起灌水的话需要几分钟才能灌满水池？"
>
> ```python
> # 注释
> time_green = 1.5
> time_blue = 1.2
>
> # 注释
> minutes_green = 60 * time_green
> minutes_blue = 60 * time_blue
>
> # 注释
> rate_hose_green = 1 / minutes_green
> rate_hose_blue = 1 / minutes_blue
>
> # 注释
> rate_host_combined = rate_hose_green + rate_hose_blue
>
> # 注释
> time = 1/rate_host_combined
> ```

2.5 总结

在本章中，我们的目标是学习以下内容。

- 优秀的程序员应该遵循的"思考、编码、测试、调试、重复"事件周期。
- 思考我们所面对的问题，理解这个问题需要我们做什么。
- 在开始编写代码之前，根据问题描述画出它的输入和输出。
- 问题陈述并不足以构思出完成任务所需要的步骤，但它可以帮助我们设计出一份"菜谱"，也就是完成任务所需要的一系列步骤。
- 为了编写容易阅读的代码，我们应该使用描述性和有意义的名称，并通过注释描述问题以及相应的代码解决方案。

变量、类型、表达式和语句

在本书的第 2 部分，我们将下载一个软件，它包含了 Python 3.5 版本和一个特殊的文本编辑器，可以帮助我们编写和运行 Python 程序。我们将设置编程环境，并试着运行一小段 Python 代码，以确保所有的设置都是正确的。接着，我们将介绍适用于所有编程语言的基础知识：各种不同类型的对象、变量、语句和表达式。它们是组成程序的基本构件，相当于英语里面的字母、单词和句子。

第 2 部分以一个阶段性的项目结尾，这将是我们学习编写的第一个 Python 程序！我将指导大家完成每一个步骤。有许多方式可以用来解决编程问题，我将展示其中的两种。如果我们拥有强烈的探索精神，那么可以在观察完整的解决方案之前自己尝试解决问题。

第 3 章　介绍 Python 编程语言

在学完第 3 章之后，你可以实现下面的目标。

- 理解我们将要使用的编程语言 Python
- 借助一个程序来编写自己的程序
- 理解编程开发环境的组成部分

3.1　安装 Python

在写作本书的时候，Python 编程语言是最流行的计算机科学入门教学语言之一。很多顶级大学都使用 Python 语言向学生传授编程知识，它是许多学生在整个大学期间熟练应用的编程语言。Python 可用于创建应用程序和网站，许多像 NASA、Google、Facebook 和 Pinterest 这样的公司使用 Python 维护产品特性并分析所收集的数据。

Python 是一种优秀的通用语言，可用来编写快速、简单的程序。在设置完工作环境之后，用 Python 编写程序并不需要太多的设置。

3.1.1　什么是 Python

Python 是一种编程语言，它是 Guido van Rossum 在荷兰国家数学与计算机研究中心（Centrum Wiskunde & Informatica）创建的。Python 这个名字也用于表示解释器。

定义：Python 解释器是一种程序，负责运行由 Python 编程语言所编写的程序。

在 Python 编程语言中，所有的东西都称为对象，它具有与之相关联的特征（数据）以及与之进行交互的方式。例如，在 Python 中，所有的单词都是对象。与单词 summer 相关联的数据就是它的字母组合序列；与这个单词进行交互的一种方式是把它的每个字母都变为大写形式。自行车是一个更为复杂的对象例子：与自行车相关联的数据包括轮子的数量，自行车的高度、长度以及颜色等；自行车可以做出的动作包括它可以倒下、可以被人骑以及可以重新喷漆等。

在本书中，我们将使用 Python 3.5 版本（作者写作本书时的最新版本）编写程序。

3.1.2　下载 Python 3.5 版本

我们可以通过多种方式下载 Python 3.5。我们可以从 Python 的官方网站下载，也可以通过任何提供了 Python 语言和预安装程序包的第三方程序下载。在本书中，我推荐下载一种特定的第三方程序 Anaconda Python 发布包。

3.1.3　Anaconda Python 发布包

我们可以从 Anaconda 官网下载 Anaconda Python 发布包。这个免费的 Python 发布程序提供了各种版本的 Python，并包含了 400 多种流行的程序包，内容涵盖科学、数学、工程和数据分析等。另外还有一种不包含任何额外程序包的轻量级版本：Miniconda。

进入该网站的下载页面，选择适合自己的操作系统的 Python 3.5 下载链接。在自己的计算机上根据安装指示用默认设置安装这个发布包。注意，最新版本可能已经不是 3.5，下载更新的版本也完全没有问题。对本书而言，更换 Python 3 的子版本不会有任何区别。

3.1.4　集成开发环境

在完成安装之后，打开 Spyder，它是 Anaconda 包含的一个程序。Spyder 是一个集成开发环境（IDE），可以编写和运行本书所讨论的程序。

　　定义：集成开发环境（IDE）是一个完整的编程环境，可以改善我们的程序编写体验。

打开 Spyder

　　在 Windows 中，可以从"开始"菜单的 Anaconda 文件夹中打开 Spyder，如图 3.1 所示。

图 3.1　"开始"菜单的 Spyder 文件夹

Spyder IDE 所提供的重要特性（如图 3.2 所示）具体如下。

■　可以用来编写 Python 程序的编辑器。

■　可以在运行程序之前观察程序的代码行，其中可能包含潜在的错误或效率不高之处。

■　可以通过输入和输出与程序的用户进行交互的控制台（console）。

■　可以观察程序中变量的值。

■　可以对代码进行逐行的调试。

图 3.2 展示了完整的 Spyder IDE 以及在代码编辑器中编写的一些代码。现在，我们并不需要理解这些代码。

3. 这个空间提示了运行
代码之前可能包含错
误的潜在代码行

2. 程序编辑器窗口，
可以在这个窗口
中打开多个文件

5. 调试（**Debug**）菜单，
包含了逐行运行程序
的选项

4. 变量窗口，显示了
程序中对象的值

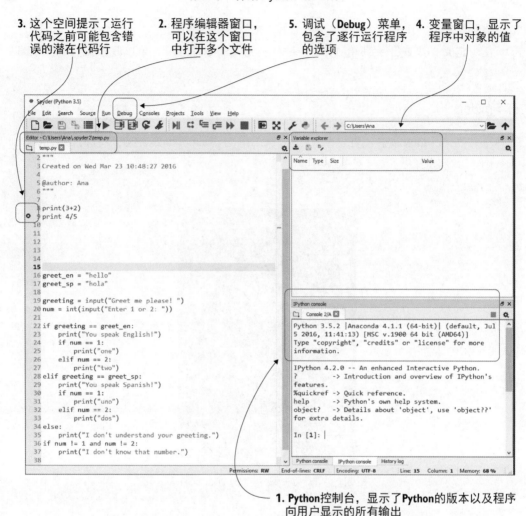

1. **Python**控制台，显示了**Python**的版本以及程序
向用户显示的所有输出

图 3.2　打开了代码编辑器、控制台和变量资源管理器的 Spyder IDE

3.2　设置工作空间

当我们像图 3.2 一样打开 Spyder 时，可以看到程序窗口被分割为 3 个独立的窗格。

■　左边的窗格是编辑器，一开始并不包含代码，只有几行文本。我们注意到这些
文本是绿色的，意味着它们是多行注释文本，并不包含将要运行的代码。

■　右上的窗格包含对象检查窗口、变量窗口或文件管理器窗口。我们并不会直接
使用这些窗口，但它们都有各自的用途。例如，变量窗口向我们显示了程序结
束之后程序中每个变量的值。

■ 右下的窗格在默认情况下是 Python 控制台。在本章中，我们将学习与 IPython 控制台和文件编辑器有关的一些基础知识。

接下来两节的内容将讨论怎样在 Spyder 中执行简单的计算。我们将会看到怎样在控制台中直接输入计算表达式以及怎样在代码编辑器中编写更为复杂的程序。当这两节结束后，我们的 Spyder 会话看上去应该像图 3.3 一样。

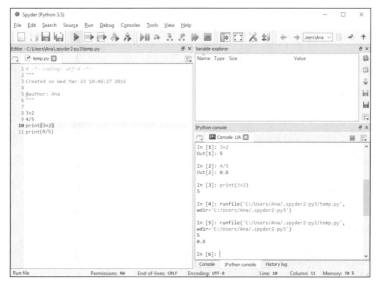

图 3.3　在 IPython 控制台和代码编辑器中输入表达式之后的 Spyder 会话

3.2.1　IPython 控制台

IPython 控制台是我们快速测试命令以观察它们的运行结果的主要方式。更重要的是，用户将使用控制台与程序进行交互。IPython 中的"I"就表示交互性（interactive）。IPython 控制台是一种高级的控制台，向用户提供了一些简洁的特性，包括自动完成、以前键入的命令历史以及特殊单词的特殊颜色显示。

直接在控制台中编写命令

我们可以直接在 IPython 控制台中编写单条命令，运行该命令并观察它的效果。如果我们刚刚开始学习编程，应该尽可能多地进行这样的尝试。要想培养对语句所执行的任务以及表达式的求值结果的良好直觉，这是最好的方式。

在控制台中输入 3 + 2 并按下 Enter 键，执行这个加法。我们将会看到计算结果 5 之前是文本 Out[]。现在，输入 4 / 5 然后执行这个除法，将会看到计算结果 0.8 的前面也有文本 Out[]。

我们可以把控制台看成某种机制，它允许我们"偷看"我们所输入的表达式的值。为什么要说"偷看"呢？因为这些表达式的值对用户而言是不可见的。为了使它们对用户可见，我们必须明确地把它们的值打印到控制台中。在控制台中输入 print(3 + 2)，5 这个数字会再次出现，但它的前面不再有 Out[] 这个前缀。

3 + 2 和 4 / 5 都称为 Python 表达式。一般而言，Python 中任何具有求值结果的形式都可以称为表达式。我们将在第 4 章看到更多表达式的例子。在下一节中，我们将了解怎样在文件编辑器中输入命令，编写更为复杂的程序。

即学即测 3.1　下面这些表达式会不会向用户显示输出？或者它们只是允许我们"偷看"它们的值？在控制台中输入这些表达式以验证自己的想法！

1. 6 < 7
2. print(0)
3. 7 * 0 + 4
4. print("hello")

控制台的主要用途

很少有程序员能够在第一次就编写出完美的程序。即使是经验丰富的程序员也经常会犯错误。第一次尝试编写的程序总会出现一些不稳固的地方，在尝试运行程序时，程序中存在的缺陷（错误）会被显示出来。

定义：缺陷（bug）是程序中的错误。

如果程序有缺陷，不论是大是小，都必须修正它们。我们可以从程序的调试过程中学到很多东西。当我们开始编写更为复杂的程序时，可以站在两种不同角色的角度来考虑控制台的使用：一种是作为程序员，另一种是作为与程序进行交互的用户，如图 3.4 所示。图 3.4 显示了控制台允许我们扮演的双重角色。程序员使用控制台主要是为了测

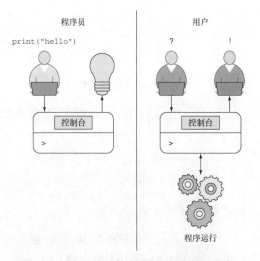

图 3.4　程序员使用控制台进行测试和调试，他们直接在控制台输入命令并观察其输出。用户通过控制台与程序进行交互，他们提供程序的输入并在控制台中查看程序的输出

试命令和调试程序。与运行中的程序进行交互的用户则通过提供输入并观察程序的输出来使用控制台。

我们在本书中看到的大多数程序并不具有可视化界面。我们所编写的程序通过控制台中的文本与用户进行交互，用户根据控制台的提示输入文本、数字或符号，然后程序在控制台中显示其结果。图 3.5 显示了用户与程序进行交互的一个例子。

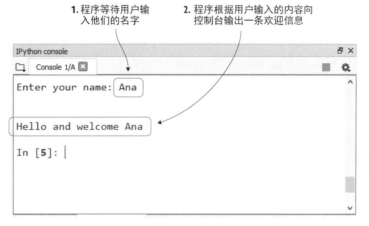

图 3.5 用户与程序进行交互的一个例子

作为程序员，我们也要学会以用户的角色使用控制台，这在调试程序时（当我们想要查明程序为什么无法如预期的那样工作时）显得特别重要。当我们使用文件编辑器编写更为复杂的程序时，让控制台输出程序中所有计算或对象的值（不仅仅是它们的最终值）是极为有用的。这种做法可以确定它们在程序的中间值，帮助我们进行调试。如果说运行程序就像是做一道菜，那么输出中间值就像是在做菜期间尝一下菜的咸淡，以保证各种配料的添加是否适量。第 8 部分将对调试进行更为详细的讨论。

控制台对于运行单个表达式并观察它们的值是非常实用的。如果想要再次运行它们，可以在控制台中重新输入，或者可以使用向上箭头选择以前输入的表达式并按 Enter 键再次运行它们。文件编辑器可以把表达式保存到文件中，这样可以避免再次输入它们。当我们编写行数较多的程序时，这种做法可以节省大量的时间。

3.2.2 文件编辑器

当我们编写更为复杂的Python程序而不是只有几行的简单程序时，就需要使用文件编辑器窗格了。我们可以在文件编辑器中输入命令（在编程中称为语句），每行一条命令，如图3.3所示。在完成输入一组命令之后，就可以单击Spyder顶部的工具栏上的绿色箭头运行这个程序，如图3.6所示。编辑和运行文件的方式在Anaconda支持的所有操作系统中都是相同的，不论是PC、Mac还是Linux。图3.6所示的是Windows操作系统的屏幕截图。

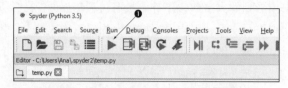

图 3.6　单击"绿色箭头"按钮运行程序

并不是所有的代码行都会产生用户可见的输出

在空文件中，在第 8 行输入 3 + 2，如图 3.3 所示。在下一行中，输入 4 / 5。不要输入其他任何东西。现在单击绿色箭头运行这个程序。第一次单击这个箭头时，可能会出现一个弹出窗口，询问程序的工作目录，此时只要接受默认值就可以了。会发生什么情况呢？右下的控制台中会显示一些红色的文本，类似下面这样：

```
runfile('C:/Users/Ana/.spyder2-py3/temp.py',
↪ wdir='C:/Users/Ana/.spyder2-py3')
```

这行文本提示这个程序已经运行，但不会向用户显示任何输出。

现在，进行补充操作。在第 10 行输入 print(3 + 2)。接下来在第 11 行中，输入 print(4 / 5)。再次运行该程序。现在发生了什么？我们所看到的应该与图 3.3 相同。控制台向用户显示了计算结果，每个结果位于不同的行。

这是怎么做到的？Python 解释器执行这个文件中的每一行。它首先运行语句 3 + 2，在内部计算这个表达式的值。接着，它在内部计算 4 / 5 的结果。由于这两条语句并没有告诉 Python 显示计算的输出，因此它们的值并不会在控制台中显示。

Python 的关键字 print 的作用就是把 print 之后的那对括号中的表达式的值输出到控制台。在这个例子中，我们按顺序显示 3 + 2 和 4 / 5 的值。

> **即学即测 3.2**　下面哪些表达式可以让用户在控制台看到其结果？在文件编辑器中输入这些表达式并单击 Run 进行验证！
>
> 1. print(4 - 4 * 4)
> 2. print(19)
> 3. 19 - 10

保存文件

我们应该把自己编写的每个程序保存在一个单独的文件中，从而保持工作的条理性。前面所编写的代码位于一个临时文件中，该文件保存在 Anaconda 安装目录中的某个位置。如图 3.7 所示，从 Spyder 的菜单栏中打开一个新文件。在这个新文件中再次输入这两条 print 语句。

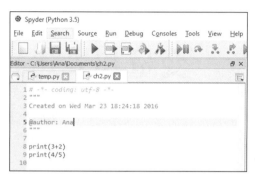

图 3.7 在 Spyder 中打开了多个文件，每个文件在文件编辑器窗格中具有各自的标签页

小建议：我强烈建议大家手动输入命令而不是简单地复制和粘贴。重复是一种非常好的学习方式，可以帮助我们尽快地熟悉编程。尤其是在刚开始学习编程的时候，要强迫自己多输入命令，这种做法可以加快学习进程，使编写代码成为自己的习惯。

现在，把这个文件保存到自己所选择的一个目录中。保存这个文件时必须使用.py 扩展名。如果不用这个扩展名保存文件，就无法运行这个程序（绿色的 Run 按钮将处于灰色的不可用状态）。在保存文件之后并单击绿色的 Run 按钮，控制台应该显示与之前相同的输出。

如果关闭了刚刚所保存的文件，程序并不会丢失。我们可以通过 File 菜单重新打开这个文件。所有的代码仍然在那里，我们仍然可以像刚刚编写完代码一样运行这个程序。

3.3 总结

在本章中，我们的目标是学习以下内容。

- 怎样安装一个名为 Anaconda 的 Python 发布包，并使用 Python 3.5 版本和名为 Spyder 的 IDE。
- 怎样打开一个新文件，在文件中编写一个简单的程序，保存该文件并运行这个程序。
- 怎样在文件编辑器中编写代码，并在编辑器窗格中打开多个文件。
- 控制台允许我们"偷看"变量的值，或者向用户显示输出。
- 怎样使用 print 语句在控制台打印表达式的值。

第 4 章 变量和表达式：为对象赋予名称和值

在学完第 4 章之后，你可以实现下面的目标。

- 编写代码创建 Python 对象
- 编写代码把对象赋值给变量

在日常生活中，我们会遇到很多物理对象，它们也被称为物品。每个物品都有一个名称。为物品命名的原因是，用名称表示物品要比用描述表示物品简单得多。

当我们总是对物品（或对象）进行操作时，名称可以起到很大的作用。有些物品非常简单，例如数字 9。有些物品更为复杂，例如一本字典。

我们可以为数字 9 命名为 Nana，把自己的字典命名为 Bill。我们可以为任何（几乎）物品取自己想要的名称。我们甚至可以为物品组合命名。例如，如果我们把一根香蕉粘到笔记本电脑的盖子上创造了一种"新"物品，可以把这个时髦的新物品命名为 Banalaptop（香蕉笔记本）。单个的物品也可以像这样命名。例如有两个苹果，可以把其中一个命名为 Allie，另一个命名为 Ollie。

对物品进行命名之后，以后在提到它们的时候就不会再产生混淆。使用名称的好处在于我们不必重新创建（在编程中，称为重新计算）值。

当我们命名一个物品时，在本质上就记住了与它有关的每个细节。

『场景模拟练习』

扫视室内的一些物品，然后执行下面这些步骤。

1．写下这些物品。（我所看到的是一部手机、一把椅子、一张地毯、一些纸和一个水杯。）

2．写出一句话，其中包括上面所发现的部分或全部物品，可以多次使用一个物品。（水杯中的水洒到了我的手机和纸上，现在我的手机坏了，纸也被毁了。）

3．写出每个物品的描述，不能在描述中使用它们的名称。

4．现在重新改写步骤 2 的句子，不能使用名称，只能使用描述。

5．使用物品名称的句子更容易理解还是使用描述的句子更容易理解？

[答案]

1．一部手机、一些纸和一个水杯。

2．水杯中的水洒到了我的手机和纸上，现在我的手机坏了，纸也被毁了。

3．描述：

■　　*水杯——容纳净水的物品；*

■　　*手机——用于打电话、发短信、观看视频的方形设备；*

■　　*纸——一叠薄、白、易损的物品，上面有一些黑色痕迹。*

4．用于容纳净水的物品中的水洒到我用于打电话、发短信、观看视频的方形设备和一叠薄、白、易损且上面有一些黑色痕迹的物品上，现在我的方形设备被损坏了，上面有黑色痕迹的物品也被毁了。

5．显然，使用物品名称而不是物品描述的句子更容易理解。

4.1　为对象提供名称

我们所使用的每个物品都有名称，这样在谈话时就很容易引用它们。编写计算机程序就像是编写我们想要创建的事件以及它们所涉及的物品的详细描述。在编程中，我们使用变量表示物品。我们将在 4.2 节中详细讨论这个问题。

4.1.1　数学与编程

当我们听到变量这个词时，可能会联想到数学课上的解方程，它要求我们"求 x"。编程也要用到变量，但采用的是一种不同的方式。

在数学中，方程式表示的是相等性。例如，"$x = 1$"表示"x 等于 1"，"$2 * x = 3 * y$"表示"2 乘以 x 等于 3 乘以 y"。

在编程中，一行包含了等号的代码表示赋值。图 4.1 展示了 Python 中的赋值。

我们使用等号对变量进行赋值。例如，a = 1 或 c = a + b。等号右边的对象是个可以求值的表达式。

图 4.1　Python 中给一个名称赋值。等号右边的任何表达式被转换为一个单独的值，并提供给等号左边的名称

定义：表达式就是一行可以简化为一个值的代码。

为了获取这个值，我们可以在表达式中用具体的值替代其他所有已知的变量并进行计算。例如，如果 a = 1 且 b = 2，则 c = a + b = 1 + 2 = 3。在编程中，等号的左边只允许出现变量的名称。

4.1.2　计算机可以做什么？不可以做什么

一个必须注意的要点是：需要告诉计算机要做什么。计算机不会自发地对方程进行求解。如果告诉计算机 a = 2、b = 2 且 a + x = b，它面对这些信息并不知道要做什么，或者说不知道我们想对 x 求解。a + x = b 这行代码并没有告知计算机怎样进行计算，它只表示一种相等性。

计算机需要被告知它应该做些什么。记得当我们根据一个菜谱烘焙面包时，我们需要知道烘焙的步骤。作为程序员，我们必须制订这种"菜谱"，告知计算机需要做些什么。为了制订"菜谱"，我们需要脱离计算机，在纸上写下自己的计算步骤。然后，我们就可以告诉计算机需要执行哪些步骤以计算一个值了。

> **即学即测 4.1**　确定计算机是否允许进行下面这些赋值。假设等号右边的所有东西都等同于一个值：
>
> 1. 3 + 3 = 4

```
2. stuff + things = junk

3. stack = 1000 * papers + 40 * envelopes

4. seasons = spring + summer + fall + winter
```

4.2 变量

对于编程中变量的作用有了一些直观的理解之后，现在我们可以深入其中，开始学习变量的工作方式了。

4.2.1 对象就是可以进行操作的物品

在 4.1 节中，我们讨论了物品。在 Python 中，所有物品都是对象。这意味着我们在 Python 中创建的每个物品都具有下面的特性：

- 类型
- 一组操作

对象的类型告诉我们与它相关联的数据（或值/属性/内容）。操作就是我们告诉对象可以执行的命令。这些命令可能只作用于该对象本身，也可能是该对象与其他对象所进行的交互。

> **即学即测 4.2** 对于下面的物品，写出它们的一些属性（描述它们的颜色、大小等）和一些操作（可以做什么、它们如何与其他物品进行交互等）：
>
> 1. 手机
> 2. 狗
> 3. 镜子
> 4. 信用卡

4.2.2 对象具有名称

我们在程序中所创建的每个对象都可以有名称，这样以后就可以用名称来表示这个对象了。对象的名称就是变量，它们用来表示对象。

定义：变量将一个名称与一个对象进行绑定。变量的名称表示一个特定的对象。

例如：

- 如果 a = 1，则对象名称 a 的值为 1，我们可以用这个名称进行数学运算；

■ 如果 greeting = "hello"，则对象名称 greeting 的值是"hello"（一个
字符序列），在这个对象上可以进行的操作包括"告诉我它有几个字符""告
诉我它是否包含字母 a"或"告诉我第 1 个字母 e 出现在什么位置"等。

在这两个例子中，等号左边的是变量名，我们可以用它们表示一个对象。等号右边
的是对象本身，它具有一个值以及可以在它上面进行的一些操作。在 Python 中，我们
把一个变量名绑定到一个对象上。

等号右边并不一定是单个对象，它可以是一个能够简化为一个单值的计算表达式。
我们根据这个最终值获取该对象。例如，a = 1 + 2 的右边是两个对象（1 和 2）的
计算表达式，可以简化为一个值为 3 的对象。

4.2.3   允许什么样的对象名称

我们在编写代码时使用变量名，这样其他人更容易读懂代码。许多编程语言，包括
Python，在变量的命名方面有一些限制。

■ 必须以字母（a~z 或 A~Z）或下划线（ _ ）开头。

■ 变量名中的其他字符可以是字母、数字或下划线。

■ 变量名是大小写敏感的。

■ 变量名的长度是任意的。

像程序员一样思考

如果确实需要，我们可以让变量名具有多达 1 000 000 000 000 000 个字符。但是千
万不要这样做！因为它会让代码难以阅读。每行代码的长度应尽量限制在 80 个字符以
内，变量的命名应该在保持容易理解的同时尽可能简洁。

即学即测 4.3   下面这些变量名是否允许使用？

1. A
2. a-number
3. 1
4. %score
5. num_people
6. num_people_who_have_visited_boston_in_2016

编程语言具有一些保留字，这些保留字不能作为变量名使用。对于 Python，Spyder
提供了语法特殊颜色显示。如果输入单词的颜色发生了变化，就说明它们是被特殊保留

的 Python 关键字。

　　定义：关键字是一种特殊的被保留的单词，它在编程语言中具有特殊的含义。

　　图 4.2 展示了以特殊颜色显示的单词的一个例子。一个良好的通用规则是如果我们所输入的名称改变了颜色，就不应该把它作为变量名使用。

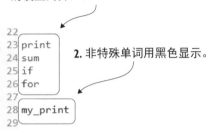

图 4.2　在 Python 中具有特殊含义的单词在代码编辑器中会改变颜色。作为一个通用规则，
不应该把颜色不是黑色的任何单词作为变量的名称

　　除了前面的变量命名规则，下面这些指导原则可以帮助我们编写更容易理解的程序。

- 选择具有描述性的且含义明确的名称，而不是简短的单字符名称。
- 在变量的单词之间使用下划线作为连接字符。
- 不要使用太长的变量名。
- 在代码中坚持使用相同的变量命名风格。

即学即测 4.4　　下面这些变量名是否允许使用？它们是否是良好的变量名？

1. customer_list

2. print（在 Spyder 中，这个单词的颜色并不是黑色的）

3. rainbow_sparkly_unicorn

4. list_of_things_I_need_to_pick_up_from_the_store

4.2.4　创建变量

　　在使用变量之前，我们首先必须为它设置一个值。我们使用等号为变量赋值一个对象，对它进行*初始化*。初始化操作把这个对象绑定到这个变量名上。

　　定义：变量的初始化就是把一个变量名与一个对象进行绑定。

在初始化一个变量之后，我们就可以用变量名表示一个特定的对象了。在 Spyder 中，在控制台中输入下面这几行代码，对 3 个变量进行初始化：

```
a = 1
b = 2
c = a + b
```

我们可以通过变量窗口观察变量的名称、类型、长度（将在后面讨论这个含义）和它们的值。此时屏幕显示如图 4.3 所示。

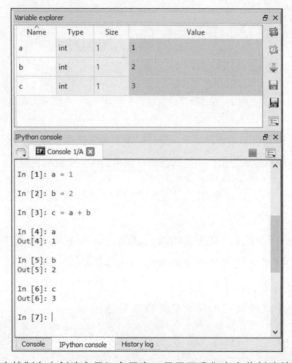

图 4.3　怎样在控制台中创建变量？变量窗口显示了我们在本节创建并初始化的变量

我们可以看到，变量窗口显示我们所创建的变量以及它们的值。如果我们在控制台中输入一个变量的名称并按下 Enter 键，就可以查看它的值了。变量窗口还在第二列告诉我们一个额外的信息，即变量的类型。4.3 节将详细讨论这个术语的含义。

4.2.5　更新变量

在创建了一个变量名之后，我们可以把这个变量名更新为任何对象。我们在前面看到过下面这 3 行代码初始化了 3 个变量：

```
a = 1
b = 2
c = a + b
```

　　我们可以把 c 的值更新为其他对象。输入 c = a - b 就表示为 c 重新赋值。在变量窗口中，我们可以看到 c 现在是一个不同的值。Spyder 变量窗口如图 4.4 所示。

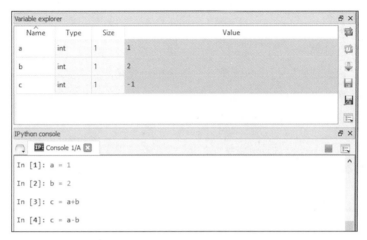

图 4.4　变量窗口出现了同一个变量 c，但它具有一个新值

　　变量名仅仅是把名称绑定到对象上。同一个变量名可以重新被赋值为不同的对象。一个名为 id 的 Python 操作以一个数字序列的形式显示了一个对象的身份。这个身份对于每个对象都是唯一的，不能在对象生存期间对其进行修改。在控制台中输入下面这几行代码：

```
c = 1
id(c)
c = 2
id(c)
```

　　在第一条 id(c) 命令执行之后，控制台打印出 1426714384。在第二条 id(c) 命令执行之后，控制台打印出 1426714416。这是同一个变量名先后绑定的两个数值，因为 1 和 2 是不同的对象。

> **即学即测 4.5**　我们按顺序进行下面这些操作，依次写下每个操作的代码行。
>
> 1. 把变量 apples 初始化为 5。
> 2. 把变量 oranges 初始化为 10。
> 3. 把变量 fruits 初始化为 apples 和 oranges 之和。
> 4. 把变量 apples 重新赋值为 20。
> 5. 按照前面的方式重新计算变量 fruits 的值。

4.3　总结

在本章中，我们学习了以下内容。

- 创建和初始化变量。
- 并不是所有的名称都可以作为变量的名称，对变量进行命名要遵循一些通用的规则。
- 对象具有一个值。
- 表达式就是一行可以精简为一个单值的代码。
- 对象具有可以在它上面进行的操作。
- 变量是一个名称，它绑定到一个对象。

4.4　章末检测

问题 4.1　问题如下，求出 x 的值。以表达式的形式书写 x 并求出它的值。

```
a = 2
b = 2
a + x = b
```

问题 4.2　在 Spyder 的控制台中输入 a + x = b 并按下 Enter 键，你会得到一个错误提示。也许出现这个错误的原因是我们没有告诉计算机 a 和 b 是什么。在控制台中输入下面的代码行，每行结束时按 Enter 键。这样还会出现错误吗？

```
a = 2
b = 2
a + x = b
```

第 5 章 对象的类型和代码的语句

在学完第 5 章之后，你可以实现下面的目标。

■ 编写代码，创建各种类型的对象

■ 编写简单的代码行，对 Python 变量进行操作

假设有下面这样一个家庭。

■ 4 个人：Alice、Bob、Charlotte 和 David。

■ 3 只猫：Priss、Mint 和 Jinx。

■ 2 条狗：Rover 和 Zap。

每个人、每只猫、每条狗都是一个独立的对象。我们可以为每个对象取一个不同的名称，这样可以很方便地表示它们，其他人很容易就知道我们所讨论的是哪个对象。在这个家庭中，共有 3 种类型的对象：人、猫和狗。

每种类型的对象具有与其他类型的对象不同的特征。人有手和脚，而猫和狗只有脚。猫和狗都有胡须，但人不一定有。对象的类型所具有的特征独特地标识了这种类型的所有个体对象。在编程中，特征称为类型的数据属性或值。

每种类型的对象还具有动作或行为。人可以驾车，但狗和猫不能。猫可以爬树，但狗不能。一种类型的对象只能进行该对象类型特定的活动。在编程中，这类活动称为类

型的操作。

『场景模拟练习』

假设有一个球体（sphere）和一个立方体（cube），写出每个对象的一些特征（选择那些能够独特地标识它们的特征）和一些可以对它们进行的操作。

[答案]

球体：圆的、具有半径/直径、会滚动、会反弹。

立方体：所有的边具有相同的长度、保持水平摆放状态、具有顶点、可以站在它上面。

5.1 对象的类型

到目前为止，我们已经创建了变量以用于存储对象。变量是为个体对象所提供的名称。在现实中，我们可以将对象分组。同一组中的所有对象具有相同的类型。它们都具有相同的基本属性，并且可以使用相同的基本操作与它们进行交互。

5.2 编程中对象的基本类型

对象具有下面的性质：

■ 类型，决定了它们可以具有的值；

■ 可以对它们进行的操作。

定义：对象的类型告诉我们该对象可以具有哪种类型的值。

在大多数编程语言中，有一些对象类型是每种语言都有的基本构件。这些对象类型可以称为基本类型或标量。这些基本类型是语言本身就具有的，其他类型的对象都可以由基本类型的对象组合而成。这有点类似于字母表中的 26 个字母是英语的基本构件，我们可以根据这 26 个字母创建单词、句子和文章。

Python 有 5 种基本类型的对象：整数、浮点数、布尔值、字符串和一种特殊的表示不存在值的类型。在 Python 中，这 5 种类型称为基本类型，该语言中每种其他类型的对象都可以由这 5 种基本类型组建而成。

5.2.1 整数

整数类型的对象（在 Python 中为 int 类型）的值是整数。例如，0、1、2、5、1234、

-4、-1000 都是整数。

我们对这种类型的数字可以进行的操作类型与我们在数学课上对整数进行的操作类型相同。

我们可以对两个或多个整数执行加法、减法、乘法和除法。我们可以在负数的两边加上括号以避免将其与减号相混淆，具体示例如下。

- a = 1 + 2，把一个值为 1 的整数对象与一个值为 2 的整数对象相加，并把值为 3 的结果整数对象绑定到变量 a。
- b = a + 2，把整数对象 a 的值与值为 2 的整数对象相加，并把结果对象的值绑定到变量 b。

我们可以把一个整数加上一个特定的值，具体示例如下。

- x = x + 1 表示把 1 与 x 的值相加，并把结果绑定到变量 x。注意，这个操作和数学不同。在数学中，我们可以把等号右边的 x 移到左边（或者在等号的两边同时减去 x），把这个表达式简化为 0 = 1。
- x += 1 在编程中是 x = x + 1 的简写记法，它也是一种合法的替代写法。我们可以把+=替换为*=、-=或/=，分别表示 x = x * 1、x = x - 1 或 x = x / 1。等号右边的 1 也可以替换为其他任何值。

即学即测 5.1 为下面每个任务各编写一行代码。

1. 把 2 与 2 相加的结果与 2 相加，并把结果保存在变量 six 中。
2. 把变量 six 与-6 相乘，并把结果保存在变量 neg 中。
3. 使用简写记法把变量 neg 除以 10，并把结果保存在同一个变量 neg 中。

5.2.2 表示小数的浮点数

浮点类型的对象（在 Python 中为 float 类型）是其值中包含小数的对象。例如，0.0、2.0、3.1415927 和-22.7 都是浮点数。如果我们对整数进行过各种操作，会发现把两个整数相除时，其结果是浮点类型。我们对浮点数可以进行的操作与整数相同。

重要的是，我们要理解下面这两行代码会导致两个变量分别表示两种不同类型的对象。变量 a 是整数，变量 b 是浮点数：

```
a = 1
b = 1.0
```

即学即测 5.2 为下面每个任务各编写一行代码。

> 1. 把 0.25 与 2 相乘，并把结果保存在变量 half 中。
>
> 2. 将 1.0 减去变量 half，并把结果保存在变量 other_half 中。

5.2.3　表示真/假的布尔值

　　在编程中，我们并不仅仅与数值打交道。有一种比数值更为简单的类型称为布尔值（在 Python 中为 bool 类型）。它只有两个可能的值，True 或 False（真或假）。它们可以代替结果为这两个值之一的表达式。例如，表达式 4 < 5 可以用 False 代替。对布尔值可以进行的操作包括逻辑操作 and 和 or，我们已经在第 1 章中对它们进行了简单的介绍。

> **即学即测 5.3**　为下面每个任务各编写一行代码。
>
> 1. 在变量 cold 中保存 True 值。
>
> 2. 在变量 rain 中保存 False 值。
>
> 3. 把 cold and rain 这个表达式的结果保存到变量 day 中。

5.2.4　表示字符序列的字符串

　　一种非常实用的数据类型是字符串（在 Python 中为 str 类型），我们将在第 7 章和第 8 章中详细讨论。简而言之，字符串就是一对引号之间的一个字符序列。

　　字符就是我们在键盘上按下一个键所输入的东西。字符两边的引号可以是单引号或双引号（'或"），只要两边保持一致即可。例如，'hello'、"we're ＃ 1!"、"m.ss.ng c.ns.n.nts??"和"'"（一对双引号之间的一个单引号）都是合法的字符串。

> **即学即测 5.4**　为下面每个任务各编写一行代码。
>
> 1. 创建变量 one，它的值为"one"。
>
> 2. 创建变量 another_one，它的值为"1.0"。
>
> 3. 创建变量 last_one，它的值为"one 1"。

5.2.5　空值

　　我们有时候需要在程序中表示一个空值。例如，如果我们买了一只新宠物，还来不及给它取名，此时这只宠物的名字就为空。编程语言允许在这种情况下指定一个特殊的值。在许多编程语言中，这个值称为 null。在 Python 中，这个值用 None 表示。由于在 Python 中所有东西都是对象，因此 None 也是有类型的，它的类型是 NoneType。

即学即测 **5.5** 下面各个对象分别是什么类型?

1. 2.7

2. 27

3. False

4. "False"

5. "0.0"

6. -21

7. 99999999

8. "None"

9. None

5.3 使用基本类型的数据值

既然我们对将要使用的对象类型已有了一定的了解,那么现在可以开始编写行数不止一行的代码了。当我们编写程序时,每行代码称为语句。语句可以包含表达式,也可以不包含表达式。

定义:语句就是任意一行代码。

5.3.1 表达式的构件

表达式是指对象之间的一个操作,可以简化为一个单值。下面是一些表达式(同时也是语句)的例子:

- 3 + 2
- b - c(如果知道 b 和 c 的值)
- 1 / x

一行用于打印信息的代码是语句但不是表达式,因为打印这个操作并不能简化为一个单值。类似地,对变量的赋值是 Python 语句,但不是表达式,因为赋值操作本身并不能简化为一个单值。

即学即测 **5.6** 判断下面这些是语句还是表达式,或者两者皆是。

1. 2.7 - 1

2. 0 * 5

3. a = 5 + 6

4. print(21)

5.3.2　不同类型之间的转换

如果不是很确定一个对象的类型，可以用 Spyder 检查。在控制台中，我们可以用一个特殊的命令 `type()` 获取一个对象的数据类型。例如：

- 在控制台输入 `type(3)` 并按 Enter 键可以看到 3 的类型是整数；
- 在控制台输入 `type("wicked")` 并按 Enter 键可以看到 `"wicked"` 的类型是字符串。

我们也可以把对象从一种类型转换为另一种类型。在 Python 中实现这个目的的做法是在需要被转换的对象两边加上括号，并在前面加上想要转换的类型。例如：

- `float(4)` 把整数 4 转换为浮点数 4.0，结果是 4.0；
- `int("4")` 把字符串 `"4"` 转换为整数 4，结果是 4。注意，我们无法把内容不是数字的字符串转换为整数或浮点数，如果试图转换 `int("a")`，就会产生错误；
- `str(3.5)` 把浮点数 3.5 转换为字符串 `"3.5"`，结果是 `"3.5"`；
- `int(3.94)` 把浮点数 3.94 转换为整数 3，结果是 3。注意，这个操作会截断小数部分，只保留小数点之前的整数部分；
- `int(False)` 把布尔值 False 转换为整数 0，结果是 0。注意，`int(True)` 的结果是 1。

即学即测 5.7　编写一个表达式，把下面的对象转换为目标类型，并预测转换之后的值。记住，我们可以在 Python 的控制台输入表达式以检验它的类型。

1. `True` 转换为 `str`
2. `3` 转换为 `float`
3. `3.8` 转换为 `str`
4. `0.5` 转换为 `int`
5. `"4"` 转换为 `int`

5.3.3　数学运算对对象类型的影响

数学运算是 Python 表达式的一个例子。当我们在 Python 中进行数值之间的运算时，将会得到一个值，因此所有的数学运算在 Python 中都是表达式。

在数学中，数值之间的许多操作符在 Python 中也是在数值（整数或浮点数）之间进行的。当我们进行数学运算时，可以混合搭配整数和浮点数。表 5.1 展示了当我们在整数和浮点数的所有可能组合之间执行数学运算时会发生什么。表 5.1 的第 1 行表示当我们把一个 int 对象与另一个 int 对象相加时，其结果也是一个 int 对象。这方面的一个例子是3 + 2的结果是5。当至少有一个操作数为float对象时，其结果也是float对象。3.0 + 2、3 + 2.0 或 3.0 + 2.0 的结果都是 float 对象 5.0。唯一的例外是除法。当我们把两个数相除时，其结果总是 float 对象，不管操作数的类型是什么。

表 5.1 展示了我们之前没有见过的两种运算：乘方和求余。

- 乘方（**）是一个底数的指数次幂。例如，3^2 在 Python 中写作 3**2。
- 求余（%）的结果是一个对象除以另一个对象的余数。例如，3 % 2 表示 3 里面有几个 2（只有 1 个），并表示它的余数是什么（1，因为 1×2 + 1 才能得到 3）。

表 5.1 整数和浮点数的数学运算以及结果类型

第 1 个对象的类型	运算	第 2 个对象的类型	结果的类型	例子
int	+ - * ** %	int	int	3 + 2 的结果是 5 3 - 2 的结果是 1 3 * 2 的结果是 6 3 ** 2 的结果是 9 3 % 2 的结果是 1
int	/	int	float	3 / 2 的结果是 1.5
int	+ - * / ** %	float	float	3 + 2.0 的结果是 5.0 3 - 2.0 的结果是 1.0 3 * 2.0 的结果是 6.0 3 / 2.0 的结果是 1.5 3 ** 2.0 的结果是 9.0 3 % 2.0 的结果是 1.5
float	+ - * / ** %	int	float	3.0 + 2 的结果是 5.0 3.0 - 2 的结果是 1.0 3.0 * 2 的结果是 6.0 3.0 / 2 的结果是 1.5 3.0 ** 2 的结果是 9.0 3 % 2.0 的结果是 1.5
float	+ - * / ** %	float	float	3.0 + 2.0 的结果是 5.0 3.0 - 2.0 的结果是 1.0 3.0 * 2.0 的结果是 6.0 3.0 / 2.0 的结果是 1.5 3.0 ** 2.0 的结果是 9.0 3.0 % 2.0 的结果是 1.5

我们可以对数值进行的另一个操作是使用 round()命令对它们进行四舍五入。例如，round(3.1)的结果是整数 3，round (3.6)的结果是整数 4。

> **即学即测 5.8** 下面每个表达式的结果的值和类型分别是什么？记住，我们可以使用 type() 命令检验自己的答案。我们甚至可以把一个表达式放在 type() 的括号中。例如，type(3 + 2)。
>
> 1. 2.25 - 1
> 2. 3.0 * 3
> 3. 2 * 4
> 4. round(2.01 * 100)
> 5. 2.0 ** 4
> 6. 2 / 2.0
> 7. 6 / 4
> 8. 6 % 4
> 9. 4 % 2

5.4 总结

在本章中，我们的目标是掌握 Python 中的一些基本数据类型：整数、浮点数、布尔值、字符串和一个特殊的 NoneType。我们编写代码对某些类型的对象进行操作，并在整数和浮点数上进行特定的操作。我们还编写了语句和表达式。下面是本章的一些要点：

- 所有的对象都有一个值以及可以在它上面进行的操作；
- 所有的表达式都是语句，但并非所有的语句都是表达式。
- 基本数据类型包括整数（int）、浮点数（float）、布尔值（bool）、字符串（str）和一种表示空值的特殊类型（NoneType）。

第 6 章　阶段性项目：第一个
Python 程序——时分转换

在学完第 6 章之后，你可以实现下面的目标。

- 阅读第一个编程问题
- 讨论两种可能的解决方案
- 编写自己的第一个 Python 程序

下面是我们到目前为止应该熟悉的一些主要概念。

- 程序由一系列的语句组成。
- 有些语句用于对变量进行初始化。
- 有些语句是执行计算的表达式。
- 变量的名称应该具有描述性，这有助于其他程序员阅读我们的代码。
- 到目前为止我们所见过的计算包括加法、减法、乘法、除法、求余和乘方。
- 我们可以把一个对象转换为不同的类型。
- print 命令可以用来在控制台显示输出。
- 我们应该在代码中书写注释，记录代码的用途。

[问题] 我们的第一个编程任务是用 Python 编写一个程序，把分钟转换为小时。我们一开始有个表示分钟数的变量。这个程序应该在这个数值的基础上执行一些操作，并打印出转换后的小时数和分钟数。

这个程序应该按照下面这种方式打印结果。如果分钟数是 121，它应该打印出：

```
Hours
2
Minutes
1
```

6.1   思考、编码、测试、调试、重复

记住，在开始编写代码之前，我们应该确保已经理解了问题。我们可以把程序绘制为一个黑盒来理解问题的整体情况。图 6.1 把程序表示为一个黑盒，它还包括了程序的所有输入以及必须产生的所有输出。

图 6.1   程序的输入是个表示分钟数的整数，程序执行一些计算，
并打印出其中包含的小时数以及剩余的分钟数

理解了程序的输入和输出之后，可以考虑一些输入，并写下每个输入的预期输出。下面是一些输入分钟数以及转换后的小时数的例子。

- "60 分钟"转换为"1 小时 0 分钟"。
- "30 分钟"转换为"0 小时 30 分钟"。
- "123 分钟"转换为"2 小时 3 分钟"。

这些输入输出对称为样本测试例。我们将使用这些输入和预期的输出在程序编写完成之后对其进行测试。

> **即学即测 6.1**   下面这些输入分钟数的预期输出是什么？
>
> 1. 456
> 2. 0
> 3. 9999

6.2   分解任务

既然已经理解了问题的需求，我们现在的任务是确定能否把这个问题分解为更小的任务。

我们需要转换输入数据,因此可以将其看作一个任务。我们向用户显示转换后的结果,这可以看作另一个任务。这两个任务都可以只用几行代码就很轻松地实现。

6.2.1 设置输入

为了处理输入数据,我们需要用一个值初始化一个变量。这个变量的名称应该具有描述性,并且分钟数应该是整数。例如,

```
minutes_to_convert = 123
```

6.2.2 设置输出

为了向用户显示输出,我们要求的格式如下,其中<some number>是由程序计算的:

```
Hours
<some number>
Minutes
<some number>
```

我们使用 print 命令向用户显示输出。下面是具体的代码:

```
print("Hours")
print(hours_part)
print("Minutes")
print(minutes_part)
```

在这里,hours_part 和 minutes_part 都是由程序进行计算的变量。

现在,剩下的唯一任务就是想办法把分钟数转换为小时数和分钟数,这也是整个任务中最重要的一个环节。

6.3 实现转换公式

当我们处理时间单位时,预先已经知道 1 小时就是 60 分钟。我们的第一感觉可能是把分钟数除以 60。但是,除法所得到的是带小数的数值。假设分钟数是 123,其结果是 2.05,而不是 2 小时 3 分钟。

为了正确地进行转换,我们必须把这个问题分解为两部分:找出小时数,然后找出分钟数。

6.3.1 多少小时

123 分钟除以 60 的结果是 2.05,我们注意到它的整数部分 2 确实表示小时数。

> **即学即测 6.2**　把下面的数除以 60，并确定结果的整数部分。可以在 Spyder 中执行这些除法以检验自己的答案。
> 1. 800
> 2. 0
> 3. 777

在 Python 中，我们可以把一种类型转换为另一种类型。例如，我们可以通过 `float(3)` 把整数 3 转换为浮点数。当我们把一个浮点数转换为整数时，就会删除小数点以及它后面的数字。为了得到除法结果的整数部分，我们可以把除法结果的浮点数转换为整数。

> **即学即测 6.3**　为下面每个任务编写一段代码，并回答后面的问题。
> 1. 把变量 stars 初始化为 50。
> 2. 把另一个变量 stripes 初始化为 13。
> 3. 把另一个变量 ratio 初始化为 stars 除以 stripes 的结果。问题：ratio 的类型是什么?
> 4. 把 ratio 转换为一个整数，并把结果保存在变量 ratio_truncated 中。问题：ratio_truncated 的类型是什么?

在时分转换任务中，我们把分钟数除以 60 并把结果转换为整数，这样就得到了整数形式的小时数，就像下面这样：

```
minutes_to_convert = 123
hours_decimal = minutes_to_convert/60
hours_part = int(hours_decimal)
```

现在，变量 hours_part 就保存了从输入数据转换而来的小时数。

6.3.2　多少分钟

这个问题稍微复杂一些。在本节中，我们观察两种完成这个任务的方法。

- 方法 1: 使用除法结果的小数部分。以分钟数 123 为例，我们可以把小数部分 0.05 转换为多少分钟呢？把 0.05 乘以 60 就得到 3 这个结果。
- 方法 2: 使用求余运算符%。同样，以分钟数 123 为例。当 123 除以 60 时，余数为 3。

6.4　第一个 Python 程序：解决方案一

程序清单 6.1 展示了使用方法 1 的最终程序的代码。这个程序的代码被分为 4 个部分。第一部分对变量进行初始化，保存需要转换的分钟数。第二部分把给定的输入转换为一个表示小时数的整数。第三部分把给定的输入转换为表示分钟的整数。第四部分就是打印结果。

程序清单 6.1 把分钟数转换为小时数和分钟数（使用小数部分）

```
minutes_to_convert = 123
hours_decimal = minutes_to_convert/60
hours_part = int(hours_decimal)
```
计算小时数的小数版本，通过把它转换为整数类型得到整数形式的小时数

```
minutes_decimal = hours_decimal - hours_part
minutes_part = round(minutes_decimal*60)
```
获取小数部分，并把它转换为整数形式的分钟数

```
print("Hours")
print(hours_part)
print("Minutes")
print(minutes_part)
```
打印结果

根据小数部分计算分钟数的那个任务环节看上去略为复杂，但我们可以将它分解，以理解它的处理过程。下面这行代码用于获取除法结果的小数部分：

```
minutes_decimal = hours_decimal - hours_part
```

例如，如果 `minutes_to_convert` 是 123，计算结果就是 `minutes_decimal` = `hours_decimal` − `hours_part` = 2.05 − 2 = 0.05。现在我们需要把 0.05 转换为分钟数。

下面这行代码由两个独立的操作组成，如图 6.2 所示。

```
minutes_part = round(minutes_decimal * 60)
```

首先，它执行乘法 `minutes_decimal * 60`；

然后，它对结果进行四舍五入 `round(minutes_decimal * 60)`。

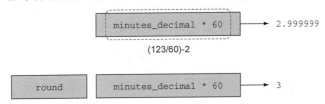

图 6.2 变量 **minutes_decimal** 的两种计算方式以及它们的结果值

为什么需要进行这些操作呢？如果在运行程序时用下面这行代码

```
minutes_part = minutes_decimal * 60
```

代替

```
minutes_part = round(minutes_decimal * 60)
```

我们将会注意到一些有趣的事情。程序的输出是：

```
Hours
2
Minutes
2.9999999999999893
```

我们预期的结果是 3，但实际结果是 2.999999999893。这是 Python 存储浮点数的方式所导致的。计算机无法精确地存储浮点数，因为它无法准确地表示小数部分。当在内存中表示 0.05 时，计算机取的是它的近似值。当我们把浮点数乘以一个较大的整数时，它的准确值与它在内存中的近似值之间的微小差别就会被放大。

当我们把 0.05 乘以 60 时，其结果就与它的准确值偏离了 0.0000000000000107。我们可以通过 round(minutes_decimal * 60) 把最终结果四舍五入为整数。

即学即测 6.4　修改程序清单 6.1 的代码，以 789 分钟为输入，获取它的小时数和分钟数。它的输出是什么？

6.5　第一个 Python 程序：解决方案二

程序清单 6.2 展示了使用方法 2 的最终程序的代码。这个程序的代码也像程序清单 6.1 一样分为 4 个部分：初始化、获取整数形式的小时数、获取整数形式的分钟数和打印结果。

程序清单 6.2　把分钟数转换为小时数和分钟数（使用余数）

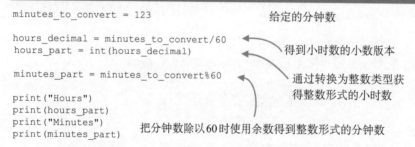

```
minutes_to_convert = 123                给定的分钟数

hours_decimal = minutes_to_convert/60   得到小时数的小数版本
hours_part = int(hours_decimal)

minutes_part = minutes_to_convert%60    通过转换为整数类型获
                                        得整数形式的小时数

print("Hours")
print(hours_part)
print("Minutes")         把分钟数除以60时使用余数得到整数形式的分钟数
print(minutes_part)
```

这个程序的输出如下：

```
Hours
2
Minutes
3
```

这个版本的程序采用余数的思路产生了一个更为简捷的程序，我们无须在这个程序中进行任何"后期处理"，例如进行四舍五入或类型转换，而前一个版本必须进行这样的处理。但是，为了保持良好的编程风格，我们应该在代码行 minutes_part = minutes_to_convert % 60 之前添加一条注释，提醒自己除以 60 所得的余数就是我们所需要的整数形式的分钟数。下面就是一条恰当的注释：

```
# 余数就是剩余的分钟数
```

6.6 总结

在本章中，我们的目标是学习怎样把多个思路组合在一起，编写自己的第一个 Python 程序。这个程序主要由下面这些思路组成。

- 思考给定的任务，并把它分解为几个更小的任务。
- 创建变量并对它们进行初始化。
- 对变量执行操作。
- 把变量的类型转换为另一种类型。
- 向用户打印输出。

6.7 章末检测

问题 6.1　编写一个程序，把一个变量初始化为 75，表示华氏温度。然后，使用公式 $c = (f - 32) / 1.8$ 把这个值转换为摄氏温度并打印出摄氏温度值。

问题 6.2　编写一个程序，把一个变量初始化为 5，表示英里（mile）数。然后，使用公式 km = miles / 0.62137 和 meters = 1000 × km 把这个值转换为千米（km）和米（meter）。按照下面的格式打印结果：

```
miles
5
km
8.04672
meters
8046.72
```

第 3 部分

字符串、元组以及与用户的交互

在本书的第 2 部分，我们编写了简单的代码行创建变量名并把变量名绑定到各种对象类型上，包括整数、浮点数、布尔值和字符串。

在本书的第 3 部分，我们将编写代码对名为字符串的字符序列进行操作。我们将学习编写代码来更改字符的大小写状态、替换子字符串以及确定单词的长度。然后，我们将学习如何创建一种对象，它能够按顺序存储多个对象。我们还将学习怎样访问这种对象所存储的每个对象。

我们将开始编写交互式代码。我们将获取用户输入，对它进行一些计算或操作，然后向用户显示一些输出。有了这个功能，程序就会变得有趣得多，我们也开始有了炫耀的资本。

我们将学习一些曾经遇到过（毫无疑问，以后还会继续遇到）的常见错误消息。特别强调：每个人在编写代码时总会出错，而这正是最好的学习体验！

在本书第 3 部分的阶段性项目中，我们从用户那里接收两个名字，并通过某种方式将它们组合在一起，形成一对"伴侣名字"。

第 7 章　介绍字符串对象：字符序列

在学完第 7 章之后，你可以实现下面的目标。
- 理解字符串对象是什么
- 明白字符串对象可能具有什么样的值
- 使用字符串对象进行一些基本操作

我们常常需要对字符序列进行操作。这种序列称为字符串，我们可以在字符串对象中存储任何字符序列，包括姓名、电话号码和包含换行符的家庭住址等。按照字符串格式存储信息是非常实用的。当我们用字符串表示数据之后，可以对它进行许多操作。例如，如果两个人同时对一个项目进行调查，他们可以各自记录一些独立的概念，然后再把双方的成果进行汇总。如果在写文章的时候发觉自己过度使用了某个词，可以删除这个词的所有实例或者把某些实例替换为其他词。如果发觉自己不小心按下了 Caps Lock 键，可以把所有的文本都转换为小写形式，而不是重新输入。

『场景模拟练习』

观察键盘，找出 10 个字符并输入它们，然后以任意顺序把它们串联在一起。现在，尝试按照某种顺序对它们进行组合，形成一些单词。

[答案]

hjklasdfqw

shawl 或 hi 或 flaw

7.1　字符串就是字符序列

在第 4 章中，我们了解了字符串就是一个字符序列，并且该字符串的所有字符都出现在一对引号之间。我们可以使用双引号"或单引号'，但同一个字符串的两边必须保持一致。在 Python 中，字符串的类型是 str。下面是一些字符串对象的例子：

- "simple"
- 'also a string'
- "a long string with Spaces and special sym&@L5_!"
- "525600"
- ""（双引号之间没有内容，表示空字符串）
- ''（单引号之间没有内容，表示空字符串）

字符序列可以按任何顺序包含数字、大写字母、小写字母、空格、表示换行符的特殊字符以及其他各种符号。我们知道字符串对象以一个引号开始并以一个引号结束。另外，一个字符串结束的引号类型必须与这个字符串开始的引号类型相同。

即学即测 7.1　　下面这些字符串是合法的字符串对象吗?

1. "444"

2. "finish line"

3. 'combo'

4. checkered_flag

5. "99 bbaalloonnss"

7.2　字符串的基本操作

在操作字符串之前，必须创建一个字符串对象并为它添加内容。然后，我们就可以使用这个字符串，对它执行各种操作。

7.2.1　创建字符串对象

为了创建一个字符串对象，我们可以初始化一个绑定到该对象的变量。例如：

■ 在语句 num_one = "one"中，变量 num_one 被绑定到一个值为"one"的 str 类型的对象上；

■ 在语句 num_two = "2"中，变量 num_two 被绑定到一个值为"2"的 str 类型的对象上。需要注意的是，"2"是字符串而不是整数 2。

7.2.2 理解字符串的索引

因为字符串由字符序列组成，所以我们可以确定字符串中某个特定位置的字符值。这种操作叫作字符串的索引，它是我们可以对字符串对象执行的最基本的操作。

在计算机科学中，我们是从 0 开始计数的。当我们操作字符串对象时，也是采用这样的做法。观察图 7.1，它显示了一个值为"Python rules!"的字符串对象。每个字符都有一个索引。字符串中的第一个字符的索引总是 0。对于字符串"Python rules!"，最后一个字符的索引是 12。

图 7.1　字符串"**Python rules!**"和每个字符的索引。第一行展示了正整数索引，第二行展示了负整数索引

我们也可以反向计数。当我们反向计数时，任何字符串的最后一个字符的索引总是 -1。对于字符串"Python rules!"，第一个字符 P 的索引是-13。

注意，空格也是个字符。

> **即学即测 7.2** 对于字符串"fall 4 leaves"，下面这些字符的索引分别是什么？分别回答正向索引和反向索引的值：
>
> 1. 4
> 2. f
> 3. s

我们可以采用一种特殊的方法对字符串进行索引，它可以向我们提供一个特定索引的字符值。我们使用方括号[]，方括号内是我们所需要的字符值的索引(必须是整数值)。下面是使用字符串"Python rules!"的两个例子。

■ "Python rules!"[0]的结果是'P'。

■ "Python rules!"[7]的结果是'r'。

表示索引的数字可以是任何整数。如果它是负数会怎么样呢？这个字符串的最后一个字符会被认为位于索引-1 上，相当于我们是从后向前进行反向计数的。

如果我们把字符串赋值给一个变量，就可以用一种更简化的方法来获取索引的字符。例如，如果 cheer = "Python rules!"，则 cheer[2]的结果就是't'。

> **即学即测 7.3** 下面表达式的结果是什么？在 Spyder 中检验自己的答案。
>
> 1. "hey there"[1]
>
> 2. "TV guide"[2]
>
> 3. code = "L33t hax0r5"
>
>   code[0]
>
>   code[-4]

7.2.3 理解字符串的截取

到目前为止，我们知道怎样获取字符串的某个索引的字符。但是有时候，我们想要知道一组字符的值，这组字符从某个索引开始直到某个索引结束。假设有一位老师，他手头有班上所有学生的信息，格式是 "##### FirstName LastName"。但是，他只关心学生的姓名，并且注意到前 6 个字符总是相同的：5 个数字加 1 个空格。他可以观察从第 7 个字符开始直到字符串末尾的那部分字符串，以提取自己想要的数据。

通过这种方式提取数据称为从字符串中截取子字符串。例如，字符串 s = "snap crackle pop"中的字符"snap"就是 s 的一个子字符串。

我们可以用一种更复杂的方式使用方括号。我们可以根据某些规则，从一个字符串中截取两个索引之间的字符，形成一个子字符串。我们可以在方括号中放入 3 个整数，以冒号分隔：

[start_index:stop_index:step]

其中：

- start_index 表示所截取的子字符串的第一个字符的索引；
- stop_index 表示所截取的子字符串到这个索引为止，不包括这个索引的字符；
- step 表示跳过多少个字符（例如，每 2 个字符截取 1 个字符或每 4 个字符截取 1 个字符）。正的 step 值表示从左向右截取子字符串，负的 step 值则按相反的方向截取。我们并不一定要提供 step 值。如果省略这个值，step 默认为 1，也就是截取范围内的每个字符（不跳过任何字符）。

图 7.2 描绘了下面几个例子，它们显示了字符的选择顺序以及形成的最终值。如果 cheer = "Python rules!"，则：

- cheer[2:7:1]的结果是'thon'，因为我们是从左向右截取的，从索引 2 开始到索引 7 为止（不包括这个索引的字符），按顺序截取每个字符；
- cheer[2:11:3]的结果是'tnu'，因为我们是从左向右截取的，从索引 2 开始到索引 11 为止（不包括这个索引的字符），每 3 个字符截取 1 个字符；
- cheer[-2:-11:-3]的结果是'sun'，因为我们是从右向左截取的，每 3 个字符截取 1 个字符，从索引-2 开始到索引-11（不包括这个索引的字符）。

	P	y	t	h	o	n		r	u	l	e	s	!
索引	0	1	2	3	4	5	6	7	8	9	10	11	12
	−13	−12	−11	−10	−9	−8	−7	−6	−5	−4	−3	−2	−1
[2:7:1]			①	②	③	④	⑤						
[2:11:3]			①						③				
[-2:-11:-3]						③			②			①	

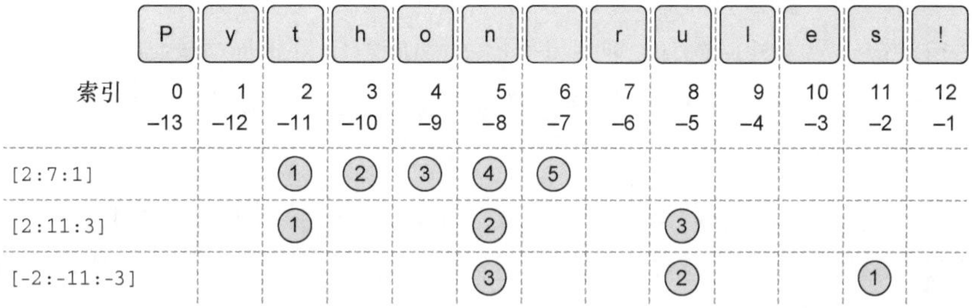

图 7.2 从"**Python rules!**"截取子字符串的 3 个例子。每一行中带圈的数字表示 Python 从字符串中截取字符的顺序，这些字符形成了一个新的子字符串

> **即学即测 7.4** 下面这些表达式的结果是什么？在 Spyder 中执行它们以检验自己的答案。
> 1. "it's not impossible"[1:2:1]
> 2. "Keeping Up With Python"[-1:-20:-2]
> 3. secret = "mai p455w_zero_rD"
>   secret[-1:-8]

7.3 字符串对象的其他操作

字符串是一种有趣的对象类型，因为我们可以对它进行一些复杂的操作。

7.3.1 使用 len()获取字符串的字符数量

假设我们阅读学生的作文并对其施加了 2000 个字符的限制。怎样才能确定作文的字符数量呢？我们可以把整篇作文放在一个字符串中，并使用 len()命令获取这个字符串的字符数量。这个数量包括引号之间的所有字符，其中包括空格和符号。空字符串的长度为 0。例如：

- ■　`len("")` 的结果是 0;
- ■　`len("Boston 4 ever")` 的结果是 13;
- ■　如果 a = `"eh?"`，则 `len(a)` 的结果是 3。

`len()` 命令的特殊之处在于我们还可以将它用于其他类型的对象，而不仅仅是字符串对象。

我们接下来对字符串执行的几个操作看上去有所不同。我们将使用点号记法向字符串对象发送命令。当我们想要执行的命令是在某种特定类型的对象上进行操作的时候，就必须使用点号记法。例如，把一个字符串的所有字符转换为大写形式，这只适用于字符串对象。对一个数字使用这个命令是没有意义的，因此这个命令在字符串对象上使用点号记法。

点号记法命令看上去与 `len()` 命令不同。它并不是把字符串对象放在括号中，而是把字符串对象放在这个命令的前面，并在两者之间以点号分隔。例如，正确的形式是 `a.lower()` 而不是 `lower(a)`。我们可以把点号看作它表示一条命令只作用于一种特定对象，在此例中为字符串对象。

这就触及一种更为深入的称为面向对象编程的概念，我们将在第 30 章详细讨论这个概念。

7.3.2　用 upper()和 lower()进行字母大小写的转换

假设我们正在阅读学生的作文，发现有位学生的所有字母都是大写的。我们可以把整篇作文放在一个字符串中，然后更改字符串中所有字母的大小写形式。

有几条命令可以改变字符串的大小写形式。这些命令只影响字符串中的字母字符，数字和特殊字符不会受到影响。

- ■　`lower()` 把字符串中的所有字母转换为小写形式。例如，`"Ups AND Downs".lower()` 的结果是 `'ups and downs'`。
- ■　`upper()` 把字符串中的所有字母转换为大写形式。例如，`"Ups AND Downs".upper()` 的结果是 `'UPS AND DOWNS'`。
- ■　`swapcase()` 把字符串中的大写字母转换为小写形式，把小写字母转换为大写形式。例如，`"Ups AND Downs".swapcase()` 的结果是 `'uPS and dOWNS'`。
- ■　`capitalize()` 把字符串中的第一个字符转换为大写形式，其余字母转换为小写形式。例如，`"a long Time Ago...".capitalize()` 的结果是 `'A long time ago...'`。

> **即学即测 7.5** 假设有一个字符串 a = "python 4 ever&EVER"，回答下面这几个表达式的结果，然后在 Spyder 中执行这些表达式，以验证自己的答案。
>
> 1. a.capitalize()
> 2. a.swapcase()
> 3. a.upper()
> 4. a.lower()

7.4 总结

在本章中，我们的目标是熟悉字符串对象。我们看到了怎样通过索引获取字符串中每个位置的元素，知道了怎样通过截取字符串获取子字符串。

我们看到了怎样获取字符串的长度以及怎样把所有的字母转换为小写形式或大写形式。下面是本章的一些要点：

- 字符串是由单个字符的序列所组成的一串字符；
- 字符串对象通过一对引号表示；
- 我们可以在字符串对象上执行许多操作。

7.5 章末检测

问题 7.1 编写一条或多条命令，使用字符串"Guten Morgen"取得 TEN 这个字母组合。可以完成这个任务的方法不止一种。

问题 7.2 编写一条或多条命令，使用字符串"RaceTrack"取得 Ace 这个字母组合。

第8章　字符串的高级操作

在学完第 8 章之后，你可以实现下面的目标。
- 操作子字符串
- 对字符串执行数学运算

　　如果我们有一个很长的文件，一般做法是把整个文件读取到一个大型字符串中。但是，操作这种巨型字符串可能显得比较笨拙。一种较为实用的方法是把它分割为一些更小的子字符串，最常见的分法是根据换行符进行分割，这样每个段落或数据项看上去就是独立的。另一个常见的任务就是找出同一个单词的多个实例。我们可能会觉得某个单词的使用次数超过 10 次是对自己文采的否定；或者当我们阅读某人的获奖感言的手稿时，可能想要把单词"like"的所有实例都找出来，在发布手稿之前将它们删除。

『场景模拟练习』

　　在调查青少年的短信使用情况时，我们收集了一些数据。

　　这些信息是由许多行所组成的大型字符串，格式如下所示：

```
#0001: gr8 lets meet up 2day
#0002: hey did u get my txt?
#0003: ty, pls check for me
...
```

假设这就是原始的大型字符串，我们可以采取哪些步骤对这些数据进行分析，使它们更容易被访问？

[答案]

1．把这个大型数据字符串按行分割为子字符串。

2．把常见的缩写替换为正确的单词（例如，把 pls 替换为 please）。

3．对某些单词的出现次数进行计数，报告最流行的缩写词。

8.1 与子字符串有关的操作

在第 7 章中，我们学习了如果知道目标索引，就可以从一个字符串截取出一个子字符串。我们还可以进行一些更加高级的操作，提供关于字符串的合成的更多信息。

8.1.1 使用 find()在字符串中查找一个特定的子字符串

假设计算机上有一个很长的文件名列表，我们想找出某个特定的文件是否存在或者想在一个文本文档中搜索某个单词。我们可以使用 find()命令在一个大型字符串内部寻找一个特定的大小写敏感的子字符串。

与更改大小写形式的命令一样，首先是需要进行操作的字符串，然后是点号，再后面是命令名，最后是一对括号。例如："some_string".find()。注意，空字符串''在所有的字符串中都是存在的。

但是这条语句并不完整。我们还需要在括号中输入我们想要查找的子字符串。例如，"some_string".find("ing")。

我们想要查找的子字符串必须是一个字符串对象。查找结果是这个子字符串在字符串中的起始索引（从 0 开始）。如果待查找的子字符串并不在这个字符串中，查找结果就是-1。例如，"some_string".find("ing")的结果是 8，因为"ing"是从"some_string"的索引 8 开始的。

如果我们想要从字符串的尾部而不是头部开始查找一个子字符串，则可以使用一个不同的命令 rfind()。rfind 中的 r 表示反向查找。它查找最靠近字符串尾部位置的子字符串，并返回这个子字符串的起始索引。

如果有一个字符串 who = "me myself and I"，则图 8.1 展示了下面这些表达式是怎样执行的。

■ who.find("and")的结果是 10，因为该子字符串是从索引 10 开始的。

- `who.find("you")` 的结果是-1，因为这个字符串并不包含该子字符串。
- `who.find("e")` 的结果是1，因为该子字符串在字符串中首次出现在索引1。
- `who.rfind("e")` 的结果是6，因为该子字符串在最靠近字符串尾部首次出现在索引6。

图 8.1 在字符串`"me myself and I"`中查找子字符串的 4 个例子。箭头表示子字符串的查找方向。√表示找到的子字符串的索引。×表示没有找到这个子字符串

> **即学即测 8.1** 假设有一个字符串 a = `"python 4 ever&EVER"`，下面这些表达式的结果是什么？在 Spyder 中执行它们，检验自己的答案。
> 1. `a.find("E")`
> 2. `a.find("eve")`
> 3. `a.rfind("rev")`
> 4. `a.rfind("VER")`
> 5. `a.find(" ")`
> 6. `a.rfind(" ")`

8.1.2 用 "in" 判断字符串中是否包含某个子字符串

`find` 和 `rfind` 操作告诉我们子字符串的确切位置。有时候我们只需要知道字符串中 是否包含某个子字符串。这是 `find` 和 `rfind` 的一个简化变体。如果我们并不需要知道子字符串的确切位置，用"是"或"否"可以更高效地回答这个问题。因为只有两个结果，所以这个问题的答案是布尔类型的对象，其值只能是 `True` 或 `False`。获取这个答案的操作使用了关键字 `in`。例如，`"a" in "abc"`是一个结果为 `True` 的表达式，因为字符串`"a"`出现在字符串`"abc"`中。关键字 `in` 在 Python 中使用非常频繁，因为它使我们所编写的很多代码看上去与英语非常相似。

即学即测 **8.2** 假设有个字符串 a = "python 4 ever&EVER"，下面这些表达式
的结果是什么？在 Spyder 中执行它们，检验自己的答案。

1. "on" in a
2. "" in a
3. "2 * 2" in a

8.1.3 用 count()获取一个子字符串的出现次数

当我们编辑一个文档时，我们会发现能够判断某些单词是否被过度使用是一个极为
实用的功能。假设我们修改一篇作文，发现在作文的第一段，so 这个单词已经出现了 5
次。我们并不需要手动统计某个单词在整篇作文中的出现次数，而是可以把整篇作文放
在一个字符串对象中，并使用一个字符串操作来自动确定子字符串"so"的出现次数。

我们可以使用 count()命令计算一个子字符串在一个字符串中的出现次数，其结果是
个整数。例如，如果 fruit = "banana"，则 fruit.count("an")的结果是 2。关于
count()的一个重点是，它并不会对重叠的子字符串进行计数。fruit.count("ana")
的结果是 1，因为"a"在"ana"的两次出现中重叠了，如图 8.2 所示。

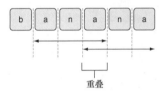

图 8.2 在字符串"**banana**"中对"**ana**"的出现次数进行计数。答案是 1，因为"**a**"在这个
子字符串的两次出现中重叠了。Python 的 **count()**命令并不会考虑这种情况

即学即测 **8.3** 假设有一个字符串 a = "python 4 ever&EVER"，下面这些表达
式的结果是什么？在 Spyder 中执行它们，检验自己的答案。

1. a.count("ev")
2. a.count(" ")
3. a.count(" 4 ")
4. a.count("eVer")

8.1.4 用 replace()替换子字符串

假设有个孩子写了一个简短的报告，列出了他最喜欢的水果。但是，某天早上他突
然改变主意了，不再喜欢苹果，而是喜欢上了梨。我们可以把整个报告作为一个字符串，

并把 apple 的所有实例都替换为 pear。

有一个非常实用的字符串操作是把字符串中的一个子字符串替换为另一个子字符串。和前面的命令一样，这条命令对一个字符串对象进行操作，但是它需要括号内有两个参数，参数间以逗号分隔。第一个参数是需要被替换的子字符串，第二个参数是用于替换的目标子字符串。这条命令把字符串中所有需要替换的子字符串都替换为目标子字符串。例如，`"variables have no spaces".replace(" ", "_")`把字符串`"variables have no spaces"`中所有的空格字符串都替换为下划线字符串，其结果为`"variables_have_no_spaces"`。

> **即学即测 8.4** 假设有一个字符串 a = `"Raining in the spring time"`，下面这些表达式的结果是什么？在 Spyder 中执行它们，检验自己的答案。
>
> 1. `a.replace("R", "r")`
> 2. `a.replace("ing", "")`
> 3. `a.replace("!", ".")`
> 4. `b = a.replace("time","tiempo")`

8.2 数学操作

我们只能对字符串对象执行两种数学操作：加法和乘法。加法只允许出现在两个字符串对象之间，称为连接。例如，`"one" + "two"`的结果是`'onetwo'`。当我们把两个字符串相加时，就按照加法的顺序把每个字符串的值放在一起，创建了一个新的字符串对象。我们也可能需要把一个字符串加到另一个字符串中，例如，有 3 个人各自编写了一份报告的不同部分，最后的操作就是把第一个人的报告与第二个人的报告加在一起，然后再加上第三个人的报告。

乘法操作只允许在一个字符串对象和一个整数之间进行，称为重复。例如，`3 * "a"`的结果是`'aaa'`。当我们把一个字符串与一个整数相乘时，这个字符串就会被多次重复。字符串的乘法常常用于节省时间以及保持准确。例如，假设我们在玩猜词游戏时想创建一个表示所有字母均未知的字符串时，不必把它初始化为`"----------"`，而是采用`"-" * 10`。如果我们预先并不知道待猜测单词的长度时，这种做法尤其实用。我们可以把这个单词的长度存储在一个变量中，然后把它与`"-"`字符相乘。

> **即学即测 8.5** 下面这些表达式的结果是什么。在 Spyder 中执行这些表达式，检验自己的答案。

```
1. "la" + "la" + "Land"
2. "USA" + " vs " + "Canada"
3. b = "NYc"
   c = 5
   b * c
4. color = "red"
   shape = "circle"
   number = 3
   number * (color + "-" + shape)
```

8.3　总结

在本章中，我们的目标是学习更多的字符串操作，尤其是与子字符串有关的操作。我们学习了怎样判断一个字符串中是否包含一个子字符串、获取子字符串的索引、对子字符串的出现次数以及替换该子字符串的所有实例。我们还看到了怎样把两个字符串相加，知道了把一个字符串乘以一个整数是什么意思。下面是本章的一些要点：

- 我们可以通过几个操作使字符串变成我们想要的样子；
- 连接两个字符串就是把它们相加；
- 重复一个字符串就是把该字符串乘以一个整数。

8.4　章末检测

问题　编写一个程序，把一个字符串的值初始化为"Eat Work Play Sleep repeat"。然后，使用到目前为止所学习的字符串操作命令获取字符串"working playing"。

第 9 章　简单的错误消息

在学完第 9 章之后，你可以实现下面的目标。

■　理解错误消息是在哪里出现的

■　培养阅读错误消息的直觉

当我们开始编程时，一个需要记住的要点是，我们不能编写会导致计算机出错的程序。如果出现了错误，我们可以关闭 Spyder 并重新启动它，这并不会影响计算机上运行的其他程序。

当我们编写和测试程序时，出现错误是极为正常的事情。在产品环境中所遗留的任何错误都可能导致程序在使用时崩溃，从而导致用户对该程序的观感变差。

9.1　输入语句并尝试执行

我们千万不要害怕在 Spyder 中（控制台或文件编辑器）尝试运行命令和观察其结果，因为这是目前对自己所操作的对象培养良好直觉的最佳方式。如果脑海里浮现"如果……会怎么样？"这样的问题，最好的做法就是自己测试一下，并立刻观察它的结果。

9.2 理解字符串错误消息

到目前为止，我们看到了一些可以在字符串对象上执行的简单操作。我们最好已经在 Spyder 中试验过这些操作。如果我们真的这样做了，很可能会有一些不被允许的操作，此时就会看到错误消息。

例如，我们可能会疑惑如果一个字符串的索引值太大（也就是表示索引的整数大于字符串的长度）时会发生什么。图 9.1 展示了我们通过两种方式进行这种操作时将会发生的情况：在控制台中，如果我们输入的命令中字符串的索引值太大，在按下 Enter 键时就会得到错误消息。首先显示的是错误名称（IndexError，索引错误），然后是该错误的一个简短解释（string index out of range，字符串索引超出范围）。

图 9.1　在字符串中使用太大的索引值时所出现的错误消息

　　在文件编辑器中，我们可以编写存在错误的代码行，但在运行代码（点击顶部工具栏上的绿色箭头）之前并不会显示错误。在图 9.1 中，当我们执行编辑器中的第 9 行时，就使用了一个过大的索引值。由于此时我们是在运行一个 Python 文件，因此控制台中将显示更多的信息，但最重要的是在所有文本后面的那段文字。它显示了导致错误的那行代码以及与之前的控制台方法相同的错误名称和错误描述。

　　当我们编写越来越复杂的程序时，将会遇到许多错误。不要害怕遇到错误，因为它们提供了很好的学习机会。

9.3   总结

　　在本章中，我们的目标是了解很有帮助的错误消息，它可以指导我们发现哪里发生了错误。不要担心错误，要尽可能多地尝试各种命令或命令组合。

9.4   章末检测

　　问题   在控制台或文件编辑器中输入下面这些命令。然后，根据第 7 章和第 8 章所介绍的字符串命令，看看你能否理解这些命令所出现的错误消息。

1. `"hello"[-6]`
2. `"hello".upper("h")`
3. `"hello".replace("a")`
4. `"hello".count(3)`
5. `"hello".count(h)`
6. `"hello" * "2"`

第 10 章　元组对象：任意类型的对象序列

在学完第 10 章之后，你可以实现下面的目标。

- 使用元组（tuple）创建任意类型的对象序列
- 在元组对象上执行一些操作
- 使用元组交换变量值

假设有一个简单的任务，是记录自己最喜欢的超级英雄。这 3 个超级英雄分别是蜘蛛侠（Spiderman）、蝙蝠侠（Batman）和超人（Superman）。

根据我们目前所掌握的知识，我们可以创建一个字符串，其中包含了这几个名字，以空格分隔，如"Spiderman Batman Superman"。使用第 7 章和第 8 章所学习的命令，我们可以付出一些努力和细心，记录这个字符串中每个名字的索引，并根据需要提取它们。

但是，如果我们在字符串中保存了完整的姓名，如"Peter Parker Bruce Wayne Clark Kent"，那么，现在要提取每个人的名字就相当困难了，因为姓和名也是通过空格分隔的。我们可以使用其他特殊字符，如逗号，来分隔完整的姓名，但这种做法并没有解决用字符串存储这种数据的最大问题：从中提取感兴趣的数据项是非常麻烦的，因为我们必须追踪它的起始索引和结束索引。

『场景模拟练习』

观察冰箱内的物品，写下自己所看到的所有物品，以逗号分隔。现在观察衣柜，写下自己所看到的所有物品，以逗号分隔。

在冰箱和衣柜中：

- 里面放了多少件物品？
- 第一件物品是什么？中间那件物品是什么（如果件数为偶数，就取靠前的那件）？

[答案]

冰箱：牛奶、奶酪、花椰菜、胡萝卜、鸡蛋。

- 5 件物品。
- 第 1 件：牛奶；中间那件：花椰菜。

衣柜：T 恤衫、袜子。

- 2 件物品。
- 第 1 件：T 恤衫；中间那件：T 恤衫。

10.1　元组就是数据序列

字符串中所存储的是字符序列。如果有一种方式能够存储一连串的单个对象而不仅仅是字符串字符，无疑是极为方便的。当我们编写更为复杂的代码时，能够表示任意类型的对象序列是极为实用的。

Python 提供了一种类型，它表示一连串的任意对象，而不仅仅是由单字符所组成的字符串。这种数据类型就是元组。元组的表示方法类似于用一对引号表示的字符串，它是用一对括号()表示的。(1, "a", 9.9)是元组的一个例子。下面是元组的其他一些例子。

- (): 空的元组。
- (1, 2, 3): 包含 3 个整数对象的元组。
- ("a", "b", "cde", "fg", "h"): 包含 5 个字符串对象的元组。
- (1, "2", False): 包含 1 个整数、1 个字符串和 1 个布尔对象的元组。
- (5, (6, 7)): 包含 1 个整数以及另一个由 2 个整数组成的元组的元组。
- (5,): 包含单个对象的元组。注意这个额外的逗号，它告诉 Python 这个括号表示一个单对象元组，而不是数学运算中的优先级运算。

> **即学即测 10.1** 下面哪些是合法的元组对象?
>
> 1. ("carnival",)
> 2. ("ferris wheel", "rollercoaster")
> 3. ("tickets")
> 4. ((), ())

10.2 理解对元组的操作

元组是一种更加通用的字符串版本,因为元组中的每个项都是一个独立的对象。元组的许多操作与字符串的相同。

10.2.1 用 len()获取元组的长度

我们还记得 len()命令可以用于其他对象,而不仅仅用于字符串。当我们在元组上使用 len()时,它返回元组内部的对象数量。例如,表达式 len((3, 5, "7", "9")) 返回元组(3, 5, "7", "9")的长度(对象的数量),这个表达式的结果是 4,因为这个元组共有 4 个元素。

> **即学即测 10.2** 下面这些表达式的结果是什么。在 Spyder 中执行这些表达式,检验自己的答案。
>
> 1. len(("hi", "hello", "hey", "hi"))
> 2. len(("abc", (1, 2, 3)))
> 3. len(((1, 2),))
> 4. len(())

10.2.2 用[]获取元组索引以及截取元组的部分内容

由于元组是一连串的对象,因此元组的索引用法与字符串的相同。我们可以使用[]操作符,元组的第 1 个对象位于索引 0,第 2 个对象位于索引 1,以此类推。例如:

- (3, 5, "7", "9")[1]的结果是 5;
- (3, (3, 5), "7", "9")[1]的结果是(3, 5)。

元组与字符串不同的一个特殊情况是当元组中的一个对象是另一个元组的时候。例如，(3, (3, ("5", 7), 9), "a")是一个元组对象，它的索引 1 上的对象是另一个元组对象(3, ("5", 7), 9)，而后者又可以通过索引提取其中的对象。

我们可以通过一系列的索引操作深入访问一系列的嵌套元组中的一个元素。例如，(3, (3, ("5", 7), 9), "a")[1][1][1]的结果是 7。这个操作有点复杂，因为元组的内部又是元组，图 10.1 展示了这个表达式的可视化表现形式。

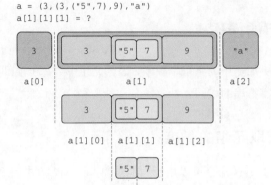

图 10.1　元组**(3, (3, ("5", 7), 9), "a")**的结构（虚线表示元组中的单独对象）

按照一步接一步的操作，我们可以像下面这样对这个元组进行操作。

- (3, (3, ("5", 7), 9), "a")[1]的结果是元组(3, ("5", 7), 9)。
- (3, ("5", 7), 9)[1]的结果是元组("5", 7)。
- ("5", 7)[1]的结果是 7。

截取部分元组也与截取字符串相同，采用的是同样的规则。但是，我们必须小心，认识到某个索引的元素可能是另一个元组。

即学即测 10.3　下面这些表达式的结果是什么。在 Spyder 中执行这些表达式，检验自己的答案。

1. ("abc", (1, 2, 3))[1]
2. ("abc", (1, 2, "3"))[1][2]
3. ("abc", (1, 2), "3", 4, ("5", "6"))[1:3]
4. a = 0
   t = (True, "True")
   t[a]

10.2.3　执行数学操作

我们对字符串可以进行的两种数学操作——加法和乘法，在元组中也是允许的。

我们可以把两个元组相加，效果就是把它们连接在一起。例如，(1, 2) + (-1, -2) 的结果是(1, 2, -1, -2)。

我们可以把一个元组与一个整数相乘，结果也是一个元组，其内容是初始元组的数次重复。例如，(1, 2) *3的结果是(1, 2, 1, 2, 1, 2)。

> **即学即测 10.4**　下面这些表达式的结果是什么。在 Spyder 中执行这些表达式，检验自己的答案。
>
> 1. len("abc") * ("no",)
> 2. 2 * ("no", "no", "no")
> 3. (0, 0, 0) + (1,)
> 4. (1, 1) + (1, 1)

10.2.4　在元组内部交换对象

在本节中，我们将看到一种更有趣的元组使用方式。我们可以使用元组交换与变量名相关联的对象的值，只要这些变量是元组的元素。例如，有下面这两个变量：

```
long = "hello"
short = "hi"
```

我们想要编写一行代码，产生如下所示的这种交换效果：

```
long = "hi"
short = "hello"
```

图 10.2 展示了下面这段用于完成交换的代码在我们的头脑中的视觉过程：

```
long = "hello"
short = "hi"
(short, long) = (long, short)
```

一开始，"hello"被绑定到变量 long，"hi"被绑定到变量 short。在(short, long) = (long, short)执行之后，short 的值变成了"hello"，而 long 的值变成了"hi"。

图 10.2　使用元组交换两个变量所表示的对象的值

我们可能觉得等号的左边出现两个变量是不被允许的。但是，当这两个变量出现在一对括号中时，它们就表示一个元组对象，因此出现在等号左边的仍然只是一个对象。这个元组包含了 2 个变量，分别通过索引绑定到其他对象。我们将在第 19 章看到元组的这种使用方式是非常实用的。

> **即学即测 10.5** 编写一行代码，交换每组中两个变量的值：
>
> 1. s = "strong"
>   w = "weak"
> 2. yes = "affirmative"
>   no = "negative"

10.3 总结

在本章中，我们的目标是学习元组以及它们与字符串相似的行为。我们学习了怎样通过元组的索引获取每个位置的元素以及怎样截取元组内部的元素。元组中的元素可以是基本类型的对象，也可以是其他元组对象。和字符串不同，元组内部的对象可以是另一个元组，这就有效地实现了元组的嵌套。最后，我们可以通过元组交换两个变量的值。下面是本章的一些要点：

- 元组是任意类型的对象序列，这种对象甚至可以是其他元组；
- 我们可以通过索引访问多个层级的元组；
- 我们可以使用元组交换变量的值。

10.4 章末检测

问题 编写一个程序，初始化字符串 word = "echo"，空元组 t = ()，整数 count = 3。然后，编写一连串的命令，使用本章所学习的命令使 t = ("echo", "echo", "echo", "cho", "cho", "cho", "ho", "ho", "ho", "o", "o", "o") 并打印它的内容。原始的字符串 word 首先被添加到这个元组中，接着是少了第一个字母的 word 被添加到这个元组的后面，然后是少了前两个字母的 word 被添加到这个元组中，以此类推。原始 word 的每个子字符串都被重复 count 次。

第 11 章 与用户的交互

在学完第 11 章之后，你可以实现下面的目标。
- 向用户打印值
- 要求用户输入
- 把用户的输入存储到变量中，并对它进行操作

许多程序是在后台进行计算的，但是如果不从用户获取某种类型的输入，那么没几个程序具有使用价值。我们编写程序的一个主要原因是向用户提供某种体验，而这种体验很大程度上依赖于用户与程序之间的交互。

『场景模拟练习』

假设找到另一个人并与他进行交谈，我们会问哪种类型的问题？我们会得到什么样的回应？我们能不能指望得到某个特定的回应？

[答案]

——近来可好？

——还行，正盼着周末到来。

——我也是！周末有没有计划？

——有的，我们打算去野营，然后去科学博物馆。如果有时间的话，我还想去海边

玩玩，弄顿好吃的。你呢?

——在家看电视。

11.1　显示输出

在开始本章的学习之前，我们首先回顾下 `print()` 命令，它在 Python 的控制台中向用户显示一些信息。从现在开始，我们将大量地使用 `print()` 命令。

11.1.1　打印表达式

我们可以把任何表达式放在 `print()` 的括号中，因为所有表达式的结果都是一个值。例如，浮点数 `3.1` 的值是 `3.1`，表达式 `3 * "a"` 的值是 `"aaa"`。

程序清单 11.1 展示了怎样向用户打印一些表达式的值。我们可以在括号中放入相对复杂的表达式。运行程序清单 11.1 中的代码将打印出下面的内容:

```
hello!
89.4
abcdef
ant
```

程序清单 11.1　打印表达式

```
print("hello!")              ◄——————— 一个字符串
print(3*2*(17-2.1))          ◄——————— 一个数学表达式
print("abc"+"def")           ◄——————— 连接两个字符串
word = "art"                              ◄——————— 创建一个变量
print(word.replace("r", "n"))      ◄——————— 用 r 替换 n
```

注意，在这个程序清单中，我们放在括号内的对象类型不一定是 `str`，例如，`print(3*2*(17-2.1))` 的结果是一个 `float` 类型的对象。`print()` 命令对括号内的任何对象类型都能够进行操作。

即学即测 11.1　在文件编辑器的一个文件中输入下面各条语句。下面这些语句打印出什么内容（如果能输出）? 在 Spyder 中输入它们并检验自己的答案:

1. `print(13 - 1)`

2. `"nice"`

3. `a = "nice"`

4. `b = " is the new cool"`

   `print(a.capitalize() + b)`

11.1.2 打印多个对象

我们也可以在 print 后面的括号中放入多个对象并对它们的类型进行混合和匹配。如果想要放入不同的对象，可以用逗号分隔每个对象。Python 解释器会自动在被打印对象的值之间插入一个空格。如果不需要这个额外的空格，那么必须把每个对象转换为字符串，然后把它们连接在一起，并把它放在 print 的括号中。

程序清单 11.2 展示了一个例子。在这个程序中，我们用把一个数除以另一个数，并打印结果。执行这个程序清单中的代码将打印出下面的内容：

```
1 / 2 = 0.5
1/2=0.5
```

注意，第一行打印结果在每个对象之间有一个空格，但第二行打印结果则没有空格。

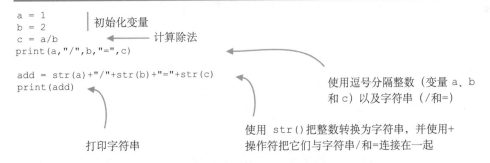

程序清单 11.2　打印多个对象

```
a = 1
b = 2          初始化变量
c = a/b    ◀──── 计算除法
print(a,"/",b,"=",c)

add = str(a)+"/"+str(b)+"="+str(c)
print(add)
```

使用逗号分隔整数（变量 a、b 和 c）以及字符串（/和=）

使用 str() 把整数转换为字符串，并使用+操作符把它们与字符串/和=连接在一起

打印字符串

> **即学即测 11.2**　创建一个程序，把下面的描述转换为 Python 语句。在完成之后，运行这个程序，观察它的打印结果。
> 1. 创建变量 sweet，具有字符串值"cookies"。
> 2. 创建变量 savory，具有字符串值"pickles"。
> 3. 创建变量 num，具有整数值 100。
> 4. 编写一条 print 语句，使用上面的这几个变量，打印 100 pickles 和 100 cokkies。
> 5. 编写一条 print 语句，使用上面的这几个变量，打印出 I choose the COOKIES!。

11.2　获取用户的输入

创建程序的乐趣来自它们能够与用户进行交互。我们想要使用用户的输入来指导程序进行计算和操作。

11.2.1　提示用户进行输入

我们可以使用 input() 命令从用户获取输入。假设我们要求用户输入他们的姓名，可以
在 input() 的括号中放入一个字符串对象，表示提示用户进行输入。例如执行下面这行代码：

```
input("What's your name?  ")
```

控制台中将显示下面这行文本，并等待用户输入一些内容：

```
What's your name?
```

注意字符串末尾的那个额外的空格。图 11.1 展示了带空格的提示字符串和不带空格
的提示字符串的区别。我们可以看到，不管用户输入了什么文本，它都将直接出现在提
示字符串的后面。一个良好的规则是在提示字符串的后面添加一个空格，这样用户就能
区分提示字符串和他们的输入。

图 11.1　怎样提示用户进行输入

> **即学即测 11.3**　为下面的每句话编写一行代码。
> 1. 要求用户告诉我们一个秘密。
> 2. 要求用户告诉我们他们最喜欢的颜色。
> 3. 要求用户输入#、$、%、&或*这几个字符之一。

11.2.2　读取输入

提示用户进行输入之后，我们就等待用户输入。如果是在测试自己的程序，我们可
以接手用户的角色，自己输入一些不同的内容。用户按下 Enter 键表示结束输入。此时，
程序就可以继续执行要求用户输入之后的代码。

程序清单 11.3 的代码展示了一个程序要求用户输入他们所居住的城市。不管用户输
入什么，程序总是打印出 I live in Boston.。

程序清单 11.3　用户住在哪里

```
input("Where do you live?  ")
print("I live in Boston.")
```

提示用户进行输入，此时程序会
暂停并等待用户输入

在用户按下 Enter 键之后，程序就
继续执行这行代码，随后结束

注意，这个程序并没有对用户的输入执行任何操作。这是一个交互式的程序，但它并不是十分有趣，也没什么实用价值。更为复杂的程序会把用户的输入存储到一个变量中，然后对它进行一些操作。

11.2.3　把输入存储在变量中

大多数程序会对用户的输入做出响应。用户输入的任何内容都被转换为一个字符串对象。由于输入是一个对象，因此我们可以把它绑定到一个变量中，方法是直接把用户的输入赋值给一个变量。例如，word_in = input("What is your favourite word? ") 接收用户的任何输入，并把它存储在变量 word_in 中。

程序清单 11.4 展示了怎样使用用户的输入打印一条更加定制化的信息。不管用户输入什么，都使他们输入的第一个字母大写，并在末尾添加一个感叹号，然后再打印结果以及一条最终的信息。

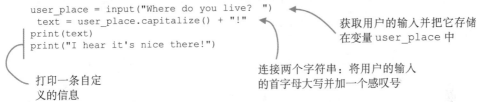

程序清单 11.4　存储用户的输入

```
user_place = input("Where do you live?  ")
 text = user_place.capitalize() + "!"
print(text)
print("I hear it's nice there!")
```

获取用户的输入并把它存储
在变量 user_place 中

连接两个字符串：将用户的输入
的首字母大写并加一个感叹号

打印一条自定
义的信息

以字符串的形式获取用户的输入之后，我们就可以像操作字符串一样对用户的输入进行操作了。例如，我们可以把它转换为小写形式或大写形式，查找子字符串的索引，检查用户的输入中是否包含某个子字符串等。

> **即学即测 11.4**　编写代码，实现要求的输出。
> 1. 要求用户输入他们最喜欢的歌曲的名称，然后在不同的行打印这首歌名 3 次。
> 2. 要求用户输入一位名人的姓和名。然后在一行打印出姓，在另一行打印出名。

11.2.4　把用户的输入转换为不同类型

用户输入的任何内容都被转换为字符串对象。当我们所编写的程序想要处理数值时，这就显得不太方便了。

　　程序清单 11.5 展示了一个程序，它要求用户输入一个数值并打印出这个数值的平方。例如，如果用户输入 5，这个程序就打印出 25。

　　对于这个程序，我们需要理解一些概念。如果用户输入的不是整数，程序将会显示错误并立即终止，因为 Python 并不知道如何把不是整数的字符串转换为整数对象。运行程序清单 11.5 的程序，输入 a 或 2.1 作为用户输入，它们都会导致程序崩溃并显示一条错误消息。

　　当用户提供了一个合法的数值（任何整数）时，即使它看上去像是数值，但实际都是字符串。如果用户输入 5，Python 把它看成字符串"5"。为了正确地处理这个数值，程序必须把这个字符串转换为整数，方法是在这个字符串对象的两边添加一对括号，并在前面注明需要转换的类型。

程序清单 11.5　对用户的输入进行计算

```
user_input = input("Enter a number to find the square of: ")
num = int(user_input)
print(num*num)
```

获取用户的输入

转换用户的输入，并把它
存储在一个整数对象中

打印这个数值的平方。前两行可以合并为 num =
int(input("Enter a number to find the square of: "))

> **即学即测 11.5**　修改程序清单 11.5 的程序，使打印到控制台的输出是一个小数形式的数值。

11.2.5　要求更多的输入

　　我们可以编写程序，要求用户进行更多的输入。程序清单 11.6 展示了一个程序，它要求用户先输入一个数，再输入一个数，然后程序打印出这两个数相乘的结果。这个程序不仅打印出结果，还打印出说明性文本，告诉用户它对这两个数执行了什么操作。例如，如果用户输入 4.1 和 2.2，这个程序显示 4.1 × 2.2 = 9.02。

程序清单 11.6　对用户的多个输入进行计算

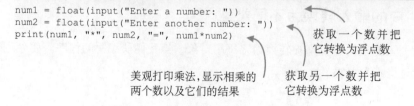

```
num1 = float(input("Enter a number: "))
num2 = float(input("Enter another number: "))
print(num1, "*", num2, "=", num1*num2)
```

获取一个数并把
它转换为浮点数

获取另一个数并把
它转换为浮点数

美观打印乘法,显示相乘的
两个数以及它们的结果

11.3 总结

在本章中，我们的目标是学习如何显示输出以及如何从用户获取输入。我们学习了如何用一条 print 语句打印多个对象，Python 会自动在每个对象之间插入一个空格。

我们学习了用 input() 命令等待用户的输入。这条命令把用户所输入的任何内容都转换为一个字符串对象。如果想要处理数值，必须在程序代码中把用户的输入转换为适当的类型。

本章内容的要点如下。

- print 可以一次打印多个对象。
- 我们可以多次要求用户提供输入。每次要求用户输入时，程序就会暂停并等待用户输入一些内容。用户通过按下 Enter 键表示已经完成输入。
- 我们可以把用户的输入转换为其他类型，并对它进行适当的操作。

11.4 章末检测

问题 11.1 编写一个程序，要求用户输入两个数字。把这两个数字分别存储在变量 b 和 e 中。这个程序计算幂 b^e，并将其与一条适当的信息同时打印出来。

问题 11.2 编写一个程序，要求用户输入姓名和年龄，使用适当的变量名存储这两个变量，计算用户 25 年以后的年龄。例如，如果用户输入 Bob 和 10，这个程序就打印出 Hi Bob! In 25 years you will be 35!。

第 12 章　阶段性项目：姓名的混搭

在学完第 12 章之后，你可以实现下面的目标。

■ 编写代码完成程序任务

■ 阅读程序的需求

■ 从用户的输入中获取两组姓名，对它们进行混搭（通过某种方式将它们组合在一起），并向用户显示结果

■ 系统性地构建代码，编写程序的解决方案

[问题] 这是我们的第一个交互式编程任务，它为用户提供了一些乐趣！我们想要编写一个程序，自动组合用户所提供的两个姓名。这是一个开放式的问题陈述，我们可以在它的基础上添加一些额外的细节和限制。

■ 告诉用户以 FIRST　LAST（名字　姓氏）的格式提供两个姓名。

■ 向用户显示两个可能的新姓名，格式是 FIRST　LAST。

■ 新的名字是用户所提供的两个名字组合产生的，新的姓氏是用户所提供的两个姓氏组合产生的。例如，如果用户输入的姓名是 Alice Cat 和 Bob Dog，一种可能的混搭名是 Bolice Dot。

12.1 理解问题陈述

到目前为止，我们所看到的阶段性练习项目是非常简单的。这是我们的第一个复杂程序，因此首先要认真考虑怎样完成这个任务，而不是直接上手编写代码。

当我们遇到一个问题陈述时，应该从中寻找下面这些内容。

- 关于程序应该完成什么任务的基本描述。
- 应该从用户那里获取什么输入（如果有）。
- 程序应该输出什么内容。
- 程序在不同情况下的行为。

我们首先应该通过一种适合自己的方法，组织一下自己对这个任务的思路。在理想情况下，我们应该完成下面 3 件事情。

- 画出问题的框架，理解程序需要做什么。
- 设计几个用于测试代码的例子。
- 将自己绘制的结构和例子进行抽象化，得到程序的伪码。

12.1.1 画出程序的基本结构

在这个问题中，我们要从用户获取输入，用户要提供两个姓名。我们把这两个姓名按照姓氏和名字进行划分。然后，我们对这两个名字进行混搭。类似地，也可以对两个姓氏进行混搭。

最后，我们将向用户显示新的名字和姓氏的混搭组合。图 12.1 展示了这个问题的 3 个组成部分。

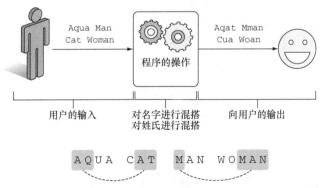

图 12.1　程序的输入、输入姓名的一个混搭示例以及向用户显示的输出

12.1.2　设计例子

对程序的主体部分有了思路之后，我们应该设计几个例子，以对程序进行测试。

这是一个重要的步骤。作为程序员，我们必须模拟用户对程序的输入情况。用户是不可预测的，而且他们的乐趣之一就是让程序崩溃。

在这个步骤中，我们应该尽量设计许多不同的输入。我们要考虑很短的姓名、很长的姓名以及不同长度的姓氏和名字的组合，还要考虑是不是存在独一无二的名字。下面是一些用于测试的姓名例子。

- 名字或姓氏有两个字母（CJ Cool 和 AJ Bool）
- 名字或姓氏有很多字母（Moonandstarsandspace Knight）
- 名字或姓氏的字母数量是偶数（Lego Hurt）
- 名字或姓氏的字母数量是奇数（Sting Bling）
- 名字或姓氏的字母都是相同的（Aaa）
- 两个相同的姓名（Meg Peg 和 Meg Peg）

我们应该坚持使用那些不会偏离用户输入要求的例子。在这个例子中，我们要求用户输入名字和姓氏。我们并不保证当用户的输入不符合这个要求时程序仍然能够正常工作。例如，输入了 Ari L Mermaid 的用户不会期望程序能像预期的那样工作。

12.1.3　把问题抽象化为伪码

现在，我们已经做好准备，并把程序分为几个代码块。在这个步骤中，我们首先编写伪码：这是一种日常语言与编程语言的混合代码。每个代码块负责处理程序中的一个单独步骤。每个步骤的目的是把数据收集到一个变量中，供后面的步骤使用。这个程序的主要步骤如下所示。

1. 获取用户的输入并将其存储在变量中。
2. 把姓名分割为名字和姓氏，并存储在变量中。
3. 决定怎么分割姓名。例如，寻找名字和姓氏的中间位置。把姓名的前半部分存储在变量中，后半部分也存储在变量中。
4. 把一个姓名的前半部分与另一个姓名的后半部分组合在一起。对于需要混搭的名字和姓氏，重复尽可能多的组合。

接下来的几节将详细讨论每个步骤。

12.2 分割名字和姓氏

我们会注意到，到目前为止我们所做的每件事情都是理解这个问题要求做什么。为了减少可能遇到的错误，我们应该把编写代码放到最后一个步骤。

现在，我们可以开始搭建单独的语句块了。在编写交互式程序时，我们几乎总是从获取用户的输入开始。程序清单 12.1 展示了完成这个任务的代码。

程序清单 12.1　获取用户的输入

```
print("Welcome to the Mashup Game!")
name1 = input("Enter one full name (FIRST LAST): ")
name2 = input("Enter another full name (FIRST LAST): ")
```
要求用户按照规定的格式输入

现在，用户的输入存储在两个具有适当名称的变量中。

12.2.1　寻找名字和姓氏之间的空格

在获取用户的输入之后，我们应该把它分割为名字和姓氏。我们必须先把名字进行混搭，再把姓氏进行混搭，因此把全名存储在一个变量中不利于这个任务的完成。分割全名的第一个步骤就是找到用于分隔名字和姓氏的空格。

在第 7 章中，我们学习了对字符串的各种操作。其中一个操作是 find，它可以告诉我们一个特定的字符在字符串中的索引。在这个例子中，我们感兴趣的是空格字符" "的索引位置。

12.2.2　使用变量保存经过处理的值

现在，我们将把名字和姓氏保存在变量中，以供后面的步骤使用。图 12.2 展示了怎样对全名进行分割。

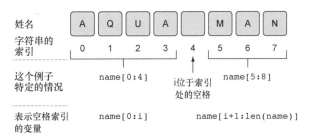

图 12.2　使用空格的索引把全名分割为名字和姓氏

我们首先找到空格的索引位置。从全名的起始位置到空格的索引位置之间的所有字符就是名字；空格之后的所有字符就是姓氏。

我们应该存储名字和姓氏，以便将来对它们进行处理。程序清单 12.2 展示了如何完成这个任务。我们使用针对字符串的 find 操作获取空格字符的索引位置。

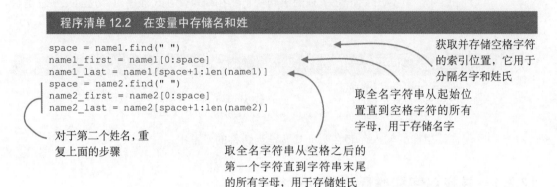

程序清单 12.2　在变量中存储名和姓

```
space = name1.find(" ")
name1_first = name1[0:space]
name1_last = name1[space+1:len(name1)]
space = name2.find(" ")
name2_first = name2[0:space]
name2_last = name2[space+1:len(name2)]
```

获取并存储空格字符的索引位置，它用于分隔名字和姓氏

取全名字符串从起始位置直到空格字符的所有字母，用于存储名字

对于第二个姓名，重复上面的步骤

取全名字符串从空格之后的第一个字符直到字符串末尾的所有字母，用于存储姓氏

知道了这个位置之后，我们可以取全名字符串从起始位置到空格索引位置间的所有字母，并把这个子字符串存储为名字。记住，some_string[a:b]形式的字符串索引操作的意思是取索引 a 到索引 b - 1 之间的所有字母。为了获取姓氏，我们取从空格字符索引之后的那个位置开始直到全名字符串末尾之间的所有字母（包括字符串的最后一个字母）。

现在，我们有了两个存储在变量中的名字和两个存储在变量中的姓氏。

12.2.3　对到目前为止完成的工作进行测试

完成了程序清单 12.2 的代码之后，现在是时候使用一些测试用例来运行程序了。为了对到目前为止完成的工作进行测试，我们可以打印之前所创建的变量的值。我们应该先进行检查，以确保输出的结果正是我们所预期的。如果用户输入了 Aqua Man 和 Cat Woman，下面的 print 语句：

```
print(name1_first)
print(name1_last)
print(name2_first)
print(name2_last)
```

将会打印出：

```
Aqua
Man
Cat
Woman
```

证明这个步骤可以正确地完成任务之后，我们就可以转入代码的下一部分了。

12.3　存储所有名字的一半

根据目前所掌握的技巧，我们还没有办法进行任何巧妙的字母检测以保证良好的混搭效果。不过，我们可以进行一些简单的操作，这些操作在大多数情况下都能达到我们的目的。在两个名字的基础上，取一个名字的前半部分和另一个名字的后半部分，并把它们组合在一起，如图 12.3 所示。

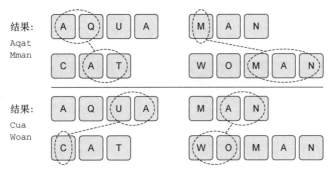

图 12.3　混搭 Aqua Man 和 Cat Woman 的两种方式。取每个名字的一半并进行组合，
然后取每个姓氏的一半并进行组合

查找名字的中间位置

我们需要查找一个名字字符串中间位置的索引。用户可能输入任意长度的名字，这个长度可能是偶数也可能是奇数。

1. 字符数量为偶数的名字

对于字符数量为偶数的名字，把它分为两半是很容易的。取单词的长度并除以 2 就得到一个整数，它就是字符串中间位置的索引。在图 12.3 中，Aqua 就是一个这样的例子。

2. 字符数量为奇数的名字

如果一个名字的字符数量为奇数应该怎么办呢？在图 12.3 中，Cat 和 Woman 都是这样的例子。在 Python 中，把一个奇数除以 2 将得到一个浮点数，例如 3.5 或 5.5。浮点数不能作为字符串的索引。

我们知道可以把浮点数转换为整数。例如，int(3.5)的结果是 3。现在，字符数量为奇数的姓名中间位置的索引就是除法结果转换为整数的结果，图 12.3 的 Man 就是一个这样的例子。因此，字母数量为奇数的名字后半部分的索引位置要提前一个：图 12.3 的 Woman 就是一个这样的例子。

3. 把一半的姓氏或名字保存到变量的代码

程序清单 12.3 展示了怎样存储每个名字的一半。用户输入两个全名，我们必须找到每个名字的每一半，这个基本过程对于每个名字都是相同的。

我们首先找到名字的中间位置，并使用 Python 的转换函数处理字母数量为奇数的情况。如果一个名字有 5 个字母，前半部分有 2 个字母，后半部分有 3 个字母。转换为整数并不会影响字母数量为偶数的名字，例如 int(3.0) 仍然是 3。

程序清单 12.3   存储每个名字的一半

```
len_name1_first = len(name1_first)
len_name2_first = len(name2_first)              存储从输入提取的名
len_name1_last = len(name1_last)               字和姓名的长度
len_name2_last = len(name2_last)
index_name1_first = int(len_name1_first/2)
index_name2_first = int(len_name2_first/2)      把中间位置转换为整数，存储
index_name1_last = int(len_name1_last/2)        每个名字中间位置的索引
index_name2_last = int(len_name2_last/2)

lefthalf_name1_first = name1_first[0:index_name1_first]
righthalf_name1_first = name1_first[index_name1_first:len_name1_first]
lefthalf_name2_first = name2_first[0:index_name2_first]
righthalf_name2_first = name2_first[index_name2_first:len_name2_first]
lefthalf_name1_last = name1_last[0:index_name1_last]
righthalf_name1_last = name1_last[index_name1_last:len_name1_last]
lefthalf_name2_last = name2_last[0:index_name2_last]
righthalf_name2_last = name2_last[index_name2_last:len_name2_last]
```

从起始位置到中间位置的名字

从中间位置到末尾的名字

现在，我们已经存储了每个名字的一半，最后一个任务就是对它们进行组合了。

12.4   对名字的一半进行组合

为了组合这些分为两半的名字，我们可以连接相关的变量。之前讲过，连接操作就是在两个字符串之间使用+操作符。这个步骤现在已经非常简单，因为我们已经计算并存储了所有必要的信息。

程序清单 12.4 展示了这个操作的代码。除了组合这些一半的名字，我们还要确保相关的一半名字的首字母大写，使它看上去像名字。例如，Blah 是正确的，而 blah 是

不正确的。我们可以对前半部分使用大写化操作 capitalize()，这样就只有第一个字母大写。我们对后半部分使用小写化操作 low()，以保证它的所有字母都是小写的。

程序清单 12.4 中最后需要注意的是有些代码行中反斜杠\的用法。反斜杠用于把一条语句分割为多行。如果在一行代码的后面插入一个行分隔符，这个反斜杠就告诉 Python 下一行是当前行的延续。如果没有反斜杠，程序运行时就会出现错误。

程序清单 12.4　组合姓名

```
newname1_first = lefthalf_name1_first.capitalize() + \
righthalf_name2_first.lower()
newname1_last = lefthalf_name1_last.capitalize() + \
righthalf_name2_last.lower()

newname2_first = lefthalf_name2_first.capitalize() + \
righthalf_name1_first.lower()
newname2_last = lefthalf_name2_last.capitalize() + \
righthalf_name1_last.lower()

print("All done! Here are two possibilities, pick the one you like best!")
print(newname1_first, newname1_last)
print(newname2_first, newname2_last)
```

把第一个一半名字的字符串的首字母大写

保证第二个一半名字的字符串的所有字母都是小写

向用户显示两个可能的姓名

这段代码重复了 4 次同一个操作，获取 2 个新的名字组合，并获取 2 个新的姓氏组合。首先，我们取第一个用户所输入名字的前半部分，并使用大写化操作保证第一个字母大写并其他所有字母都小写。接着，我们取第二个用户所输入名字的后半部分，并保证所有的字母都是小写，并用反斜杠告诉 Python 这条语句跨越了两行。

在组合了这些一半的名字之后，剩下的最后一个步骤是向用户显示结果。我们可以使用 print 显示这些新名字。为了进行测试，我们可以用不同的输入名字运行这个程序。

12.5　总结

在本章中，我们的目标是编写一个程序：要求用户按照特定的格式输入两个姓名；我们对这两个姓名进行操作，创建变量保存每个名字和姓名的每一半；把这些一半的名字进行组合，实现输入姓名的混搭，并向用户显示结果。下面是本章的一些要点。

■ 用户可以在程序中多次进行输入。

■ 我们可以使用 find 操作在用户输入中查找子字符串的位置。

■ 我们把经过操作的字符串保存为变量，并使用+操作符把字符串连接在一起。

■ 我们使用 print 操作向用户显示输出。

第 4 部分

在程序中做出选择

在本书的第 3 部分，我们学习了作为字符序列的字符串和包含其他对象的元组。我们还看到了如何与用户进行交互，包括提示用户进行输入、获取用户的输入、对用户的输入进行操作以及在控制台中向用户显示输出。

在本书的第 4 部分，我们将编写进行选择的代码。这也是编写非常酷的人工智能程序的"入门砖"。我们将在代码中插入分支语句，根据用户的输入或特定变量的值执行不同的语句。

在这个部分的阶段性项目中，我们将编写自己的冒险游戏。我们将用户引导到一座荒岛上，向他们提供可以选择的一组单词，然后观察他们能否生存下来。

第 13 章　在程序中引入选择机制

在学完第 13 章之后，你可以实现下面的目标。
- 理解 Python 解释器是怎样进行选择的
- 理解在做出一个选择后哪些代码行会被执行
- 编写代码，根据用户的输入自动决定那些代码行会被执行

　　当我们编写程序时，实际所编写的是一行行的代码。每一行代码都称为语句。我们已经编写了很多线性代码，也就是在运行程序的时候，每一行代码按照编写的顺序依次执行。没有一行代码会被多次执行，也不会有一行代码被跳过不执行。这相当于过着一种不需要做出任何选择的生活，用一种固定的方式体验这个世界。事实上，我们对生活中的不同刺激会有反应，做出不同的选择，从而获得更为有趣的生活体验。

『场景模拟练习』

　　现在是星期一早上。第一次会议是在上午 8:30，上班需要 45 分钟。闹钟将在上午 7:30 响铃。使用下面的决策流程判断是否有时间吃早饭。

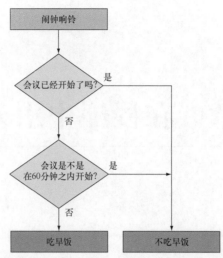

判断在闹钟响铃之后和参加会议之间是否有时间吃早饭的流程图

13.1　根据条件做出选择

我们希望程序能够根据不同的刺激表现出不同的行为。这里所说的刺激是以程序的输入形式体现的。输入可能是由与程序进行交互的用户所提供的，也可能是一次内部计算的结果。不管是哪种情况，当程序具备反应能力后，它就变得更加有趣、更具交互性和更加实用。

13.1.1　是否问题和真假语句

在日常生活中，我们常常面临不同的选择：要穿哪双鞋？午饭吃什么？休息的时候玩哪个手机游戏？……一旦告诉计算机做什么，它都能很好地完成。我们可以通过编程让计算机为我们做出选择。

当我们进行选择时，会提出一个问题。像"今天是晴天吗？"这样的问题可以用是或否来回答。所有答案为非是即否的问题都可以转换为一条结果为真或假的语句。Python 解释器并不理解是或否，但是它能够理解真或假（布尔逻辑）。"今天是晴天吗？"这个问题可以转换为语句"今天是晴天"。如果这个问题的回答为是，这条语句的结果就为真。如果回答为否，这条语句的结果就为假。所有的选择都可以简化为一个（或多个）是或否的问题，或者简化为一系列的真/假语句。

> **即学即测 13.1**　对于下面的问题，回答是或否：
>
> 1．你是否害怕黑暗？

2．你的手机是不是能够放进口袋里面?

3．你今晚是不是打算去看电影?

4．5 乘以 5 是不是等于 10?

5．nibble 这个单词是不是长于 googol 这个单词?

记住，Python 中的每行代码都是一条语句。另外，还要记住所有的表达式都是一条特定类型的语句或一条语句的一部分。表达式的结果可以简化为一个值。这个值在 Python 中是一个对象，例如整数、浮点数或布尔值。就像在日常生活中做出选择一样，我们可以编写程序让计算机做出选择。真/假选择在 Python 中是一个结果为布尔值对象的表达式，称为布尔表达式。包含布尔表达式的语句称为条件语句。

即学即测 13.2　如果可能，把下面的问题转换为布尔表达式。有没有哪个问题无法被转换?

1．你是不是生活在树屋里?

2．你晚餐吃什么?

3．你的汽车是什么颜色的?

4．字典里有没有 youniverse 这个单词?

5．7 是偶数吗?

6．a 和 b 这两个变量是否相等?

像程序员一样思考

计算机是根据真或假而不是是或否进行判断的。我们应该把包含选择的表达式看成结果为真或假的布尔表达式。

13.1.2　在语句中添加条件

上面这个思维过程也适用于我们所编写的代码。我们可以编写一种特定的语句，该语句包含一个值为真或假的表达式。我们称这类包含了结果为 True 或 False 的表达式的语句为条件语句。条件语句中结果为 True 或 False 的那个部分就是条件布尔表达式，正是这个表达式驱动程序做出选择。

13.2　编写代码做出选择

Python 有一组保留的关键字。它们具有特殊的含义，不能用来表示变量名。if 就是这样的关键字，因为它用于编写最简单的条件语句，即 if 条件语句。

13.2.1　一个例子

程序清单 13.1 展示了一条简单的条件语句。用户输入一个数字，然后我们检查用户的输入是否大于 0。如果是，就打印一条额外的信息。最后，我们向用户打印一条最终信息，它与条件检查的结果无关。

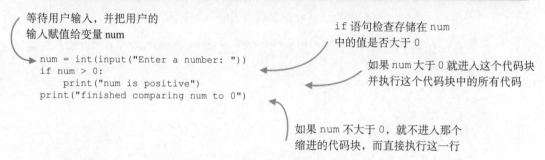

这是编写 if 语句的一种简单方法。当程序执行到一个条件语句时就会暂停，并执行该语句所要求的布尔检查。根据检查的结果，程序要么执行这个条件内部的代码块，要么不执行。程序清单 13.1 可以改写为一个流程图，如图 13.1 所示。

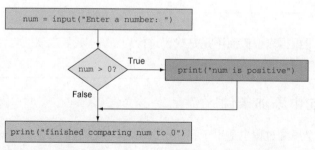

图 13.1　程序清单 13.1 的代码流程图。菱形框中问题的结果决定了是否执行代码的另一条语句

图 13.1 是程序清单 13.1 的可视化表现形式。我们可以把条件语句看成一个问题，它决定了是否绕过它的代码块内部的语句。在这个可视化表现形式中，如果条件检查的结果为 False，就接受"假"路径，绕过条件代码块。如果条件检查的结果为 True，就必须进入这个代码块，从视觉上看就像是多绕了一段路，执行了条件代码块内部的语句。

即学即测 **13.3** 观察下面的代码片段：

```
if num < 10:
    print("num is less than 10")
print("Finished")
```

1．如果 num 的值为 5，用户将会在屏幕上看到什么？

2．如果 num 的值为 10，用户将会在屏幕上看到什么？

3．如果 num 的值为 100，用户将会在屏幕上看到什么？

13.2.2 做出选择的代码：基本方式

条件语句具有某种特定的格式，我们必须按照特定的方式编写它们，这样 Python 就知道我们想要做什么（参见程序清单 13.2）。这是 Python 语言的语法所规定的。

程序清单 13.2 编写简单的 if 条件语句的基本方式

<之前的一些代码>在检查条件之前执行，
<之后的一些代码>在条件之后执行

关键字 if 开启了条件代码行，
后跟一个条件表达式

缩进表示只有当条件为
True 时才执行的代码

```
<之前的一些代码>
if < 条件表达式 >:
    < 执行一些操作 >
<之后的一些代码>
```

在程序清单 13.2 中，我们看到自己所编写的程序的结构开始发生变化。有些代码行缩进了 4 个空格。

条件语句打断了程序的流程。以前，我们执行程序的每一行代码。现在我们根据是否满足某个特定的条件来选择是否执行一行代码。

即学即测 **13.4** 编写简单的条件语句，完成下面这些任务。

1．要求用户输入一个单词。打印用户所输入的单词。如果用户的输入包含了空格，就向用户输出信息，提示用户未遵循指令。

2．要求用户输入 2 个数。打印这两个数之和。如果两数之和小于 0，另外打印出 "Wow, negative sum!"。

13.3 程序的结构变化

现在，我们可以看到，在程序中引入了选择功能之后，程序的结构开始发生变化。

■ 条件语句将会打破程序的流程，这样程序就可以做出选择。

■ 有些代码行缩进，它告诉 Python 这些代码与前后代码之间的关系。

■ 以前，我们执行每一行代码。现在，我们根据是否满足某个特定的条件来选择
是否执行某一行代码。

13.3.1 做出多个选择

我们可以把多个条件组合在一起，形成一系列的 if 语句。每次遇到 if 语句时，
我们将决定是否执行该 if 语句的代码块内部的代码。在程序清单 13.3 中，我们可以看
到由 3 个条件所组成的一个系列。每个条件检查一个不同的问题：一个数大于 0、一个
数小于 0 以及一个数等于 0。

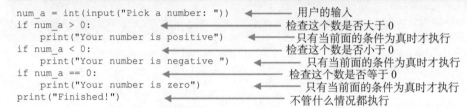

程序清单 13.3　一系列的多个条件的代码

```
num_a = int(input("Pick a number: "))        ← 用户的输入
if num_a > 0:                                 ← 检查这个数是否大于 0
    print("Your number is positive")         ← 只有当前面的条件为真时才执行
if num_a < 0:                                 ← 检查这个数是否小于 0
    print("Your number is negative ")        ← 只有当前面的条件为真时才执行
if num_a == 0:                                ← 检查这个数是否等于 0
    print("Your number is zero")             ← 只有当前面的条件为真时才执行
print("Finished!")                            ← 不管什么情况都执行
```

注意，我们使用双等号检查相等性。相等性（==）和变量赋值（=）之间是存在差
别的。另外，我们还要注意所有条件的 print 语句都缩进相同的字符数量。

即学即测 13.5　为程序清单 13.3 的代码绘制一幅流程图，以确保你已经理解了这些
按顺序执行的选择。流程图是一种非常好的方式，它以可视化的形式对代码所有可能出
现的路径进行了组织。这有点类似于根据一份菜谱确定所有可能的做法。

13.3.2 根据另一个选择结果做出选择

有时候，我们需要根据前一个选择的结果来考虑第二个选择。例如，我们在确定已
经没有粮食的情况下才会决定购买哪种粮食。

在 Python 程序中完成这个任务的一种方式是使用嵌套的条件：只有当第一个条件
为真时第二个条件才执行。条件代码块内部的所有代码都是该代码块的一部分，即使是
嵌套的条件。另外，嵌套的条件本身也有它自己的代码块。

程序清单 13.4 对两段代码进行了比较：其中一段代码把一个条件嵌套于另一个条件的
内部，另一段代码则是两个条件顺序出现。在嵌套的代码中，嵌套的条件语句(if num_b <
0)只有当外层的条件(if num_a < 0)为 True 时才执行。另外，嵌套的条件内部的代码块
(print("num_b is negative"))只有当两个条件都为 True 时才执行。在非嵌套的代

码中，嵌套的条件语句(if num_b < 0)在程序每次运行时都会执行。这个嵌套的条件内部的代码块(print("num_b is negative"))只要 num_b 小于 0 就会被执行。

程序清单 13.4　通过嵌套组合条件或者按顺序排列条件

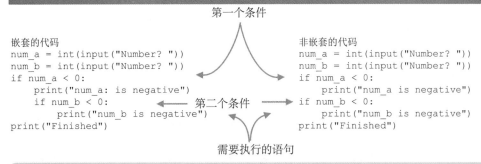

第一个条件

嵌套的代码
```
num_a = int(input("Number? "))
num_b = int(input("Number? "))
if num_a < 0:
    print("num_a: is negative")
    if num_b < 0:
        print("num_b is negative")
print("Finished")
```

非嵌套的代码
```
num_a = int(input("Number? "))
num_b = int(input("Number? "))
if num_a < 0:
    print("num_a is negative")
if num_b < 0:
    print("num_b is negative")
print("Finished")
```

第二个条件

需要执行的语句

即学即测 13.6　如果 num_a 和 num_b 的输入值如下，程序清单 13.4 的嵌套的代码和非嵌套的代码的执行结果分别是什么？输入这些代码，检验自己的答案。

num_a	num_b	嵌套的	非嵌套的
-9	5		
9	5		
-9	-5		
9	-5		

如果不太确定代码的执行结果是什么，或者不明白为什么会得到这样的结果，可以通过下面的流程图来追踪这些值。

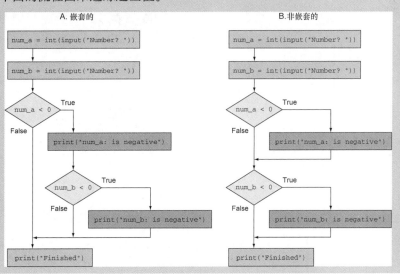

嵌套的条件和非嵌套的条件之间的区别。在嵌套的情况下，只有当 num_a < 0 这个条件为 True 时才会检查 num_b < 0 这个条件。在非嵌套的情况下，在检查 num_b < 0 这个条件时不需要考虑 num_a < 0 这个条件的结果。

13.3.3 一个更加复杂的嵌套的条件的例子

作为最后一个练习，我们讲解一个更为复杂的任务：到杂货店购买一些商品。当我们进入店里后，首先关注的是巧克力。这个程序将帮助我们决定需要购买的巧克力数量。首先观察如图 13.2 所示的流程图，以帮助我们做出具体的选择。

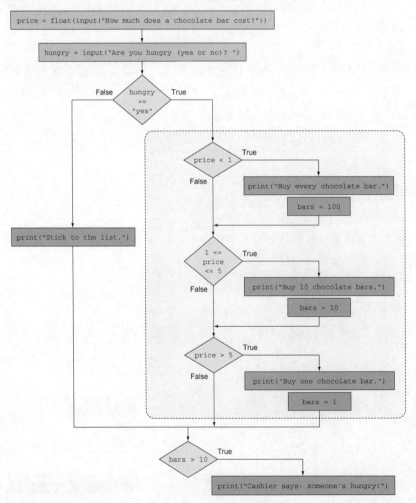

图 13.2　虚线框内是当 **hungry == "yes"** 这个条件为 **True** 时的代码块。虚线内的代码又包含了
另一个条件，根据价格决定需要购买的巧克力数量

- 它询问我们是否饿了。
- 它询问巧克力的价格。
- 如果我们饿了并且巧克力的价格低于 1 美元，就全部买下。
- 如果我们饿了并且巧克力的价格在 1 美元到 5 美元之间，就购买 10 块巧克力。
- 如果我们饿了并且巧克力的价格在 5 美元以上，就只购买 1 块巧克力。
- 如果不饿，就不买任何巧克力。
- 然后，根据我们所购买的数量，收银员将会做出评价。

我们可以看到，这个程序的主流程是按照一条从顶到底的垂直路径执行的。每个决定提供了偏离主路径的可能性。这个程序包含了 3 个条件：一个条件决定是否饿了，一个条件决定需要购买的巧克力的数量，最后一个条件决定了收银员的反应。

一个条件的代码块可以包含其他条件。决定需要购买的巧克力数量这个条件嵌套于另一个决定是否饿了的条件内部。

即学即测 13.7 使用图 13.2 所示的流程图作为指导，尝试编写一个 Python 程序执行这个更为复杂的任务。根据思考、编码、测试、调试、重复这个编程周期，我们已经得到了"菜谱"，因此现在要把注意力集中在编码、测试和调试部分了。具体地说，测试步骤告诉我们程序的行为。我们的程序对于相同的输入应该产生相同的输出。在完成练习之后，把自己的代码与程序清单 13.5 进行比较，记住下面这些要点。

- 变量名可以不同。
- 使用注释帮助读者理解每个部分的位置。
- 对一些条件重新排序以实现相同的行为，相同的输入应该产生相同的输出。
- 最重要的是，正确的实现总是不止一个。

程序清单 13.5 决定购买巧克力数量的条件

用户的输入

检查是否饿了的条件

```python
price = float(input("How much does a chocolate bar cost? "))
hungry = input("Are you hungry (yes or no)? ")
bars = 0

if hungry == "yes":
    if price < 1:
        print("Buy every chocolate bar they have.")
        bars = 100
    if 1 <= price <= 5:
        print("Buy 10 chocolate bars.")
        bars = 10
```

检查一块巧克力的价格是否小于 1 美元的条件

当一块巧克力的价格小于 1 美元时所采取的行动

检查巧克力的价格是否在 1 美元到 5 美元之间的条件以及在这种情况下所采取的行动

```
if price > 5:
    print("Buy only one chocolate bar.")
    bars = 1
```
> 检查巧克力的价格是否大于 5 美元的条件以及在这种情况下所采取的行动

```
if hungry == "no":
    print("Stick to the shopping list.")
```
> 检查在询问是否饿了时是否回答了"否"的条件以及在这种情况下所采取的行动

```
if bars > 10:
    print("Cashier says: someone's hungry!")
```
> 只有当购买的巧克力数量大于 10 块时才打印出这条信息

13.4　总结

在本章中，我们的目标是学习怎样使用 if 条件语句在代码中实现选择功能。条件语句为程序添加了一层复杂性。它们为程序提供了一种能力，使程序偏离主流程，迂回地执行另外一段代码。下面是本章的一些要点。

- if 语句开启了一个条件代码块。
- 程序可以包含多个条件，它们可以按顺序出现，也可以嵌套出现。
- 嵌套的条件就是一个条件出现在另一个条件的代码块内部。
- 我们可以使用流程图以可视化的形式描述包含条件语句的程序。

当我们开始编写涉及一些概念的程序时，一个重要的原则就是要主动理解这些概念。我们可以用纸和笔画出自己的解决方案并写出自己的思维过程。然后，我们可以打开 Spyder，输入自己的代码并运行、测试和调试自己的程序。另外，不要忘了对代码进行注释。

13.5　章末检测

问题 13.1　有这样两句话："x 是奇数"和"x + 1 是偶数"。写出一个条件以及该条件的结果，使用下面这种形式：if <条件>　then <结果>。

问题 13.2　编写一个程序创建一个变量，它可以是一个整数或字符串。如果该变量是整数，就打印 I'm a numbers person。如果该变量是字符串，就打印 I'm a words person。

问题 13.3　编写一个程序，从用户那里读取一个字符串。如果这个字符串至少包含了一个空格，就打印 This string has spaces。

问题 13.4　编写一个程序，打印 Guess my number!并把一个秘密数字赋值给一个变量。从用户那里读取一个整数。如果用户猜测的数字小于这个秘密数字，就打印 Too low（太小）。如果用户猜测的数字大于这个秘密数字，就打印 Too high（太大）。

最后，如果用户猜测的数字与这个秘密数字相同，就打印 You got it!（你猜对了）。

问题 13.5　编写一个程序，从用户那里读取一个整数，并打印该数字的绝对值。

第 14 章　做出更复杂的选择

在学完第 14 章之后，你可以实现下面的目标。

- 在一个条件语句中组合多个选择
- 在多个不同的选项中做出选择
- 编写代码让计算机在几个选项中做出选择

如果我们所做出的每个选择只是一次询问一个问题的结果，这种做法不仅功能有限还很浪费时间。假设我们想要购买一部新手机。我们只考虑 3 种手机，但不知道自己的账户里还有多少钱。我们的另一个购买标准是手机外壳的颜色是绿色。如果采用的是答案非是即否的方式，那么可以回答下面这些问题。

- 账户里的钱是不是在 400 美元和 600 美元之间？
- 账户里的钱是不是在 200 美元和 400 美元之间？
- 账户里的钱是不是在 0 美元和 100 美元之间？
- 手机 1 是绿色款吗？
- 手机 2 是绿色款吗？
- 手机 3 是绿色款吗？

由于我们有多个条件需要检查，因此可以把两个或更多的条件组合在一起。例如，我们可以询问"账户里的钱是不是在 400 美元和 600 美元之间？手机 1 是绿色款吗？"。

『场景模拟练习』

有一个 7 岁的小孩,他希望根据喜欢的运动项目来选择最好的朋友。对于他喜欢的运动项目,按偏爱程度排序依次是足球、篮球和棒球,朋友喜欢的运动项目最好能够与此相同。如果无法做到这一点,就希望朋友喜欢的运动项目尽可能多地符合他的偏爱顺序。按顺序列出这 3 个运动项目的所有可能组合。假如 Tommy 喜欢足球和棒球,他出现在这个列表中的第几位?

[答案]

足球、篮球和棒球

足球和篮球

足球和棒球　　　　　　　　　　←往下的第三个选项

篮球和棒球

足球

篮球

棒球

14.1　组合多个条件

我们已经知道怎样编写一段依赖于某个条件是否为真的代码。这意味着做出选择的模式是"A 或 B"。有时候,我们想要做出的选择模式是"A、B、C 或 D"。

例如,如果"下雨了"为真,"我饿了"为假,则"下雨了且我饿了"就为假。表 14.1 列出了由两条语句所组成的语句的真假值。

表 14.1　用 and 和 or 组合两条语句的真假值

语句 1 例子:"下雨了"	组合语句的关键字 (<and>、<or>或<not>)	语句 2 例子:"我饿了"	结果 例子:"下雨了<_>我饿了"
True	<and>	True	True
True	<and>	False	False
False	<and>	True	False
False	<and>	False	False
True	<or>	True	True
True	<or>	False	True
False	<or>	True	True
False	<or>	False	False
N/A	<not>	True	False
N/A	<not>	False	True

假设我们正在做一道简单的意大利面。我们怎么知道能不能做呢？我们先想想自己有没有意大利面团和意大利面酱。如果两者皆备，就可以动手做意大利面了。注意，这个简单的问题也可以让我们产生两个思路。

一个思路是把两个问题组合成一个问题"我们是否有意大利面团和意大利面酱"。这两个问题可以用一种不同的方式询问，我们可以采用一种嵌套的形式，但最终会产生相同的结果：有意大利面团吗？如果有，那么有意大利面酱吗？把这两个问题组合成一个问题可以让它变得更容易理解。

另一个思路是使用一个重要的词"and"，它连接了两个答案非是即否的问题。and和 or 都是布尔操作符，它们用于连接两个答案非是即否的问题。

即学即测 14.1　使用布尔操作符 and 或 or 组合下面的问题。

1. 你需要牛奶吗？如果需要，那么你有汽车吗？如果有，那么开车到店里买牛奶。
2. 变量 *a* 是 0 吗？如果是，变量 *b* 是 0 吗？如果是，变量 *c* 是 0 吗？如果是，则所有的变量都是 0。
3. 你有夹克衫吗？你有衬衫吗？穿上其中一件吧，外面冷。

到目前为止的代码例子中，条件语句的内部只有一个结果为真或假的表达式。在现实中，我们可以根据一个或多个条件做出选择。在编程中，我们可以在一条 if 语句中组合多个条件表达式。按照这种方法，我们就不必为每个独立的条件单独编写一条 if 语句了。这种做法可以使代码更清晰，更容易阅读和理解。

14.1.1　由真/假表达式组成的条件

我们看到过只包含一个结果为真或假的表达式的条件。例如 num_a < 0。if 语句可以对多个条件进行检查，并根据多个条件所组成的完整表达式的结果为真或假采取相应的动作。在这种情景下，表 14.1 的真值表是非常实用的。我们通过布尔操作符 and 和 or 组合多个表达式。在 Python 中，and 和 or 都是关键字。

一条 if 语句可以由多个表达式组成，如程序清单 14.1 所示：

程序清单 14.1　一条 if 语句中的多个条件表达式

```
if num_a < 0 and num_b < 0:
    print("both negative")
```

在进入这条 if 语句的代码块之前，程序必须做出两个选择：一个选择是 if num_a < 0，另一个选择是 if num_b < 0。

14.1.2　操作符的优先级规则

注意，表达式的结果是 Python 对象，如可以是整数值。在组合多个表达式的时候，我们需要注意这些表达式以及表达式内部每个操作的求值顺序。

在数学中，我们知道加法、减法、乘法和除法的优先级。程序操作符的优先级规则与数学运算符的相同，但还有其他一些操作的优先级也必须予以考虑，例如用于组合布尔表达式的比较操作符和逻辑操作符。

表 14.2 显示了完整的操作符优先级规则集合，它告诉我们 Python 中哪些操作是在其他操作之前进行的。我们可以根据优先级规则，对由更小的条件表达式所组成的复杂条件表达式进行求值。

表 14.2　操作的顺序是顶部的操作首先执行。同一格中具有相同优先级的操作具有左结合性，当它们在同一个表达式中出现时，是按照从左到右的顺序执行的

操 作 符	含 义
()	括号
**	指数
*	乘法
/	除法
//	地板除法
%	求模
+	加法
−	减法
==	等于
!=	不等于
>	大于
>=	大于等于
<	小于
<=	小于等于
is	相同性（一个对象是另一个对象）
is not	相同性（一个对象不是另一个对象）
in	成员（一个对象位于另一个对象中）
not in	成员（一个对象不位于另一个对象中）
not	逻辑 NOT
and	逻辑 AND
or	逻辑 OR

> **即学即测 14.2** 根据表 14.2 的操作符优先级规则对下面的表达式进行求值：
>
> 1. `3 < 2 ** 3 and 3 == 3`
> 2. `0 != 4 or (3/3 == 1 and (5 + 1) / 3 == 2)`
> 3. `"a" in "code" or "b" in "Python" and len("program") == 7`

观察程序清单 14.2 中的（不正确）代码。它与程序清单 14.1 的代码相似，区别在于 `num_a < 0 and num_b < 0` 这行代码写成了 `num_a and num_b < 0`。

程序清单 14.2 代码不一定能完成你想让它完成的事情

```
if num_a and num_b < 0:
    print("both negative")
```

如果在运行这段代码时 num_a 和 num_b 的值不同，将会得到表 14.3 所示的输出。空项表示没有输出。注意，其中有一对值会产生一个具有误导性的打印输出。

当 num_a = 1 且 num_b = -1，打印到控制台的输出是 `both negative`，这是不正确的。我们可以使用优先级规则观察发生了什么。添加括号表示在程序清单 14.2 中首先对表达式进行求值。

根据表 14.2 的优先级规则，逻辑操作符 and 的优先级低于"小于"比较。表达式 `num_a and num_b < 0` 可以改写为 `(num_a and (num_b < 0))`。

表 14.3 用不同的 num_a 和 num_b 值运行程序清单 14.2 的代码后在控制台所产生的输出

num_a	num_b	控制台的输出
−1	−1	both negative
−1	1	
0	−1	
0	1	
1	−1	both negative
1	1	

在 Python 中，除了 0 之外的整数都被认为 True，整数 0 被认为 False。if -1 相当于 if True，if 0 相当于 if False。由于优先级的规则，当 num_a 是非 0 的任何值时，这个表达式的结果为 True。当 num_a = 1 且 num_b = -1 时，这段代码错误地打印出 both negative，这是因为 `(num_a and (num_b < 0))` 相当于 `(1 and (-1 < 0))`，结果就是 `(True and True)`，最终的结果为 True。

> **即学即测 14.3** 回到程序清单 14.1 的代码。它的条件表达式可以根据优先级规则和括号重新改写为 `((num_a < 0) and (num_b < 0))`。为 num_a 和 num_b 的一些组合画一张表，以确保每一对值能够产生符合预期的打印结果。

14.2　选择需要执行的代码行

现在，我们已经理解了条件语句的用途，并知道了如何在 Python 中编写条件语句。条件语句不仅用于在代码中选择一条"迂回"之旅，还可以用于选择执行哪个代码块。

14.2.1　执行某个操作

有时候我们想要执行一个任务而不执行另一个任务。例如，我们可能想表示"如果天晴，我将走路去上班；如果是阴天，我将带着伞走路去上班；如果这两种天气都不是，就开车上班。"对于这个陈述，我们可以在 if 语句中组合使用 elif 和 else 关键字。

程序清单 14.3 展示了一条简单的 if-elif-else 条件语句。我们从用户那里取得一个输入数。如果这个数大于 0，就打印 positive（正）。如果这个数小于 0，就打印 negative（负）。否则，就打印这个数为 0。不管是哪种情况，只有其中一条信息会被打印。

程序清单 14.3　一个简单的 **if-elif-else** 条件语句的例子

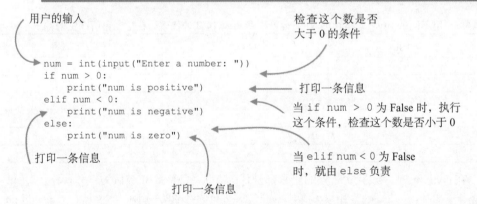

我们用 if 语句开启一个条件，出现在它后面的任何 elif 或 else 语句都是与这条 if 语句相关联的。这种类型的结构意味着我们将执行第一个条件为真时的代码块。

即学即测 14.4　当程序清单 14.3 中的 num 值为-3、0、2、1 时，程序将会打印什么样的输出？

图 14.1 以可视化的形式展示了多个选择。每个选择都是一个条件语句，一组条件构成一个 if-elif-else 代码块。通过追踪由箭头所表示的路径可以进入图 14.1 中的任

何路径。主程序的选择是用菱形表示的。第一个选择从一条 if 语句开始，表示一个选择代码块的开始。沿着从 if 语句开始直到标签为<程序的剩余部分>的所有路径，我们最多只偏离程序的主路径 1 次。偏离的路径就是第一个条件为 True 的路径。

图 14.1 中的 if-elif-else 代码块是通用的代码块。我们也可以使用下面这些变体。

- 只有一条 if 语句（在前一章中看到过）
- 一条 if 语句和一条 elif 语句
- 一条 if 语句和多条 elif 语句
- 一条 if 语句和一条 else 语句
- 一条 if 语句、一条或多条 elif 语句和一条 else 语句

对于所有这些变体，程序所执行的迂回之旅是第一个条件为 True 的代码块。如果没有任何一个条件的结果为 True，就执行 else 的迂回之旅。如果这些变体并不包含 else 语句，很可能不会执行<执行一些操作>的迂回之旅。

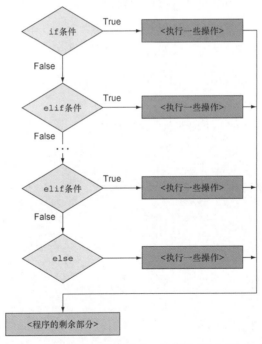

图 14.1 通用的 **if-elif-else** 代码块的可视化形式。我们最多可以进入<执行一些操作>而偏离主程序流程 1 次。**elif** 代码块可以有 0 个或多个，**else** 代码块是可选的

即学即测 14.5 为程序清单 14.3 绘制一幅流程图。

程序清单 14.4 展示了编写代码的一种通用方式。该代码的主要功能为执行一个任务

或另一个任务，具体执行哪个任务取决于特定的条件是否成立，如图 14.1 所示。

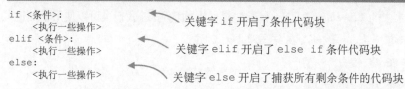

程序清单 14.4　编写简单的 if-elif-else 条件的通用方法

```
if <条件>:
    <执行一些操作>                    关键字 if 开启了条件代码块
elif <条件>:
    <执行一些操作>                    关键字 elif 开启了 else if 条件代码块
else:
    <执行一些操作>                    关键字 else 开启了捕获所有剩余条件的代码块
```

和之前一样，关键字 if 开启了条件代码块，它的后面是一个条件表达式和一个冒号字符。当 if 条件为 True 时，这条 if 语句的代码块就会被执行，作为 if-elif-else 的组成部分的所有剩余代码都被跳过。当 if 语句为 False 时，就检查 elif 语句中的条件。

如果 elif 语句中的条件为 True，这条 elif 语句的代码块就会被执行，作为 if-elif-else 的组成部分的所有剩余代码都被跳过。只要有需要，elif 语句就可以出现任意条（0 条或多条）。Python 将会逐条验证每个条件，并执行条件为 True 的第一个代码块。

如果 if 语句和所有 elif 语句中的条件都不是 True，else 语句的代码块就会被执行。我们可以把 else 看成一种当前面列出的所有条件都为 False 时捕获所有剩余情况的条件。

如果不存在 else 语句，就没有任何条件的结果为 True，条件代码块就不会执行任何操作。

即学即测 14.6　观察下面这些代码片段：

使用 if-elif-else 语句
```
if num < 6:
    print("num is less than 6")
elif num < 10:
    print("num is less than 10")
elif num > 3:
    print("num is greater than 3")
else:
    print("No relation found.")
print("Finished.")
```

使用 if 语句
```
if num < 6:
    print("num is less than 6")
if num < 10:
    print("num is less than 10")
if num > 3:
    print("num is greater than 3")
print("Finished.")
```

如果 num 具有下面的这些值，用户将在屏幕上看到什么结果？

```
num         With if-elif-else      With if
-----------------------------------------------------------
20
-----------------------------------------------------------
9
-----------------------------------------------------------
```

```
5
-----------------------------------------------------
0
```

14.2.2   综合讨论

现在，我们可以看到程序的结构再次发生了改变，具体如下。

- 我们可以通过检查不同的条件，决定在多个操作中选择哪一个执行。
- if-elif 结构用于选择执行条件为 True 的第一个代码块。
- else 用于执行当所有的条件都不为 True 时的操作。

程序清单 14.5 展示了一个简单的检查用户输入的程序。当用户的任何一个输入均为非整数值时，程序向用户打印一条信息，并移到 if-elif-else 语句中同一个缩进层次的下一组。此时它并不会进入与第一条 if 语句相关联的 else 代码块，因为它已经执行了 if 语句内的某个代码块。

程序清单 14.5   如何使用 if-elif-else 语句的例子

```
num_a = 5
num_b = 7
lucky_num = 7
if type(num_a) != int or type(num_b) != int:
    print("You did not enter integers")
else:
    if num_a > 0 and num_b > 0:
        print("both numbers are positive")
    elif num_a < 0 and num_b < 0:
        print("both numbers are negative")
    else:
        print("numbers have opposite sign")
if num_a == lucky_num or num_b == lucky_num:
    print("you also guessed my lucky number!")
else:
    print("I have a secret number in mind...")
```

if-elif-else 的嵌套条件组 ┐ 具有嵌套的 if-elif-else 条件组的一个 if-else 条件组

另一组 if-else

当用户输入两个合法的整数时，我们就进入 else 代码块，并根据输入整数的正负情况打印一条信息。在嵌套的 if-elif-else 语句内部与第一个结果为 True 的条件相关联的信息才会被打印。在这个代码块结束时，程序就转而检查下一个 if-elif-else 组，观察用户是否猜对了幸运数字。

像程序员一样思考

程序员编写容易阅读的代码，既是为了方便别人阅读，也是为了方便自己以后回顾代码。一个良好的思路是创建变量存储复杂的计算结果，并为它们提供描述性的名称，而不是直接在条件中包含这些复杂的计算。例如，不要采用 if (x ** 2 - x + 1 == 0) or (x + y ** 3 + x ** 2 == 0) 这样的写法，而是创建变量 x_eq = x ** 2 - x + 1 和 xy_eq = x + y ** 3 + x ** 2，并检查 if x_eq == 0 or xy_eq == 0。

在 Python 中，我们很容易看到哪几行代码应该被执行，因为代码块是缩进显示的。我们可以观察程序清单 14.5 的可视化形式（见图 14.2），它是根据代码块组织的。在图 14.2 中，我们可以看到条件语句的外观呈层叠状。

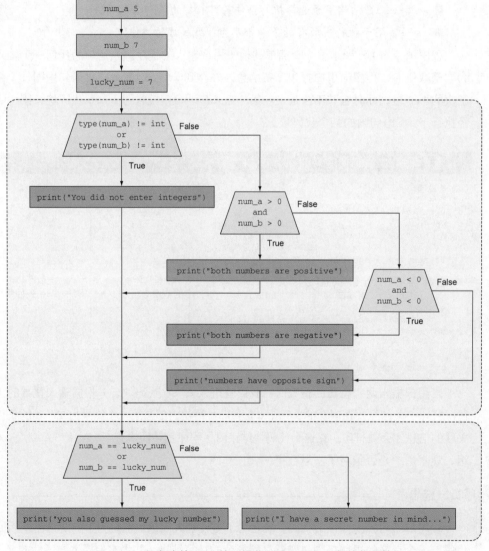

图 14.2　程序清单 14.5 的可视化形式，显示了条件代码块

在条件组的内部，我们将只执行第一个结果为 True 的分支。如果在同一层级存在另一条 if 语句，我们就开启了另一个条件组的执行。

我们在图 14.2 中看到在主层级中有两个主要的条件代码块：一个是检查用户的输入，另一个是检查幸运数字。使用这种可视化形式，我们甚至可以对程序清单 14.5 的代码进行改写，删除用于检查用户输入的第一个代码块中的 else 语句，然后增加一条 elif 语句。程序清单 14.6 展示了修改之后的代码。

程序清单 14.6 改写程序清单 14.5，把 else 语句转换为一系列的 elif 语句

```
num_a = 5
num_b = 7
lucky_num = 7
if type(num_a) != int or type(num_b) != int:
    print("You did not enter integers")

elif num_a > 0 and num_b > 0:
    print("both numbers are positive")
elif num_a < 0 and num_b < 0:
    print("both numbers are negative")
else:
    print("numbers have opposite sign")
if num_a == lucky_num or num_b == lucky_num:
    print("you also guessed my lucky number!")
else:
    print("I have a secret number in mind...")
```

程序清单 14.5 中的 else 代码块被转换为一系列的 elif 代码块

作为练习，我们可以检查所有的输入组合，并把程序清单 14.5 和程序清单 14.6 的输出进行比较，以确保它们是相同的。

14.2.3 对代码块进行的思考

当决定执行哪个分支时，只观察特定的 if-elif-else 条件组是非常重要的，如程序清单 14.7 所示。if 语句进行了一项检查，观察用户的输入是否为元组 greet_en 或 greet_sp 中的一个字符串。另两条 elif 语句各有一个嵌套的 if-elif 代码块。

程序清单 14.7 多个 if-elif-else 代码块的例子

```
greeting = input("Say hi in English or Spanish! ")
greet_en = ("hi", "Hi", "hello", "Hello")
greet_sp = ("hola", "Hola")
```

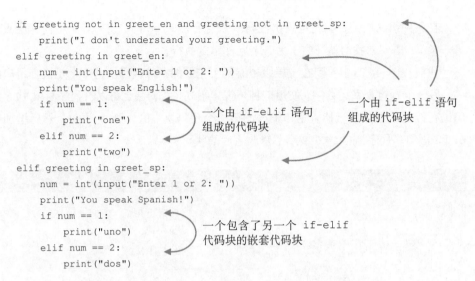

```
if greeting not in greet_en and greeting not in greet_sp:
    print("I don't understand your greeting.")
elif greeting in greet_en:
    num = int(input("Enter 1 or 2: "))
    print("You speak English!")
    if num == 1:
        print("one")
    elif num == 2:
        print("two")
elif greeting in greet_sp:
    num = int(input("Enter 1 or 2: "))
    print("You speak Spanish!")
    if num == 1:
        print("uno")
    elif num == 2:
        print("dos")
```

一个由 if-elif 语句
组成的代码块

一个由 if-elif 语句
组成的代码块

一个包含了另一个 if-elif
代码块的嵌套代码块

这个程序只进入 if-elif-elif 中的一条路径，具体如下。

- 当用户输入的欢迎词既不在 greet_en 中也不在 greet_sp 中时，执行 if 代码块。
- 当用户输入的欢迎词在 greet_en 中时，执行对应的 elif 代码块。
- 当用户输入的欢迎词在 greet_sp 中时，执行对应的 elif 代码块。

14.3　总结

在本章中，我们的目标是学习怎样使用 if-elif-else 条件语句做出选择，并理解它们的各种组合是怎样影响程序的执行流程的。我们现在面临的选择变得更加复杂，因为我们可以选择执行哪段代码。下面是本章的一些要点。

- 对一个条件中的多个表达式进行求值时，操作符的优先级是非常重要的。
- if 语句提示是否执行一个迂回之旅，if-elif-else 语句提示应该执行哪个迂回之旅。
- 我们可以使用流程图，以可视化的形式展示包含条件语句的更为复杂的程序。

当我们开始编写涉及一些概念的程序时，要积极致力于解决包含这些概念的问题。我们可以用纸和笔画出自己的解决方案，并写下自己的思维过程。然后，打开自己所喜欢的 IDE，输入自己的代码，并运行、测试和调试程序。另外，不要忘了对自己的代码添加注释。

14.4　章末检测

　　问题 14.1　编写一个程序，该程序要求用户输入两个数，打印输出这两个数的关系。两个数的关系如下：两数相等、第一个数小于第二个数、第一个数大于第二个数。

　　问题 14.2　编写一个程序，然后从用户那儿读取一个字符串。如果这个字符串包含了所有的元音字母（a、e、i、o、u），就打印 You have all the vowels!。另外，如果这个字符串以字母 a 开头并以字母 z 结尾，就打印 And it's sort of alphabetical!。

第 15 章　阶段性项目：冒险游戏

在学完第 15 章之后，你可以实现下面的目标。

■　为一个冒险程序编写代码

■　使用分支在程序中设置路径

本章的阶段性项目多少是有点开放性的。

[问题] 我们将使用条件和分支创建一个故事。在故事的每个场景中，用户将输入一个单词，这个单词告诉程序接着执行哪条路径。这个程序应该处理用户可能选择的所有路径，但不需要处理用户所提供的任何预期之外的输入。

我们将要看到的剧本是许多可能的剧本之一。我们可以尽情发挥自己的创造力，丰富自己的剧本库。

15.1　制定游戏规则

任何时候，当我们从用户获取输入时，应该注意到它们可能并不符合规则。在程序中，我们需要向用户说明哪些输入是符合预期的，还要警告用户：如果输入了其他内容可能会导致程序立即结束。

一条简单的 print 语句就足以完成这个任务，如程序清单 15.1 所示。

程序清单 15.1　获取用户的输入

```
print("You are on a deserted island in a 2D world.")
print("Try to survive until rescue arrives!")
print("Available commands are in CAPITAL letters.")
print("Any other command exits the program")
print("First LOOK around...")
```

如何玩游戏

预期之外的行为将退出程序

根据程序的规则，我们必须要处理所有以大写字母开头的分支情况。程序开始时只有一个选项，即帮助用户熟悉这种输入格式。

15.2　创建不同的路径

这个程序的基本流程如下所示。

- 告诉用户他们可以进行的选择。
- 获取用户的输入。
- 如果用户输入了选项 1，就打印一条信息。对于这条路径，如果用户现在有多个选项，就提示这些选项并获取输入，接下来按照同样的方式处理。
- 如果用户输入了选项 2，就打印另一条信息。对于这条路径，如果用户现在有多个选项，就提示这些选项并获取输入，接下来按照同样的方式处理。
- 不管还有多少个选项，都按照相同的方式进行处理。对于每条路径，如果用户现在有多个选项，就提示这些选项并获取输入，以此类推。

我们将使用嵌套的条件创建路径中的子路径。程序清单 15.2 展示了一个简单的程序。它只有两个条件，其中一个条件嵌套在另一个条件的内部。在运行程序时，用户最多可以做出两个选择。

这段代码首先要求用户进行输入。接着，它以一个关键词 LOOK 为条件确保用户已经理解了游戏规则。如果用户输入了任何其他内容，它就显示一条信息，提示用户可以使用哪些命令以及用户将看到什么。第一个条件检查用户是否输入了 LOOK。如果用户输入了这个单词，它就让用户再次进行输入，并根据输入结果对两种可能的情况进行处理。这两种情况分别是用户输入了 LEFT 或 RIGHT。对于这两个选项，它分别打印出一条不同的信息。

程序清单 15.2　只有一个选项的冒险

```
do = input(":: ")
if do == "LOOK":
    print("You are stuck in a sand ditch.")
    print("Crawl out LEFT or RIGHT.")
```

来自用户的输入

检查用户是否输入了 LOOK 的条件

```
do = input(":: ")                    ◄──────────   用户进行了 LOOK 之后的输入
if do == "LEFT":                                    检查用户是否输入
    print("You make it out and see a ship!")        了 LEFT 的条件
    print("You survived!")
elif do == "RIGHT":                  ◄─────
    print("No can do. That side is very slippery.")
    print("You fall very far into some weird cavern.")    检查用户是否
    print("You do not survive :(")                        输入了 RIGHT
else:                                ◄────────────        的条件
    print("You can only do actions shown in capital letters.")
    print("Try again!")
```

这个代码块提醒用户只
能输入特定的命令

程序中只有两个选项看上去不是很有趣，我们可以为不同的场景添加更多的选项。

15.3   更多的选项？可以，尽管尝试

冒险游戏应该拥有更多的选项。我们可以在代码中使用许多嵌套的条件来创建多条
子路径。我们可以按照自己的想法让冒险变得很简单或者很困难。例如，在代码中规划
20 条不同的路径，只有其中一条能够幸存。

图 15.1 展示了一种可能的代码结构。

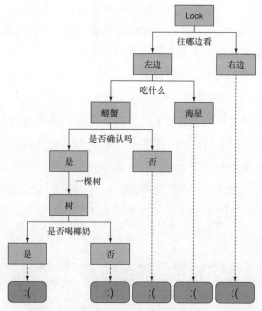

图 15.1   方框表示向用户提供的选项。方框下面的文本表示当前的境况。灰色箭头显示了用户所选的路
    径。指向笑容或愁容的虚线表示程序结束，即是否幸存。在五种可能的结果中，只有一种成功地幸存

用户输入一个单词就表示做出一个选择。用户看到的路径取决于被选中的单词。用户将继续做出选择，直到出现最终的结果。

程序清单 15.3 提供了与图 15.1 相关联的代码，该段代码中只有一条路径能够幸存。用户必须输入 LEFT，接着输入 CRAB，然后输入 YES，再输入 TREE，最终输入 NO。其他任何选项都会导致程序显示一条信息，提示用户未能成功地在岛上幸存。

程序清单 15.3　一种可能的选择自己的冒险游戏代码

```python
print("You are stuck in a sand ditch.")
print("Crawl out LEFT or RIGHT.")
                                        ❶ 第一个选项

do = input(":: ")
if do == "LEFT":
    print("You see a STARFISH and a CRAB on the sand.")
    print("And you're hungry! Which do you eat?")

    do = input(":: ")              ❷ ❶的 if 分支的选项
    if do == "STARFISH":
        print("Oh no! You immediately don't feel well.")
        print("You do not survive :(")       ❸ ❶的 elif 分支的选项
    elif do == "CRAB":
        print("Raw crab should be fine, right? YES or NO.")

        do = input(":: ")              ❹ ❸的 if 分支的嵌套选项
        if do == "YES":
            print("Ok, You eat it raw. Fingers crossed.")
            print("Food in your belly helps you see a TREE.")

            do = input(":: ")          ❺ 没有选项，只有一种可能性
            if do == "TREE":
                print("It's a coconut tree! And you're thirsty!")
                print("Do you drink the coconut water? YES OR NO.")

                do = input(":: ")
                if do == "YES":
                    print("Oh boy. Coconut water and raw crab don't mix.")
                    print("You do not survive :(")

                elif do == "NO":
                    print("Good choice.")
                    print("Look! It's a rescue plane! You made it! \o/")

        elif do == "NO":
```

❻ ❺的选项

❼ ❸的 elif 分支的嵌套选项

```
            print("Well, there's nothing else left to eat.")
            print("You do not survive :(")
```

第一个选项

```
elif do == "RIGHT":
    print("No can do. That side is very slippery.")
    print("You fall very far into some weird cavern.")
    print("You do not survive :(")
```

15.4　总结

　　在本章中，我们的目标是学习使用条件语句编写一个游戏程序。在这个程序中，用户可以做出选择，努力在程序开始时所规划的场景中生存。为了给不同的选项创建路径，程序允许用户在已经做出一个选择之后再次做出另一个选择，这个效果是通过嵌套的条件实现的。下面是本章的一些要点。

■　条件向为户提供了选择。

■　嵌套的条件非常适用于在做出一个选择之后再从一组选项中做出选择。

第 5 部分

重复执行任务

在本书的第 4 部分，我们学习了怎样编写根据用户的输入或者程序内部计算的结果自动做出选择的代码。在本书的第 5 部分，我们将学习编写能够自动重复执行一条或多条语句的代码。

我们常常发现自己需要在代码中重复执行一些相同的任务。计算机并不在乎我们要求它做什么，而且它尤其擅长快速完成同一个任务。我们将了解如何充分使用这个特性编写代码以让计算机帮助我们完成重复的任务。

在第 5 部分的阶段性项目中，我们将编写一个程序来显示根据一组字母可以组合的所有单词。我们可以在玩拼字游戏的时候使用这个程序来从中挑选最合适的单词。

第 16 章　用循环重复任务

在学完第 16 章之后，你可以实现下面的目标。

- 理解一行代码重复执行的概念
- 在程序中编写循环
- 重复固定次数的操作

到目前为止我们所看到的程序中所有的语句最多执行一次。在本书的第 4 部分，我们学习了在程序中添加决策点，该决策点可以打断程序的流程，使程序针对不同的输入做出不同的反应。这种决策点是由条件语句所实现的，它在符合某个条件时会额外执行一段其他代码。

这种类型的程序仍然属于线性类型。语句自上而下执行，一条语句可能会被执行也可能不会被执行，但最多只能执行一次。因此，程序中语句能够被执行的最多次数就是它在程序中的出现次数。

『场景模拟练习』

现在是新的一年，我决心每天做 10 个俯卧撑和 20 个仰卧起坐。观察下面的流程图，确定一年内所做的俯卧撑和仰卧起坐的数量。

这个流程图描绘了怎样重复某些任务。俯卧撑重复 10 次，仰卧起坐重复 20 次。一年 365 天中每一天都要重复这些俯卧撑和仰卧起坐运动。

[答案]

3650 个俯卧撑和 7300 个仰卧起坐。

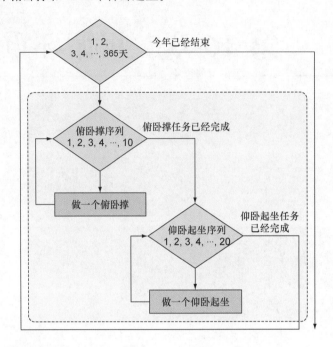

16.1 重复一个任务

计算机的威力来自它们能够快速进行计算。根据我们目前为止所学习的知识,如果我们想要执行一条与另一条语句稍有不同的语句,必须在程序中输入该语句,这样解释器可以把它看成一条独立的命令。这种做法完全违背了让计算机为我们做事的初衷。在本章中,我们将创建循环,它会告诉解释器多次重复某个特定的任务(由一组语句表示)。

16.1.1 在程序中引入非线性结构

在日常生活中,我们常常需要重复某个任务,这些任务之间只有微小的区别。例如,当我们上班或上学时,可能会依次和别人打招呼:"Hi Joe""Hi Beth"和"Hi Alice"。在这些重复任务中,有些部分是相同的(单词 Hi),但每次重复都有微小的区别(人名)。另一个例子是洗发液的瓶子上可能会提示"起泡、漂洗和重复"。起泡和漂洗可以看作在每次重复时都要按顺序完成的更小的子任务。

计算机的诸多用途之一就是它们能够在很短的时间内完成大量的计算。完成重复性的任务正是计算机所擅长的。编写代码完成诸如播放歌单中的每首歌这样的任务是非常容易的。每种编程语言都提供了一种方式告诉计算机怎样重复一组特定的命令。

16.1.2　无限循环

计算机只会做那些我们告诉它们做的事情，因此我们在编写指令时必须小心谨慎并且定义明确。计算机不会猜测我们的意图。假设我们编写一个程序实现"起泡、漂洗和重复"过程。假设我们以前从来没有用过洗发液，只是遵循这些指示，而不考虑其他任何逻辑或理由。注意，这种指令有什么错误吗？它没有明确说明在什么时候停止"起泡和漂洗"步骤。"起泡和漂洗"应该进行多少次呢？如果没有明确的重复次数，我们什么时候应该停止它？这种特别指令的含糊之处在于，一旦我们告诉计算机执行这些指令，它将会无限制地执行"起泡和漂洗"过程。一种更好的指令是"根据需要起泡和漂洗"。图 16.1 的流程图展示了当我们告诉计算机执行"起泡、漂洗和重复"并添加了"根据需要"条件以防止无限重复所产生的后果。

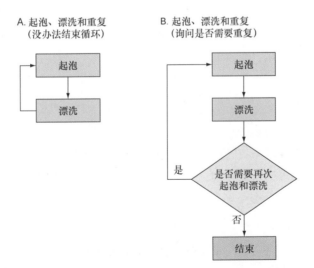

图 16.1（A）不会终止的起泡、漂洗和重复指令与（B）在每次重复之后询问是否需要再次起泡、漂洗和重复的指令之间的区别

由于计算机只会执行它们被告知的指令，因此它们无法自行决定是否执行一组命令。在告诉计算机重复执行命令（我们希望这组命令执行固定的次数，还是根据某个条

件来确定是否再次重复）时，必须小心谨慎。在起泡和漂洗这个例子中，"根据需要"就是一个确定是否需要继续执行起泡和漂洗的条件。另外，我们也可以指定执行 3 遍起泡和漂洗然后停止。

像程序员一样思考

　　人类在不同的场合可以通过推断弥补知识缺口，而计算机只会执行它被告知的指令。在编写代码时，计算机将会执行我们根据编程语言的规则所编写的所有指令。代码并不会自己产生缺陷。如果代码中存在缺陷，那是程序员的缘故。第 36 章讨论了对程序进行调试的正式方法。

16.2　循环一定的次数

　　在编程中，我们通过循环来实现重复的功能。防止程序陷入无限循环的一种方式是指定重复的次数。这种类型的循环称为 for 循环。

for 循环

　　在 Python 中，关键字 for 表示执行固定次数的循环。我们首先了解一下怎样使用这个关键字多次重复一条命令：

```
不使用循环                      使用循环
print("echo")                  for i in range(4):
print("echo")                      print("echo")
print("echo")
print("echo")
```

　　如果不使用循环，我们必须根据自己的需要多次重复同一条命令。在这个例子中，这条命令是打印单词 echo 4 次。但是，使用循环，我们可以把代码压缩为 2 行：第 1 行告诉 Python 解释器重复一条特定命令的次数，第 2 行告诉解释器需要重复的命令。

即学即测 16.1

1．编写一段代码，在不同的行打印 crazy 这个单词 8 次。

2．编写一段代码，在不同的行打印 centipede 这个单词 100 次。

　　现在，假设我们正在玩一种桌上游戏。现在轮到我们玩了，我们必须掷 3 次骰子。在每次掷骰子之后，我们必须把自己的棋子移动掷骰子的结果所指定的步数。假设我们依次掷出了 4、2 和 6。

图 16.2 展示了每个步骤的流程图。因为只掷 3 次,所以很容易对这个游戏进行建模,只要编写命令执行掷骰子并移动棋子,并重复这两个步骤 3 次即可。但是,如果玩家可以掷 100 次,这种做法就会显得枯燥乏味。我们最好通过一个 for 循环对玩家的操作进行建模。

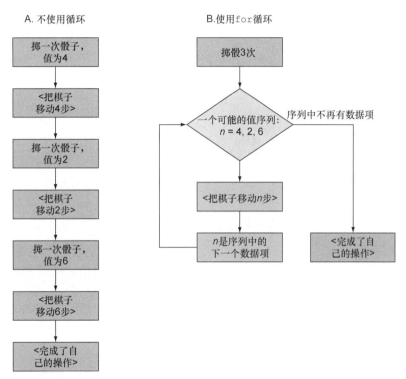

图 16.2 在(A)和(B)中,我们掷 3 次骰子,得到的结果分别是 4、2 和 6。(A)表示怎样明确地编写一步步的命令来移动棋子。(B)显示了怎样通过使用一个 **for** 循环来实现相同的结果,它对表示掷骰子结果的值序列进行遍历,用变量 n 表示掷骰子的点数

玩家掷骰子 3 次可以得到一个点数序列,我们用变量 n 表示掷骰子的点数。这个循环对表示掷骰子的序列进行迭代,从第一个点数开始(此时 $n = 4$)。变量 n 表示棋子的移动步数,因此我们把棋子移动 n 步。接着我们进入序列中的下一个点数 $n = 2$,并把棋子移动 2 步。最后,我们进入序列中的最后一个点数 $n = 6$,并把棋子移动 6 步。由于序列中不再有其他点数,因此不再移动棋子,本方这一回合结束。

程序清单 16.1 展示了 for 循环的基本结构。图 16.3 的流程图展示了这个结构的可视化表现形式。它的思路就是预先提供一个值序列。循环体的重复执行次数是由这个值

序列决定的。每次重复时，我们把循环变量的值修改为这个值序列中的下一个值。当我
们用完了这个序列中的所有值时，这个循环就停止重复。

程序清单 16.1　for 循环的基本方式

```
for <loop_variable> in <values>:
    <do something>
```

表示循环的开始。<loop_variable>有
顺序地取<values>中每个数据项的值

根据<values>中的每个
数据项所执行的代码块

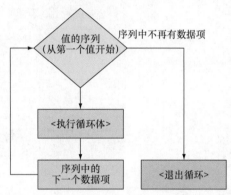

图 16.3　**for** 循环的基本方式。首先从值序列的第一个数据项开始，并使用该数据项执行循环体。然后
取值序列的下一个数据项，并使用该数据项执行循环体。遍历完值序列中的每个数据项并使用它们执行
循环体之后，循环结束

for 循环由两个部分组成：for 循环行的定义以及需要执行一定次数的代码块。

关键字 for 告诉 Python 有一段代码将会重复执行一定的次数。在这个关键字的后
面需要命名一个循环变量，它可以是任何合法的变量名。在每次重复代码时，这个循环
变量都会自动更改自己的值，依次取关键字 in 后面的值序列中的下一个值。

和条件语句一样，循环也采用了缩进。缩进的代码块告诉 Python 这个代码块中的
所有代码都是这个循环的一部分。

16.3　循环 N 次

在 16.2 节中，我们对值序列并没有施加任何限制。让循环的值序列遵循某种模式也
是非常实用的。一种常见且实用的模式是值序列中的数据项呈线性递增关系：1、2、3……

直到某个值 N。由于在计算机科学中，计数是从 0 开始的，因此更基本的数值序列是 0、1、2……直到某个值 N − 1，整个序列一共有 N 个值。

16.3.1 常见的 0 到 N − 1 的循环

如果想要循环 N 次，可以把程序清单 16.1 中的 <values> 替换为表达式 range(N)，其中 N 是整数，range 是 Python 中的一个特殊词。表达式 range(N) 产生的结果是序列 0、1、2、3、…、N − 1。

> **即学即测 16.2** 下面各语句的结果相当于什么值序列?
>
> 1. range(1)
>
> 2. range(5)
>
> 3. range(100)

程序清单 16.2 展示了一个简单的 for 循环，它重复打印循环变量 v 的值。在程序清单 16.2 中，循环变量是 v，这个循环变量所取的值序列是由 range(3) 指定的，循环体是一条 print 语句。

当程序清单 16.2 的程序运行时，它首先遇到 range(3) 的 for 循环。它首先把 0 赋值给循环变量 v 并执行 print 语句。接着，它把 1 赋值给循环变量 v 并执行 print 语句。然后，它把 2 赋值给循环变量 v 并执行 print 语句。在这个例子中，这个过程重复了 3 次，有效地把循环变量依次赋值为 0、1、2。

程序清单 16.2 一个打印循环变量的值的 for 循环

```
for v in range(3):            ◄────── v 是循环变量
    print("var v is", v)      ◄────── 打印循环变量
```

我们可以用一个不同的变量 (例如 n_times) 而不是具体的数字 3 对程序清单 16.2 的行为进行归纳。这个循环所产生的值序列是由 range(n_times) 所定义的，它的循环体将重复执行 n_times 次。当循环变量每次取不同的值时，代码块内部的语句将会被执行。

16.3.2 展开循环

我们还可以用一种不同的方式对循环进行思考。程序清单 16.3 展示了怎样展开一个循环 (编写重复步骤)，观察 Python 具体是怎样执行程序清单 16.2 的代码的。在程序清单 16.3 中，我们看到变量 v 被赋值为一个不同的值。打印变量的代码行对于每个不同的 v 值都是一样的。这段代码低效、乏味，并且容易产生错误，因为打印变量 v 的代

码行被重复了多次。用循环代替这段代码显然效率更高，并且代码也更容易编写和阅读。

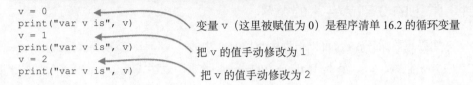

程序清单 16.3　程序清单 16.2 的展开形式

```
v = 0
print("var v is", v)                变量 v（这里被赋值为 0）是程序清单 16.2 的循环变量
v = 1
print("var v is", v)                把 v 的值手动修改为 1
v = 2
print("var v is", v)                把 v 的值手动修改为 2
```

16.4　总结

在本章中，我们的目标是理解循环的重要性。我们看到了 for 循环的作用，学习了怎样在代码中创建一个 for 循环。从高层面上观察，for 循环相当于把它的代码块内部的代码重复执行一定的次数。循环变量是一种特殊的变量，它在循环每次重复时会依次取循环的值序列中的每个值。

循环的值序列可以是一系列的整数。我们看到可以通过表达式 range(N) 创建一种特殊的值序列，其中 N 是整数。这个表达式所创建的值序列是 0、1、2、3、……、N − 1。

下面是本章的一些要点。

■ 循环是非常实用的，可以用于编写简捷易读的代码。

■ for 循环使用一个循环变量，它从一个值序列中取值，这些数据项可以是整数。

■ 当值序列中的数据项是整数时，可以用一种特殊的 range 表达来创建特殊的序列。

16.5　章末检测

问题 16.1　编写一段代码，要求用户输入一个数字。然后编写一个循环，每次重复打印 Hello，重复的次数由用户输入的数字所决定。如果不使用 for 循环，能够实现这样的代码吗？

第 17 章　自定义的循环

在学完第 17 章之后，你可以实现下面的目标。

- 编写更复杂的 for 循环，它的起始值和终止值是自定义的
- 编写对字符串进行迭代的循环

　　编写程序的目的是使生活变得更轻松，但这并不意味着程序员编写程序的体验必定是沉闷的。许多编程语言提供了额外的自定义功能用于创建语言结构，程序员可以充分利用这些结构来更有效率地编写代码。

『场景模拟练习』

　　为自己的配偶整理在一整年内将要观看的电影列表，其中，每部奇数编号的电影是动作片，每部偶数编号的电影是喜剧片。

- 可以遵照哪种可靠的模式，确保能够观看列表中的每部喜剧片？
- 可以遵照哪种可靠的模式，确保能够观看列表中的每部动作片？

[答案]

- 从电影列表的第 2 部电影开始，每隔一部观看列表中的电影。
- 从电影列表的第 1 部电影开始，每隔一部观看列表中的电影。

17.1 自定义的循环

在使用 range 关键字时，我们可以指定起始值、终止值和步进大小。range(start, end, step) 的括号中至少取 1 个数，最多取 3 个数。它的编号规则类似于字符串的索引，具体如下。

- 第一个数表示起始索引值。
- 中间那个数表示终止索引值，但代码不会针对该索引值执行程序。
- 最后一个数表示步进大小（即每次"跳过多少个数"）。

我们可以记住下面的经验法则。

- 如果括号内只有 1 个数，它对应于 range(start, end, step) 中的 end。start 默认为 0，step 默认为 1。
- 如果括号内只有 2 个数，它对应于 range(start, end, step) 中的 start 和 end（按这个顺序）。step 默认为 1。
- 如果括号内有 3 个数，它对应于 range(start, end, step) 中的 start、end 和 step（按这个顺序）。

下面是一些 range 的用法示例以及对应的值序列。

- range(5) 相当于 range(0,5) 和 (0,5,1)，产生的值序列是 0、1、2、3、4。
- range(2,6) 产生的值序列是 2、3、4、5。
- range(6,2) 不会产生值序列。
- range(2,8,2) 产生的值序列是 2、4、6。
- range(2,9,2) 产生的值序列是 2、4、6、8。
- range(6,2,-1) 产生的值序列是 6、5、4、3。

即学即测 17.1   下面这些表达式将产生什么样的值序列？如果想要在 Spyder 中检验自己的答案，可以编写一个循环来对这些范围值进行迭代，并打印循环变量的值。

1. range(0,9)
2. range(3,8)
3. range(-2,3,2)
4. range(5,-5,-3)
5. range(4,1,2)

---

for 循环可以对任何值序列进行迭代，而不仅仅是数字。例如，字符串是一个字符序列。

17.2　对字符串进行循环

我们知道，循环变量在每次迭代时依次取一个值序列中每个数据项的值。对数字 0、1、2 进行迭代的循环变量在第一次循环时取 0 这个值，在第二次循环时取 1 这个值，在第三次循环时取 2 这个值。如果我们对一个字符串中的字符序列进行迭代，循环变量所取的值序列不是 0、1、2，而是 a、b、c 之类。在这种情况下，对字符序列进行迭代的循环变量在第一次循环时取 a 这个值，在第二次循环时取 b 这个值，在第三次循环时取 c 这个值。

在 16.2 节中，我们看到了在 for 循环中所使用的 in 关键字。这里的 in 关键字是在我们想对一个值序列进行迭代时使用的。在 16.3 节中，值序列中的值是从数字 0 到 $N-1$。in 关键字还可以对字符串中的字符进行迭代，如程序清单 17.1 所示。假设有一个字符串"abcde"，我们可以把它看成由字符 a、b、c、d 和 e 所组成的序列。

程序清单 17.1　对一个字符串中的每个字符进行迭代的 for 循环

```
for ch in "Python is fun so far!":          ◀──────  ch是循环变量
    print("the character is", ch)           ◀──────  打印循环变量
```

我们所创建的任何字符串都具有固定的长度，因此对一个字符串中的所有字符进行迭代的 for 循环所执行的重复次数就是字符串的长度。在程序清单 17.1 中，ch 是循环变量，它可以是任意合法的 Python 变量名。我们所迭代的字符串的长度是 21，因为空格和标点符号也被认为是字符。

程序清单 17.1 中的 for 循环重复 21 次，变量 ch 每次取字符串"Python is fun so far! "中的每个不同字符。在这个循环的代码块中，我们在 Python 控制台中打印循环变量的值。

> **即学即测 17.2**　编写一段代码，要求用户输入信息。接着编写一个循环，对用户输入的每个字符进行迭代。当它每遇到一个元音字母时就打印出 vowel。

程序清单 17.1 所描绘的方法是一种对字符串中的每个字符进行迭代的直观方式。当我们处理字符串中的字符时，首先应该想到的就是这种方法。

如果 Python 不允许我们直接迭代字符串中的字符，我们就必须使用一个循环变量来对一个整数序列进行迭代，这些整数表示每个字符的位置，从 0、1、2 直到字符串的长度减 1。程序清单 17.2 使用这个技巧对程序清单 17.1 进行了改写。在程序清单 17.2 中，我们必须为字符串创建一个变量，以便之后在循环的代码块内部访问字符串。这个循环仍将重复 21 次，区别在于现在循环变量的取值依次为 0、1、2、…、20，分别表示

字符串的每个索引位置。在循环的代码块内部，我们必须对字符串变量进行索引操作才能找到每个索引的字符。这段代码有点啰唆，不如程序清单 17.1 直观。

程序清单 17.2　对字符串的每个索引进行迭代的 for 循环

```
my_string = "Python is fun so far!"      │ 用变量存储字符串以及它的长度
len_s = len(my_string)              ◀──────── 在 0 到 len_s - 1 范围内迭代
for i in range(len_s):
    print("the character is", my_string[i])  ◀──── 取字符串的索引
```

图 17.1 展示了程序清单 17.1（A）和程序清单 17.2（B）的流程图。当我们直接对字符进行迭代时，循环变量取字符串中的每个字符。当我们通过索引进行迭代时，循环变量所取的值从 0 到字符串的长度减 1。由于循环变量包含了整数，因此我们必须通过整数来获取字符串的索引值，以提取该位置的字符。这个额外的步骤是通过 my_string[i] 完成的。注意，我们在程序清单 17.2 中必须记录更多的信息。但是在程序清单 17.1 中，循环变量已经直接知道了字符的值。

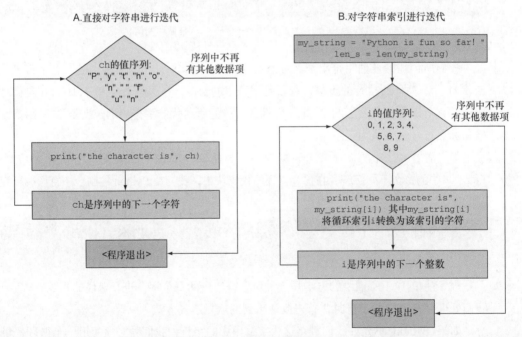

图 17.1　程序清单 17.1 的流程图（A）和程序清单 17.2 的流程图（B）的比较。在（A）中，循环变量 **ch** 取每个字符的值。在（B）中，循环变量取范围为从 0 到字符串的长度减 1 的整数值，表示字符串的索引位置。在（B）中，循环体中有一个额外的步骤把循环索引转换为循环索引的字符

像程序员一样思考 ────

　　编写行数很多的代码或者看上去非常复杂的代码并不会让我们成为更优秀的程序员。Python 是一种非常优秀的入门语言，因为它的代码非常容易理解。因此，我们在编写代码时应该遵循这个思路。如果我们发现自己正在编写复杂的代码来实现简单的任务或者多次重复完成同一个任务，就需要进行反思，要在纸上画出自己想要实现的目标。我们可以通过互联网查询 Python 是否提供了非常简单的方式可以完成我们想要完成的任务。

17.3　总结

　　在本章中，我们的目标是理解值序列可以是一系列的整数。我们看到了可以通过改变值序列的起始值或终止值甚至跳过一些数字，来对 range 表达式进行自定义。值序列也可以是一系列的字符。我们看到了如何编写代码来利用这个功能，从而可以直接对字符串中的字符进行迭代。下面是本章的一些要点。

- for 循环使用一个循环变量，它的值取自一个值序列。这个值序列中的数据项可以是整数或字符。
- 当值序列中的数据项是整数时，我们可以使用一种特殊的 range 表达式创建一种特殊的值序列。
- 当值序列中的数据项是字符时，循环变量直接对字符串中的字符进行迭代，而不是使用字符串的索引作为媒介。

17.4　章末检测

　　问题 17.1　编写一个程序，对 1 到 100 之间的所有偶数进行迭代。如果当前的值还可以被 6 整除，就把计数器的值加 1。在程序的最后，打印出偶数的数量以及能够被 6 整除的数的数量。

　　问题 17.2　编写一个程序，要求用户输入一个数 n。然后使用循环反复打印一条信息。例如，如果用户输入了 99，程序应该打印出下面的内容：

```
99 books on Python on the shelf  99 books on Python
Take one down, pass it around, 98 books left.
98 books on Python on the shelf  98 books on Python
Take one down, pass it around, 97 books left.
... < 以此类推 >
1 book on Python on the shelf 1 book on Python
Take one down, pass it around, no more books!
```

问题 17.3   编写一个程序，要求用户输入一些名字（名字之间用一个空格分隔）。这个程序应该为每个输入的名字打印一条打招呼信息，并用换行符分隔。例如，如果用户输入 Zoe Xander Young，程序应该打印出 Hi Zoe，接着在下一行打印出 Hi Xander，再在下一行打印出 Hi Young。这个问题稍稍有点复杂。我们可以重温字符串的有关知识，并使用一个循环观察用户所输入的每个字符，并把到空格为止的字符保存在一个表示名字的变量中。不要忘了在看到空格时重置名字变量！

第 18 章 在条件满足时一直重复任务

在学完第 18 章之后，你可以实现下面的目标。
- 掌握在程序中编写循环的另一种语法
- 在满足某个条件时重复一些操作
- 早早退出循环
- 在循环中跳过一些语句

在前两章中，我们假设自己已经知道一段代码需要重复的次数。但是，我们还可以假设另一种场景。我们与朋友一起玩游戏，朋友试图猜测我们心中所想的一个数。我们预先能够知道他会在第几次猜中吗？显然不能。我们需要不断要求他重新猜测，直到他猜中为止。在这个游戏中，我们并不知道这个任务的重复次数。因为不知道重复次数，所以无法使用 for 循环。Python 提供了另一种类型的循环用于这种场合，它就是 while 循环。

『场景模拟练习』

只使用下面的场景所提供的信息，能不能知道任务需要重复的最多次数？
- 有 5 个电视频道，我们通过向上箭头浏览每个频道，直到浏览了所有频道的内容。
- 吃饼干，直到盒子里没有饼干剩余。

- 每次看到大众甲壳虫汽车时就叫喊一声"punch buggy"①。
- 在自己的慢跑听歌列表中点击"下一首"，直到听了 20 首歌。

[答案]

- 是
- 是
- 否
- 是

18.1　在条件为真时保持循环

如果一个任务的重复次数不确定，for 循环显然并不适用。

18.1.1　通过循环进行猜数

我们从一个猜词游戏开始。我们先想好一个单词，然后让玩家猜这个单词。玩家每次做出猜测时，我们会告诉他们猜测是否正确。如果他们猜错了，就要求他们重新猜测。记录玩家所进行的猜测次数，直到猜中这个单词。图 18.1 展示了这个游戏的流程图。

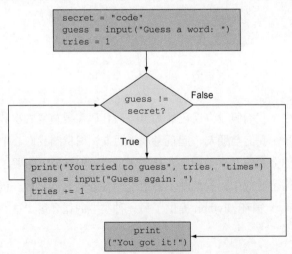

图 18.1　猜词游戏的流程图。用户猜测一个单词。猜词循环由灰色的菱形框表示，它检查用户的输入是否为那个秘密单词。如果是，游戏就结束。如果不是，就告诉玩家猜测错误，要求他们再次输入，并把玩家的猜测次数加 1

①一种游戏，谁在路上见到甲壳虫汽车便可以打对方一拳，对方不能还手。——译者注

程序清单 18.1 展示了这个游戏的一种代码实现。用户试图猜测程序员所选定的一个秘密单词。用户首先输入一个单词作为他的猜测。当程序第一次执行到 while 循环时，就把用户的猜测与这个秘密单词进行比较。如果用户的猜测不正确，就进入由 3 行代码组成的 while 循环代码块。我们首先打印出目前为止用户的猜测次数，然后要求用户再次进行猜测。注意，用户的猜测被赋值给变量 guess，它在 while 循环的条件中用于检查用户的猜测与秘密单词是否相同。最后，我们把猜测计数器加 1，确保正确记录了用户所进行猜测的次数。

程序清单 18.1　一个猜词游戏的 while 循环例子

```
secret = "code"
guess = input("Guess a word: ")
tries = 1
while guess != secret:                检查用户的猜测是否与秘密单词不同
    print("You tried to guess", tries, "times")    要求用户再次进行猜测
    guess = input("Guess again: ")
    tries += 1
print("You got it!")                  当用户猜测正确时到达这里
```

在这 3 行代码执行完毕之后，我们再次检查 while 循环的条件，这次是核对用户最新的猜测。如果用户仍然猜错了秘密单词，程序就不会越过 while 循环和它的代码块。当用户正确地猜中了这个单词时，while 循环的条件就变成了假，while 循环的代码块就不会被执行。此时，我们就跳过这个 while 代码块，跳转到紧随 while 循环及其代码块之后的语句，并打印一条祝贺信息。在这个游戏中，我们必须使用 while 循环，因为我们不知道用户会猜错几次。

现在，我们应该注意到代码块必须包含一条语句来改变条件本身。如果代码块与条件无关，就会陷入无限循环。在程序清单 18.1 中，我们要求用户输入另一个单词，对用户的猜测进行更新。

18.1.2　while 循环

在 Python 中，开始一个 while 循环的关键字正是 while。程序清单 18.2 展示了编写 while 循环的基本方式。

程序清单 18.2　编写 while 循环的基本方式

```
while <条件>:                表示循环的开始
    <执行一些操作>
```

当 Python 第一次遇到 while 循环时，它检查条件是否为真。如果是，它就进入

while 循环的代码块并执行该代码块中的语句。执行完这个代码块的语句之后，它再次对条件进行检查。只要条件为真，它就会再次执行 while 循环中的代码块。

> **即学即测 18.1**　编写一段代码，要求用户输入 1 到 14 之间的一个数。如果用户猜对了，就打印出 You guessed right, my number was 并打印这个数。否则，就要求用户再次进行猜测。

18.1.3　无限循环

使用 while 循环时，有可能会出现永远不会结束的代码。例如，下面这段代码将会无限制地打印 when will it end?!：

```
while True:
    print("when will it end?!")
```

程序陷入这样的长期运行状态会拖慢计算机的运行速度。但是，如果真的出现了这种情况，也不必惊慌！我们可以采用一些方法手动停止那些陷入无限循环的程序，如图 18.2 所示。我们可以执行的操作如下所示。

- 单击控制台顶部的红色方块。
- 在控制台中单击，并按 Ctrl+C 键（按住 Ctrl 键的同时按下 C 键）。
- 单击控制台中的菜单（在红色方块旁边）并选择 Restart kernel（重启内核）。

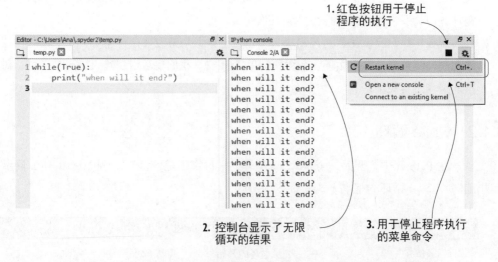

图 18.2　为了手动退出一个无限循环，可以单击红色方块或按 Ctrl+C 键，或者从红色方块边上的控制台菜单中选择 Restart kernel

18.2 **for 循环和 while 循环的比较**

所有的 for 循环都可以转换为 while 循环。for 循环迭代一定的次数，为了把它转换为 while 循环，需要增加一个变量，在 while 条件中检查变量的值。这个变量的值在 while 循环每次执行时都会改变。程序清单 18.3 并排展示了一个 for 循环和一个 while 循环。显然，while 循环看上去更为冗长。我们必须自己初始化一个循环变量，否则 Python 就不知道我们在循环中所表示的变量 x 是什么。我们还必须增加这个循环变量的值。如果是 for 循环，Python 会自动为我们完成这两个步骤。

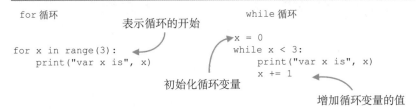

程序清单 18.3 一个 for 循环写成 while 循环的形式

```
for 循环                              while 循环

for x in range(3):                   x = 0
    print("var x is", x)             while x < 3:
                                         print("var x is", x)
                                         x += 1
```

表示循环的开始
初始化循环变量
增加循环变量的值

在程序清单 18.3 中，我们必须创建另一个变量。我们必须在 while 循环的内部手动地增加这个变量的值，而 for 循环会自动增加循环变量的值。图 18.3 展示了程序清单 18.3 的可视化表现形式。

所有的 for 循环都可以转换为 while 循环，但并不是所有的 while 循环都可以转换为 for 循环，因为有些 while 循环的重复次数并不固定。例如，当我们要求用户进行猜数时，我们并不知道用户会进行多少次猜测，因此无法知道在 for 循环中使用什么样的值序列。

即学即测 18.2 用 for 循环改写下面的代码：

```
password = "robot fort flower graph"
space_count = 0
i= 0
while i < len(password):
    if password[i] == " ":
        space_count += 1
    i += 1
print(space_count)
```

像程序员一样思考

在编程中，程序员通常可以采用多种方法完成同一个任务。有些方法比较简捷，有些方法则比较复杂。优秀的 Python 程序员应该寻找尽可能简捷的方法编写代码，同时使代码更容易理解。

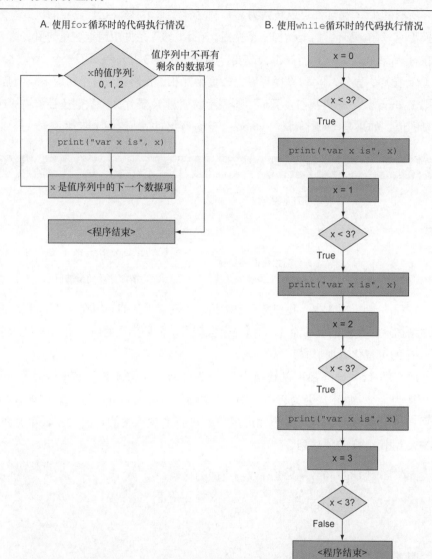

图 18.3（A）展示了在循环每次迭代时打印循环变量值的 **for** 循环的代码。（B）展示了对应的 **while** 循环的代码以及当 **for** 循环被转换为 **while** 循环时，循环变量是怎样改变它的值的。我们必须自己创建循环变量，并在 **while** 的循环体内增加它的值。另外，我们还必须以变量的函数形式编写一个条件，使这个 **while** 循环的代码块重复执行 3 次

18.3　对循环进行控制

我们已经了解了 for 循环和 while 循环的基本结构。它们的行为是简单直接的，但是存在一些小小的限制。如果使用 for 循环，当值序列中仍然有剩余的数据项（整数或字符）时，循环剩下的迭代次数与这个剩余数量是一样多的。而在 while 循环中，唯一能够让 while 循环终止的方法是让它的条件变为假。

但是，在编写更为复杂的代码时，我们可能想要提供选项，以允许提前退出循环。或者当 while 循环的代码块内部发生了一个与 while 循环的条件无关的事件时，我们可能想要早早退出循环。

18.3.1　提前退出循环

我们所知道的退出 while 循环的唯一方法是让 while 循环的条件变为假。但是，我们常常需要提前退出一个循环（包括 for 循环和 while 循环）。Python 提供了一个关键字 break，它允许 Python 在执行到这个关键字时退出循环，即使 while 循环的条件仍为真。程序清单 18.4 展示了使用 break 关键字的一个代码例子。

在程序清单 18.4 中，我们看到循环体内有一个额外的条件，它检查用户的猜测次数是否达到了 100 次。当这个条件为真时，就打印出一条信息并退出循环。当程序执行到 break 语句时，循环就会立即终止，循环体内 break 语句之后的所有语句都不再执行。由于现在存在并不是因为用户猜对单词而退出循环的可能性，因此我们必须在循环的后面增加一个条件检查循环为什么终止。

程序清单 18.4　使用 break 关键字

```
secret = "code"
max_tries = 100
guess = input("Guess a word: ")
tries = 1
while guess != secret:
    print("You tried to guess", tries, "times")
    if tries == max_tries:
        print("You ran out of tries.")
        break
    guess = input("Guess again: ")
    tries += 1
if tries <= max_tries and guess == secret:
    print("You got it!")
```

当循环次数达到 max_tries 次时退出循环

检查退出循环的原因

为什么这段代码在 while 循环的后面要增加一条额外的 if 语句呢？考虑可能发生的两种情况：一种是用户猜对了秘密单词，另一种是用户的猜测次数达到了上限。不管是哪种情况，程序都会终止 while 循环，并接着执行 while 循环代码块之后的任何语句。只有当退出循环的原因是用户猜中单词时，我们才想要打印一条祝贺信息。这条祝贺信息必须出现在 while 循环终止之后，但我们不能就这么简单地打印这条信息，因为 while 循环也有可能是因为用户的未猜中次数达到上限之后终止的，而我们并不知道 while 循环是由于什么原因退出的。

我们需要增加一个条件，检查用户的未猜中次数没有达到上限并且猜中了秘密单词。这个条件保证用户的未猜中次数仍有剩余，程序退出循环是因为用户猜中了秘密单词而不是因为他的未猜中次数已经到达了上限。

像程序员一样思考

创建变量保存打算在代码中多次使用的值是一个良好的思路。在程序清单 18.4 中，我们创建了一个名为 max_tries 的变量，用于保存允许用户进行猜测的最多次数。如果以后想要修改这个值，只需要在一个地方修改（对它进行初始化的地方），而不需要在代码中所有使用它的地方都进行修改。

---

break 语句对于 for 循环和 while 循环都是适用的。它可以用于许多场合，但我们在使用它时必须小心。如果循环的内部还有循环，只有 break 语句所在的那个循环会被终止。

即学即测 18.3　编写一个程序，使用一个 while 循环要求用户猜测我们所选择的一个秘密单词。用户可以进行 21 次猜测，如果用户猜对就结束程序。如果用户猜了 21 次仍未猜中，就退出循环并打印一条适当的信息。

18.3.2　回到循环的开始位置

之前所讨论的 break 语句会导致循环中的剩余语句都被跳过，程序接着执行循环之后的语句。

另一种情况是我们想要跳过循环体内的剩余语句并回到循环的开始位置，并再次对循环的条件进行检查。为了实现这个目的，我们使用 continue 关键字。使用这个关键字常常是为了让代码看上去更清晰。观察程序清单 18.5，两个版本的代码都完成同一个任务。在第一个版本中，我们使用嵌套的循环确保所有的条件都得到了满足。在第二个版本中，continue 关键字跳过循环体内剩余的所有语句并快速回到循环的开始位置，用值序列中的下一个 x 开始新的循环。

程序清单 18.5　对使用和不使用 continue 的代码进行比较

```
### 某段代码的第 1 个版本 ###
x = 0
for x in range(100):
    print("x is", x)
    if x > 5:
        print("x is greater than 5")
        if x%10 != 0:
            print("x is not divisible by 10")
            if x==2 or x==4 or x==16 or x==32 or x==64:
                print("x is a power of 2")
                # 其他代码


### 某段代码的第 2 个版本 ###
x = 0
for x in range(100):
    print("x is", x)
    if x <= 5:
        continue
    print("x is greater than 5")
    if x%10 == 0:
        continue
    print("x is not divisible by 10")
    if x!=2 and x!=4 and x!=16 and x!=32 and x!=64:
        continue
    print("x is a power of 2")
    # 其他代码
```

当 x > 5 时到达这里

当 x%10 ! = 0 时到达这里

当 x 为 2、4、16、32
或 64 时到达这里

跳过剩余的循环语句

在程序清单 18.5 中，我们编写了同一段代码的两个版本，分别是不使用 continue 的版本和使用 continue 的版本。在使用 continue 关键字的版本中，当条件为真时，循环内的所有剩余语句都被跳过。我们回到循环的开始位置，并把值序列中的下一个值赋值给 x，就像循环体内的语句完成了执行一样。但是在不使用 continue 关键字的版本中，我们需要更多复杂的语句而不是像前一个版本那么简捷。如果我们需要在一连串嵌套的条件为真时执行大量的代码，那么可以选择 continue 关键字，它在这种场合非常实用。

18.4   总结

在本章中，我们的目标是学习怎样用 while 循环重复执行特定的任务。while 循环在某个特定的条件为真时重复执行某些任务。

我们可以把 for 循环转换为 while 循环，但反过来的操作不一定可行，这是因为 for 循环重复固定的次数，但进入 while 循环体的条件并非已知，它的循环次数并不固定。在本章的例子中，我们以用户所输入的值是否符合要求作为循环的条件。由于我们并不知道用户会输入多少次错误的值，因此这种场合适合使用 while 循环。

我们还看到了如何在循环内部使用 break 语句和 continue 语句。break 语句终止最内层循环中所有剩余语句的执行。continue 语句跳过最内层循环中的所有剩余语句，并从最内层循环的开始位置继续执行。下面是本章的一些要点。

- while 循环在一个特定的条件为真时会重复执行。
- for 循环可以转换为 while 循环，但反过来不一定可行。
- break 语句可以永久退出一个循环。
- continue 语句可以跳过循环内的剩余语句并再次检查 while 循环的条件或者进入 for 循环值序列中的下一个数据项。
- 我们可以大胆地在自己的程序中试验 for 循环和 while 循环，就算没有用处也不会有什么不利影响。我们应该尝试一些事物，并把它们组合在一起作为自己的编程任务。

18.5   章末检测

问题 18.1   这个程序有一个 bug，修改其中一行代码避免无限循环。对于几组输入，写下程序所完成的操作以及它的预期效果。

```
num = 8
guess = int(input("Guess my number: "))
while guess != num:
    guess = input("Guess again: ")
print("Right!")
```

问题 18.2   编写一个程序，询问用户是否想要玩一个游戏。如果用户输入 y 或 yes，就提示用户猜一个 1 到 10 之间的整数。这个程序应该持续要求用户进行猜测，直到猜对为止。如果用户猜对了，就打印一条祝贺信息并询问是否继续玩游戏。只要用户输入 y 或 yes，这个过程就会重复进行。

第 19 章 阶段性项目：拼字游戏（艺术版）

在学完第 19 章之后，你可以实现下面的目标。

- 使用条件和循环编写更为复杂的程序
- 理解自己所编写的程序需要完成什么任务
- 在开始编码前构思解决问题的计划
- 把问题分解为更小的子问题
- 为解决方案编写代码

我们与小孩子一起玩一种简化的拼字游戏。对方目前已经赢了游戏的大多数回合，我们意识到这是因为我们并没有从给定的字母卡中挑选到最合适的单词。现在，我们向计算机程序寻求一些帮助。

[问题] 编写一个程序，它告诉我们根据一组字母卡可以组成哪些单词。所有合法的单词集合是英语单词的一个子集（在这个例子中，只包括与艺术有关的单词）。在处理怎样根据给定的字母卡组成最佳单词时，下面是一些需要记住的细节。

- 所有与艺术有关的合法单词都是以字符串的形式提供的。每个单词之间用换行符分隔。字符串根据长度对单词进行组织（从最短到最长）。合法的单词只能包含字母表中的字母（不包含空格、下划线或特殊符号）。例如：

```
"""art
hue
ink
oil
pen
wax
clay
draw
film
...
crosshatching
"""
```

- 字母卡的数量可能会发生变化，它并不是固定的数字。
- 字母卡中的字母并不具备点值，它们的价值相同。
- 字母卡是以字符串的形式提供的。例如，tiles = "hijklmnop"。
- 以字符串元组形式的报告可以组成的所有合法单词，例如（'ink', 'oil', 'kiln'）。

19.1　理解问题陈述

这个编程任务看上去有点复杂，我们尝试把它分解为一些子任务。下面是这个问题的两个主要部分。

- 用我们可以处理的格式表示所有可能的合法单词。从一个长长的字符串中把单词转换为字符串单词的元组。
- 决定所有合法单词列表中的一个单词是否可以由给定的一组字母卡组成。

19.1.1　更改所有合法单词的表示形式

我们首先处理问题的第一部分，第一部分可以帮助我们创建一个包含所有合法单词的元组，以便我们对单词进行后续操作。我们需要完成这个步骤，因为如果按照原来的样子保存合法单词，将是一个巨大的字符串，很难对它进行操作。

提供给我们的所有合法单词都是以字符串的形式出现的。对计算机而言，人们所看到的每一"行"不是一个单词，而是一个长长的字符序列。

1. 画出问题

在一开始的时候，对需要完成的操作画出一张草图总是很有帮助的。字符串看上去具有良好的组织性，我们可以看到分开的单词。但是，计算机并不理解字符串中单词的概念,而只认识单个的字符。计算机所看到的只是`"""art\nhue\nink\noil\n...\n crosshatching"""`这样的东西。

　　我们所看到的行之间的分隔是由一个字符实现的,这个字符称为换行符,用`\n`表示。我们必须找出每个换行符的位置,这样就能分割单词了。图 19.1 展示了我们可以用一种更为系统化的方式思考这个问题。

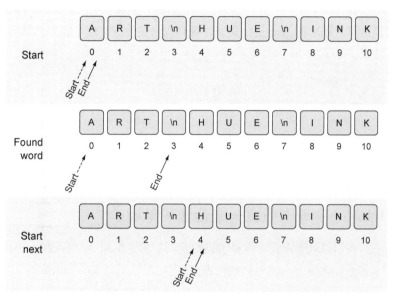

图 19.1　把字符串转换为单词。在最上面那个名为 Start 的例子中,我们可以使用 Start 指针和 End 指针记录我们在这个字符串中的位置。在中间那个名为 Found word 的例子中,当我们找到一个换行符时就停止改变 End 指针的值。在最下面那个名为 Start next 的例子中,我们把 Start 指针和 End 指针重置为这个换行符之后的字符

　　有了这幅简单的草图之后,我们便可以观察怎样实现这个任务了。Start 指针和 End 指针首先指向一个大型字符串的起始位置。当我们想要查找一个换行符以标记这个单词的结尾时,我们就不断增加 End 指针的值,直到我们找到`\n`。此时,我们可以存储 Start 指针与 End 指针之间(包括 Start 指针所指的字符)的单词。然后,我们把这两个指针同时移动到换行符之后的字符处,开始寻找下一个单词。

2. 设计几个例子

　　在编写程序时,可以根据自己的思路来设计几个测试示例。我们要尝试编写简单的测试示例和复杂的测试示例。例如,所有合法的单词可能只有一个单词,如 `words = """art"""`;或者它可能包含好几个单词,如本章"问题"中所描述的例子。

3．把问题抽象为伪码

　　既然我们对如何把字符转换为单词有了基本思路，那么现在就可以编写代码和文本以帮助我们实现整体构思，并可以开始考虑任务的细节了。

　　由于我们需要观察字符串中的所有字母，因此需要使用一个循环。在这个循环中，我们判断是否找到了换行符。如果换到了换行符，就保存单词并重置指针索引。如果没有找到换行符，就增加 End 指针索引，直到找到换行符。这个任务的伪码如下：

```
word_string = """art
hue
ink
"""

设置 start 和 end 为 0
设置空元组来存储所有合法的单词
for letter in word_string:
    if letter 是换行符:
        保存从 start 到 end 的所有合法单词到元组中
        重置 start 和 end 为换行符之后的字符
    else:
        增加 end
```

19.1.2　用给定的字母卡组建一个合法的单词

　　现在，我们可以考虑是否可以根据给定的字母卡组建一个合法单词的逻辑，其中合法单词来源于前面所有合法单词的列表。

1．画出问题

　　和往常一样，事先画出需要完成的任务是很有帮助的。解决问题的逻辑可以通过以下两种方式实现。

- 我们可以从自己手中的字母卡开始，找到它们的所有组合。然后，观察每种字母组合，确定它们是否与任何合法的单词匹配。
- 我们也可以从合法单词列表出发，观察每个合法单词是否能够用手中的字母卡组建而成。

像程序员一样思考

　　当我们需要决定采用哪种方法解决问题时，上面这种做法是至关重要的。画图过程可以帮助我们在实际动手之前找到思路。如果我们立即开始编写代码，就会把自己的思维局限在一种方法上，而这种方法可能适用于当前问题，也可能并不适用。画图的过程可以帮助我们在实际动手之前就发现几种解决方案可能存在的问题。

第一个方案看上去似乎更为直观，但是根据我们目前所掌握的知识，实现起来难度颇大，因为它涉及寻找所有字母卡的所有组合和排列。第二个方案对目前而言更为合适。图 19.2 展示了第二个方案。

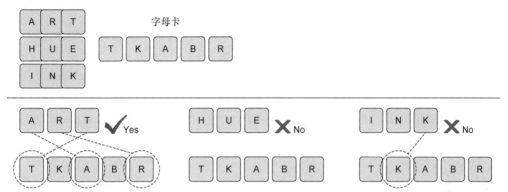

图 19.2 对于给定的合法单词和一组字母卡，从第一个合法单词开始，检查它的所有字母是否在当前这组字母卡中。如果是，就把这个单词添加到可以组建的单词集合中。如果一个合法单词中至少有一个字母不在字母卡中，就不能组建这个单词

我们将检查每个合法单词，并观察这个单词中的每个字母，检查是否可以在字母卡中找到它们。检查了当前单词的所有字母并且发现它们都可以在字母卡中找到之后，说明可以用自己的字母卡组建这个单词。一旦发现有一个字母不在自己的字母卡中，就可以立即停止对当前单词的检查，因为此时已经能够确定无法组建这个单词了。

2. 设计一些例子

设计一些例子可以帮助我们确定代码中必须注意的一些特殊情况。我们需要考虑如果手上的字母卡存在下面这些情况时，应该怎样进行处理。

- 单个字母卡：在这种情况下，无法组建任何合法单词。
- 字母卡正好只能组建 1 个合法单词：例如字母卡是 "art"，只能组建单词 art。
- 字母卡正好能够组建 2 个合法单词：例如字母卡是 "euhtar"，可以组建单词 art 和 hue。
- 字符可以组建一个合法单词，但还有剩余的字母卡：例如字母卡是 "tkabr"，可以组建单词 art，还剩余 k 和 b。
- 某个字母只有一张字母卡，但是有一个合法单词需要 2 个该字母：例如字母卡是 "colr"，无法组建单词 color，因为只有 1 个 o。

3. 把问题抽象为伪码

使用伪码，我们可以考虑在设计例子时能发现的更多细节。我们需要检查每个合法单词，观察是否可以用自己的字母卡组建这个单词，因此我们需要使用一个循环。然后，我们检查这个单词的每个字母。我们在第一个循环的内部需要使用一个嵌套的循环：当发现合法单词中有一个字母不在字母卡中时，可以立即退出内层循环。但是，如果所观察的每个字母都在字母卡中，就继续往下检查。

这个逻辑具有两个棘手之处：（1）怎样处理具有多个相同字母的单词？（2）怎样知道已经在字母卡中找到了完整的合法单词？我们并不会在伪码中规划怎样具体实现这两个目的，但是应该搞清楚它们能否解决。这两个问题是可以解决的，下一节将讨论具体的解决方法。这部分的伪码大致如下：

```
for word in valid_words:
    for letter in word:
        if letter 不在 tiles:
            停止观察剩余的字母并转向下一个单词
        else:
            从 tiles 中删除 letter（如果出现重复）
    if 合法单词中的所有字母都在 tiles:
        把 word 添加到 found_words
```

注意在这部分中，我们使用的变量个数大大超出了以前的问题使用的变量个数，而且接下来还需要使用几个变量。如果在编写代码之前不对问题进行细致的考虑，我们可能很快就会迷失在细节中。现在，对这个问题的主要组成部分有了深入的理解之后，就可以开始编写代码了。第一个步骤非常重要，它决定了怎样把代码划分为更小、更容易管理的代码段。

像程序员一样思考

把代码划分为更小的代码段是非常必要的，这对程序员来说是一种非常重要的技巧，其主要原因如下所示。

- 当大型问题被分解为几个更小的段之后，原来的问题看上去就不是那么吓人了。
- 这些代码段编写起来比较容易，因为我们可以把注意力集中在问题的相关部分。
- 代码段要比整个程序容易调试得多，因为一般情况下一个模块可能出现的输入数量比整个程序可能出现的输入数量要少得多。

当我们知道每个独立的代码段都能够如预期一样工作时，就可以把它们整合在一起创建最终的程序了。编程的经验越丰富，我们就越清楚怎样创建良好、一致的代码段。

19.2　把代码划分为代码段

我们现在可以开始考虑如何把代码划分为更小的逻辑块。第一个逻辑块通常是观察给定的输入，然后从中提取我们需要的信息。

- 设置与艺术有关的合法单词（以字符串的形式），并设置初始可用的字母卡（以字符串的形式）。
- 对 start 指针和 end 指针进行初始化，它们用于寻找所有合法的单词。
- 设置一个空元组，每当我们找到一个合法单词时就把它添加到这个元组中。
- 设置一个空元组，用于放置在字母卡中找到的单词。

程序清单 19.1 提供了这些初始化设置的代码。我们将注意到一些新内容：有一个字符串变量所包含的字符位于两组三引号之间。三引号允许我们创建一个跨越多行的字符串对象。三引号内的所有字符均是这个字符串对象的组成部分，包括行分隔符！

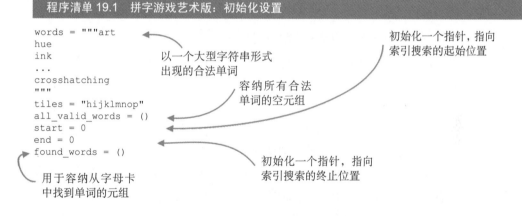

程序清单 19.1　拼字游戏艺术版：初始化设置

```
words = """art
hue
ink
...
crosshatching
"""
tiles = "hijklmnop"
all_valid_words = ()
start = 0
end = 0
found_words = ()
```

以一个大型字符串形式
出现的合法单词

容纳所有合法
单词的空元组

用于容纳从字母卡
中找到单词的元组

初始化一个指针，指向
索引搜索的起始位置

初始化一个指针，指向
索引搜索的终止位置

在这个程序中，第二个逻辑块是把包含所有单词的大型字符串转换为一个元组，这个元组的每个字符串元素就是一个单词。根据前面所编写的伪码，我们需要做的就是把文本部分转换为代码。我们必须注意的是怎样把每个合法单词添加到用于容纳合法单词的元组中。注意，我们所找到的单词是需要添加到这个元组中的单个单词，因此我们必须在合法单词元组和刚刚找到的那个表示单词的单元素元组之间使用连接操作符。

程序清单 19.2 展示了这个任务的代码。start 指针和 end 指针初始都为 0，指向第 1 个字符。单词是以一个大型字符串的形式读取的，因此我们需要对每个字符进行遂

代。当字符是换行符时，我们就知道已经读取到了一个单词的末尾。此时，我们使用
start 和 end 这两个指针所确定的索引保存这个单词。然后，把这两个指针重置为换
行符之后的字符，这是下一个合法单词的第一个字符。如果当前字符并不是换行符，就
继续读取该单词，此时只需要把 end 指针向后移动一位即可。

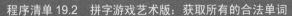

程序清单 19.2 拼字游戏艺术版：获取所有的合法单词

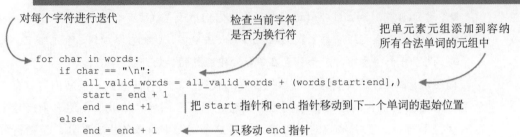

```
for char in words:
    if char == "\n":
        all_valid_words = all_valid_words + (words[start:end],)
        start = end + 1
        end = end +1        把 start 指针和 end 指针移动到下一个单词的起始位置
    else:
        end = end + 1        只移动 end 指针
```

对每个字符进行迭代

检查当前字符
是否为换行符

把单元素元组添加到容纳
所有合法单词的元组中

第三个也是最后一个逻辑块是检查每个合法单词是否可以用自己的字母卡来组建。
和前面的逻辑块一样，我们可以复制伪码，并在空白的地方填上代码。伪码中有两个地
方还没有处理，值得我们关注：（1）如何记录具有多个相同字母的单词？（2）如何确
定已经找完了字母卡可以组建的完整单词？

为了解决第一个问题，我们可以编写代码删除已经与一个合法单词匹配的字母卡。
对于每个新的合法单词，我们可以使用一个名为 tiles_left 的变量，它的初始值为
我们手上的所有字母卡，负责记录当前剩下的字母卡。当我们迭代了一个合法单词中的
每个字母并发现这个合法单词可以用自己的字母卡组建时，就更新 tiles_left，然后
从中删除组建这个合法单词所使用的字母。

至于第二个问题，我们知道一旦集齐组建一个合法单词所需的字母卡，并且在查找
时已经从 tiles_left 中删除了这些字母卡，那么被删除的字母卡数量加上这个合法
单词的长度就等于处理之前字母卡的数量。

程序清单 19.3 展示了这块逻辑的代码。这段代码有一个嵌套的循环。外层的循环对
每个合法单词进行迭代，内层循环对一个合法单词的每个字母进行迭代。一旦发现某个
单词中有一个字母不在字母卡中，就立即停止观察这个单词并转向下一个单词。否则，
就继续观察这个单词的下一个字母。变量 tiles_left 保存了在检查完一个合法单词
中的字母是否在字母卡中之后所剩余的字母。最后一个步骤检查是否通过所需要的字母
组建了一个完整的合法单词。如果是，就添加这个单词。

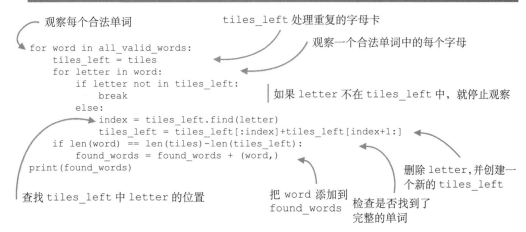

程序清单 19.3　检查是否可以用字母卡组建合法单词

最后，我们打印可以组建的所有单词。我们也可以对结果进行调整，方法是选择那些具有某个长度的单词，或者那些最长的单词，或者那些包含了某个特定字母的单词（根据自己的喜好）。

19.3　总结

在本章中，我们的目标是学习怎样考虑如何实现复杂的问题，并对一个现实世界中的问题进行了实践，为自己所面临的情况编写一个自定义的程序。在编写代码之前充分理解问题可以成为我们能够顺利解决问题的信心来源。我们可以使用图片或简单的输入值和预期的输出来深化对问题的理解。

当理解问题时，我们可以编写一小段伪码。在开始编写代码之前，我们可以混合使用普通文本与代码，观察是否需要对问题进行分解。

最后一个步骤是观察我们所设计的问题可视化表现形式和抽象化形式，并把它们作为代码的自然划分方式。在编写代码时，这些较小的代码段更容易处理，并且它们还提供了从编码到测试和调试代码的一个自然分界点。下面是本章的一些要点。

- 通过绘制一些相关的图画，理解需要处理的问题。
- 通过构思一些简单的测试示例，理解需要处理的问题。
- 对问题的组成部分进行归纳，构思完成每个部分的任务的公式或逻辑。
- 伪码非常实用，尤其是在编写包含了条件或循环结构的算法逻辑时。
- 根据代码段进行思考，询问代码是否具有自然的分界点。例如，初始化变量、实现一个或多个算法以及清理代码等。

第 6 部分

将代码组织为可复用的代码块

在本书的第 5 部分，我们学习了怎样编写代码来自动重复执行任务。现在我们所编写的程序已经具有相当的复杂度了。

在本书的第 6 部分中，我们开始学习如何把代码组织为函数。函数是可复用的代码块，可以在程序的任何地方被调用以完成某个特定任务。函数可以接收输入、执行操作并把结果返回给程序中需要这些结果的地方。函数可以使程序看上去更清晰、更容易阅读。

在这个部分的阶段性项目中，我们将编写一个程序实现从两个文件中读取数据：一个文件包含朋友的姓名和电话号码，另一个文件包含地区代码以及对应的州。这个程序将告诉我们朋友的数量以及他们分别来自哪个州。

第 20 章　创建持久性的程序

在学完第 20 章之后，你可以实现下面的目标。
- 理解如何把一个更大的任务划分为几个模块
- 理解为什么应该隐藏复杂任务的细节
- 理解任务依赖或不依赖其他任务是什么意思

　　我们已经知道了循环可以非常有效地让计算机多次重复执行一组语句。当我们编写代码时，需要了解怎样利用计算机的威力使自己的生活变得更加轻松。在本章中，我们在这个思路的基础上更进一步，学习怎样把一个大型程序划分为更小的微型程序，每个微型程序用于完成一个特定的任务。

　　例如，如果我们把制造一辆汽车的过程看成创建一个大型程序的过程，我们绝不会创建一台能够制造整辆汽车的机器，因为这肯定是一台极其复杂的机器。反之，我们将制造各种机器和机器人，它们分别专注于完成不同的特定任务：一台机器可能用于装配整车，一台机器可能用于对整车进行喷漆，另一台机器可能用于为机载计算机编制指令。

『场景模拟练习』

　　你要结婚了！你没有时间亲自完成所有的事情，因此想要雇人负责各种不同的任务。现在写出一些可以外包的任务。

[答案]

寻找和预订婚礼场地，确定承办婚礼的酒店（食物、酒水、蛋糕），确定最终的客人清单（邀请客人、记录出席者、安排座位），婚礼现场布置。

20.1 把一个较大的任务分解为更小的任务

接受一个任务并把它分解为更小的任务的背后思路是为了更有效地编写程序。如果从一个更小的问题出发，我们就可以对它进行快速的调试。如果知道几个更小的问题能够按照预期的方式工作，就可以把注意力集中在如何让它们协同工作上，而不是对一个大型的复杂问题进行调试。

20.1.1   在线订购一件商品

思考一下，客户在线订购一件商品的整个过程是什么。客户首先在网站的订单上填写个人信息，最终该商品被送到客户的家里。整个过程可以分为几个步骤，如图 20.1 所示。

1. 填写网页表单进行下单。订单信息被提交给销售方，后者提取订单中的重要细节：订购的商品、订购的数量以及客户的姓名和住址。
2. 使用商品的类型和编号，销售商（通过人工或机器）在仓库中找到该商品，并提交给包装部门。
3. 包装部门接收该商品并将其装箱。
4. 工作人员负责根据客户的姓名和住址制作一张运输标签。
5. 装箱的商品与运输标签匹配，然后包裹被发送给快递公司，后者负责把商品运到客户的家里。

图 20.1 展示了如何把订购商品这个大任务分解为 5 个子任务。每个子任务可以由独立的人或机器处理，分别表示在线订购商品这个过程的不同步骤。

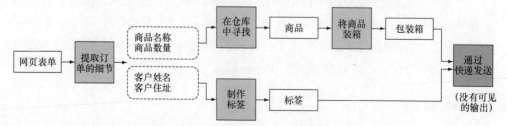

图 20.1   把在线订购商品这个任务分解为更小的、独立的可复用的子任务的一种方法。灰色的框表示一个任务。框左边的信息是任务的输入，框右边的信息是任务的输出

这个例子还描述了其他一些重要概念。第一个概念就是任务的依赖性/独立性。

定义：如果一个任务在另一个任务结束之前不能开始，这个任务就依赖于后一个任务。如果它们可以同时开始，这两个任务就是独立的。

有些任务依赖于其他任务的完成，而有些任务则是完全独立的。我们首先执行的任务是"提取订单的细节"。我们使用它的输出执行"在仓库中寻找"和"制作标签"任务。注意后面两个任务是相互独立的，可以按照任意顺序进行。"将商品装箱"这个任务依赖于"在仓库中寻找"。"通过快递发送"任务同时依赖于"将商品装箱"和"制作标签"，必须等这两个任务都完成之后它才能开始。

> **即学即测 20.1**　下面这些活动存在依赖性还是独立性？
>
> 1．（1）吃饼和（2）在一张纸上书写 3.1415927。
> 2．（1）没有互联网连接和（2）无法收发电子邮件。
> 3．（1）今天是 1 月 1 日和（2）今天是晴天。

定义：任务的抽象是一种对任务进行简化的方式，使我们可以根据最少的信息就能理解任务，它隐藏了所有不必要的细节。

为了理解客户在线订购商品时发生了什么，我们并不需要理解这个场景背后的每个细节。这就产生了第二个概念：抽象。以仓库为例，客户并不需要知道怎样在仓库中寻找商品的细节，不管是销售商雇人寻找还是使用高级机器人寻找，都与客户没有什么关系。客户只需要知道，他们所提供的是"商品名称"和"商品数量"，得到的是他们所请求的商品。

概括地说，为了理解一个任务，我们只需要知道一个任务在开始之前需要什么输入（例如，表单上的个人信息）以及该任务将做些什么（例如，把商品送到家门口）。我们并不需要知道任务的每个步骤的细节就可以理解任务会做些什么。

> **即学即测 20.2**　对于下面的每个活动，它们可能的输入和输出是什么（如果有）？为了完成每个活动，需要哪些东西？每个活动完成之后，会得到哪些东西？
>
> 1．撰写婚礼邀请函
> 2．打电话
> 3．抛掷硬币
> 4．买衣服

第三个概念是可复用的子任务。

定义：可复用的子任务就是子任务所执行的步骤可以复用于不同的输入，产生不同的输出。

有时候，我们想要执行的一个任务与另一个任务之间只存在微小的区别。在仓库例子中，我们可能想要寻找一本书或者寻找一辆自行车。不可能为每种可能提取的商品配置一个独立的机器人，这将导致有太多的机器人用来做同一件事情！更好的方法是让一个机器人能够寻找我们想要的任何商品。或者可以提供两个机器人：一个用于提取大件商品，另一个用于提取小件商品。"创建子任务"和"使子任务具备足够的通用性，能够被复用"之间的平衡是极为重要的。

在接下来的几章中经过一些实践之后，我们就会找到感觉，能够在两者之间获得良好的平衡。

> **即学即测 20.3**　把下面这个任务分解为更小的子任务："调查蜡笔的历史，编写一篇篇幅为 5 页的论文，并提供幻灯片材料"。然后绘制一张与图 20.1 相似的图。

20.1.2　理解主要概念

在处理任务时，可以把每个任务看成一个黑盒。

定义：黑盒是为完成某个任务的系统提供的一种可视化形式。系统顶部的黑盒提示我们并不需要深入到黑盒的内部就能理解该系统将完成什么任务。

现在，我们并不需要知道任务是怎么完成的。我们只需要将这些更小的任务组合成整个系统，而不必深入这些任务的细节。

在图 20.1 中找到"在仓库中寻找"这个任务并观察图 20.2，可以看到这个任务在使用黑盒的情况下是什么样子。如果不使用黑盒，就需要关注这个任务的具体实现细节，也就是使用输入完成哪些步骤和活动。但是，这些细节并不能帮助我们理解任务本身。任务实现的细节对于理解任务所完成的工作并不重要，而且也不是必需的。在有些情况下，观察这些细节反而会造成更多的困惑。最终，整个系统的输入和输出对于使用和不使用黑盒都是相同的。

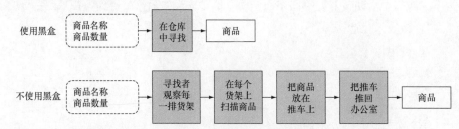

图 20.2　使用和不使用黑盒时所显示的"在仓库中寻找"任务。能够看到商品的寻找细节和

提取细节并不会给理解任务本身提供更多的帮助

每个任务都是一系列的活动或步骤。这些步骤具备足够的通用性，它们对于任何适当的输入都可以重复进行。我们如何确定什么是适当的输入呢？我们需要在黑盒中添加说明，这样使用黑盒的人就可以明白它预期接收什么样的输入以及将会产生什么样的输出。

20.2 在编程中引入黑盒代码

到目前为止，我们所看到的程序都足够简单，可以把整个程序看成一个黑盒。我们所接受的任务还没有复杂到需要使用专门的代码段来完成不同的任务。整个程序可以看成完成某个任务的一个代码段。

到目前为止，我们的程序最多只完成了下面这些操作：（1）要求用户提供输入；（2）进行一些操作；（3）显示一些输出。从现在开始，我们将会发现把程序划分为更小、更容易管理的代码段是极有帮助和非常有必要的。每个代码段将解决问题的一部分。我们可以把所有的代码段组合在一起实现一个大型的程序。

在编程中，这些任务被认为是黑盒代码。我们并不需要知道每个代码块是怎么工作的。我们只需要知道这些黑盒的输入是什么，它们预期要完成什么任务以及它们所提供的输出是什么。我们把一个编程任务抽象化为这 3 块信息。这样，每个黑盒就构成了一个代码模块。

定义：代码模块是一段用于完成某个特定任务的代码段。每个模块具有相关联的输入、任务和输出。

20.2.1 使用代码模块

模块化是指把一个大型程序分解为更小的任务。我们分别为每个任务编写代码，这些代码并不依赖于其他任务。一般而言，每个代码模块都是独立的。我们应该能够快速测试每个模块的代码是否能够正确地工作。按照这种方式分解一个大型任务可以使较大的问题看上去更加简单，并可以减少程序的调试时间。

20.2.2 代码的抽象化

我们在看电视的时候会使用遥控器切换频道。如果为我们提供了制造电视机和遥控器所需的所有部件，我们能不能把它们组装起来呢？

答案应该是否定的。但是如果电视机和遥控器已经组装好了，我们知不知道怎样使用它们来实现切换频道这个任务呢？完全可以。这是因为我们知道它们所需要的输入是什么、它们能实现什么功能以及它们的输出是什么。图 20.3 和表 20.1 展示了使用电视机和遥控器切换频道这个过程的输入、行为和输出。

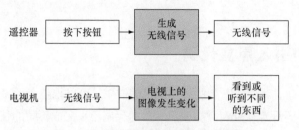

图 20.3　遥控器和电视机的黑盒视图

表 20.1　电视机和遥控器切换频道或调节音量时的输入、行为和输出

物品	输入	行为	输出
遥控器	按下一个按钮	根据所按下的按钮生成一个信号	一个无线信号
电视机	来自遥控器的一个无线信号	屏幕上的图像发生变化或音量发生变化（出现完整的图像或出现音量条）	看到内容或音量发生变化

在编程中，抽象化的目标是在一个高层面上展示概念。这个过程就是记录一段代码完成什么任务，具体地说就是它的 3 个关键信息：输入、任务和输出。我们已经看到了使用这些信息所表示的黑盒。

代码的抽象化消除了任务（模块）的实现代码的细节。我们并不阅读模块本身的实现代码，而是阅读它的文档。为了撰写模块的文档，我们使用一种特殊类型的代码进行注释，这种代码称为 docstring。docstring 包含下面这些信息。

- 模块的所有输入：由变量和它们的类型表示。
- 模块预期完成的任务：它的功能。
- 模块所提供的输出：可能是一个对象（变量）或者是该模块所打印的一些内容。

我们将在下一章看到相关的代码和 docstring 的一些例子。

20.2.3　复用代码

假设有人向我们提供了两个数，我们想要对这两个数执行 4 个操作：加法、减法、乘法和除法。完成这个任务的代码如程序清单 20.1 所示。

程序清单 20.1　执行加法、减法、乘法和除法

```
a = 1
b = 2
print(a+b)
print(a-b)
print(a*b)
print(a/b)
```

变量 a 和 b 用于完成 a + b、a - b、a * b 和 a / b 这几个操作

除了这段代码，我们还想对另一对不同的数进行加法、减法、乘法和除法操作，然后对另一对数再次执行这些操作。为了编写代码对多对数执行同样的 4 个操作，我们必须复制和粘贴程序清单 20.1 的代码，并多次更改变量 a 和 b 的值。这个过程非常枯燥，而且看上去很烦琐，如程序清单 20.2 所示。注意，执行操作的代码本身是相同的，不管变量 a 和 b 的值是什么。

程序清单 20.2　完成 3 对数的加法、减法、乘法和除法

```
a = 1
b = 2
print(a+b)
print(a-b)          a = 1 且 b = 2 时执行操作
print(a*b)
print(a/b)
a = 3
b = 4
print(a+b)
print(a-b)          a = 3 且 b = 4 时执行操作
print(a*b)
print(a/b)
a = 5
b = 6
print(a+b)
print(a-b)          a = 5 且 b = 6 时进行操作
print(a*b)
print(a/b)
```

现在是时候了解一下复用性这个概念了。不管 a 和 b 的值是什么，执行四则运算和打印结果的代码都是相同的。因此，每次都复制并粘贴代码的做法是无法接受的。我们可以把这一组公共操作看成一个黑盒。这个黑盒的输入会发生变化（输出也会随之变化）。图 20.4 展示了对任意两个数 a 和 b 执行简单的四则运算任务的黑盒视图，其中 a 和 b 是这个黑盒的输入。

图 20.4　对任意两个数执行加法、减法、乘法和除法的代码的黑盒视图

现在，我们不再在程序中复制和粘贴代码并对它们进行微小的修改，而是围绕这段代码编写一个可以被复用的黑盒。这种黑盒称为代码包装器（code wrapper），它为程序添加了一段功能。我们可以复用以前所编写的包装器，从而编写更为复杂的程序。程序清单 20.2 的代码可以用黑盒概念进行抽象、简化，修改后的代码如程序清单 20.3 所示。变量 a 和 b 仍然会发生变化，但现在我们所使用的是包装在一个黑盒中的代码。执行四则运算的 4 行代码被简化为一个黑盒。

程序清单 20.3　对 3 对数执行加法、减法、乘法和除法

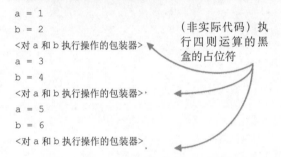

```
a = 1
b = 2
<对 a 和 b 执行操作的包装器>
a = 3
b = 4
<对 a 和 b 执行操作的包装器>
a = 5
b = 6
<对 a 和 b 执行操作的包装器>
```

（非实际代码）执行四则运算的黑盒的占位符

在下一章中，我们将看到为黑盒的包装器编写代码的细节，我们还将看到怎样在自己的程序中使用这些包装器。这些包装器称为函数。

20.3　子任务存在于它们自己的环境中

考虑你与另两个人一起完成一个小组项目的情况。你们必须调查电话的历史并将其制作成一份幻灯片文档。你是项目的领导人，你的任务是把具体的任务分配给另两个人并生成最终的幻灯片文档。作为领导人，你不需要进行任何调查，而是可以让另两个小组成员进行实际的调查，他们会把自己的调查结果报告给你。

另两个人就像较小的工人模块，帮助你完成这个项目。他们负责进行调查，对调查结果进行汇总，并把各自的调查报告发送给你。这个过程很好地描述了"把一个大型任务分解为子任务"的思路。

　　注意，作为领导，你不用关心他们是怎么进行调查的。你不用关心他们是通过互联网还是去图书馆或者随机访问一组人来调查的。你只需要他们提交自己的调查报告。他们所提交的调查报告很好地描述了"通过抽象消除细节"的思路。

　　每个进行调查的人可能会使用具有相同名称的东西。一个人可能会阅读一本名为《电话本》（Telephone）的儿童图画书，另一个人可能会阅读一本名为《电话本》（Telephone）的参考书。除非这两个人告诉了对方自己所看的书或者针对这个问题进行了交流，否则他们无法知道对方收集的是什么信息。每个调查人员都处于自己的环境之中，他们所收集的信息只对他们有用，除非他们共享了信息。我们可以把代码模块看成一个完成某个任务的微型程序。每个模块存在于它自己的环境之中，与其他模块所在的环境互不相关。在这个模块中我们所创建的任何对象都是这个模块特定的，除非明确地把它们传递给其他模块。模块可以通过输入和输出传递对象。我们将在下一章看到这方面的代码实例。

　　在这个小组调查项目例子中，小组项目就像主程序。每个人就像一个独立的模块，各自负责完成一个任务。有些任务可能会与其他每个任务进行通信，有些任务则不会。对于大型的小组项目，小组中的有些人如果负责独立的部分，可能并不需要与其他人共享信息。但是，所有的小组成员都必须与小组的领导人进行通信，提交自己所收集的信息。

　　每个人都在一个独立的环境中进行调查。他们可能使用不同的对象或方法来完成调查，这些对象或方法只在各自的环境中有用。领导人并不需要知道具体的调查细节。

> **即学即测20.4**　为本节所描述的调查电话小组项目任务绘制一个黑盒系统。然后为每个人绘制一个黑盒，并注明每个人可能接收的输入和可能产生的输出。

20.4　总结

　　在本章中，我们的目标是了解把任务看成黑盒（最终看成代码模块）是非常重要的。我们看到了不同的模块可以协同工作，并向彼此传递信息以实现一个更大的目标。每个模块存在于它自己的环境中，它所创建的任何信息是该模块所私有的，除非明确地通过输出传递这些信息。站在整体的角度上看，我们并不需要知道模块完成它们的特定任务的细节。下面是本章的一些要点。

- 模块是独立的，存在于它们自己的独立环境中。
- 代码模块应该只编写一次，并可以针对不同的输入进行复用。

■ 抽象去除模块的细节使我们把注意力集中在多个模块协同工作完成一个大型任务上。

20.5　章末检测

问题　把下面这个任务分解为更小的子任务："一对夫妇在一家餐馆订餐，并得到了饮料和食物"。然后将其用图表示。

第 21 章　用函数实现模块化和抽象

在学完第 21 章之后，你可以实现下面的目标。
- 编写使用函数的代码
- 编写具有参数（0 个或多个）的函数
- 编写返回（或不返回）一个特定值的函数
- 理解变量的值在不同的函数环境中是如何改变的

　　在第 20 章中，我们知道了把大型的任务分解为模块可以帮助我们思考问题。在分解问题的过程中，两个重要的思路：模块化和抽象出现了。模块化就是逐个处理更小的问题（它们或多或少具有独立性）。抽象就是在一个更高的层面上观察模块，不需要关注模块的实现细节。我们已经在日常生活中大量应用了这两种思路。例如，我们不需要知道如何制造汽车就可以驾驶汽车。

　　模块对于大型任务的去聚集化是非常实用的。它们对特定的任务进行抽象。关于某个任务的细节，我们只需要在一个地方实现它们即可。然后，我们就可以针对许多重复输入使用这个模块来获取相应的输出，而不是每次都重新编写代码。

『场景模拟练习』

对于下面的场景，确定哪组步骤适合将它们抽象化为模块。

■ 我们正在上课。老师正在点名，她叫了一个名字。如果该学生在场，就应声回答"到"。对于上课的每位学生都重复这个过程。

■ 一家汽车制造厂每天装配 100 辆汽车。装配流程由下面步骤组成：（1）装配车架；（2）安装发动机；（3）安装电路；（4）车体喷漆。每天装配的车辆为 25 辆红色汽车、25 辆黑色汽车、25 辆白色汽车和 25 辆蓝色汽车。

[答案]

■ 模块：点名

■ 模块：装配车架

  模块：安装发动机

  模块：安装电路

  模块：车体喷漆

21.1　编写函数

在许多编程语言中，函数用于表示可以实现一个简单任务的代码模块。当我们编写函数时，必须考虑以下 3 件事情。

■ 这个函数接受的输入是什么。

■ 这个函数执行的操作或计算是什么。

■ 这个函数返回的信息是什么。

以前面"场景模拟练习"的班级点名为例，我们对该场景进行一处微小的修改，并给出一种使用函数的可能实现。函数是由关键字 def 开始的。在函数内部，我们在一对三引号中编写该函数的说明书，解释它的输入是什么、它执行什么操作以及它返回什么信息。在程序清单 21.1 所展示的函数中，我们用一个 for 循环检查班级花名册中的每个学生是否实际上课了。所有符合这个标准的学生的名字都被打印出来。在这个 for 循环结束时，这个函数返回字符串 finished taking attendance。return 也是一个与函数相关联的关键字。

程序清单 21.1　进行班级点名的函数

```
def take_attendance(classroom, who_is_here):          ◀——— 函数的定义
```

```
"""
classroom, tuple
who_is_here, tuple
Checks if every item in classroom is in who_is_here       docstring
And prints their name if so.
Returns "finished taking attendance"
"""
for kid in classroom:
    if kid in who_is_here:
        print(kid)                              ←检查该学生是否在 who_is_here 元组中
return "finished taking attendance"

对班级中的每位学生进行迭代        返回一个字符串        打印上课的学生名字
```

程序清单 21.1 展示了一个 Python 函数。当我们告诉 Python 想要定义一个函数时，就使用 def 关键字。def 关键字的后面是函数名。在这个例子中，函数名是 take_attendance。函数名遵循与变量名相同的命名规则。函数名的后面是一对括号，里面是该函数的所有输入，以逗号分隔。我们用一个冒号字符表示函数定义行的结束。

Python 是怎么知道哪几行代码是函数的组成部分，哪些代码不是函数的组成部分呢？我们希望成为函数组成部分的代码都以缩进的形式显示，这与循环语句和条件语句的思路相同。

> **即学即测 21.1**　编写一行代码，定义具有下面这些说明的函数。
>
> 1. 一个名为 set_color 的函数，它接收 2 个输入：一个是字符串 name（表示对象的名称），另一个是字符串 color（表示颜色的名称）。
> 2. 一个名为 get_inverse 的函数，它接收 1 个输入：一个名为 num 的数字。
> 3. 一个名为 print_my_name 的函数，它不接收任何输入。

21.1.1　函数基础知识：函数的输入

函数能使我们的生活变得更轻松。编写函数的目的是以后可以用不同的输入来复用这个函数，这就使我们避免了在只有一些变量发生变化的情况下复制和粘贴实现代码。

函数的所有输入都是称为参数（parameter 或 argument）的变量。具体地说，它们称为形式参数（formal parameter 或 formal argument），因为在函数定义的内部，这些变量并没有任何值。只有当我们用一些具体的值调用一个函数时，才会对参数进行赋值。我们将在稍后看到具体的做法。

> **即学即测 21.2**　对于下面的函数定义，每个函数接收多少个参数？
>
> 1. def func_1(one, two, three):
> 2. def func_2():
> 3. def func_3(head, shoulders, knees, toes):

21.1.2 函数基础知识：函数执行的操作

当编写函数时，我们在函数的内部编写代码，并假定函数的参数都已经被赋值。函数的实现就是普通的 Python 代码，仅有的区别就是它是缩进显示的。程序员可以按照他们喜欢的任何方式实现函数。

> **即学即测 21.3**   下面的函数体是否有错误？
>
> ```
> 1. def func_1(one, two, three):
>        if one == two + three:
>            print("equal")
> 2. def func_2():
>        return(True and True)
> 3. def func_3(head, shoulders, knees):
>    return "and toes"
> ```

21.1.3 函数基础知识：函数的返回信息

函数应该完成一些任务。我们使用函数对稍有不同的输入重复相同的操作。因此，函数名一般都是描述性的动词或短语，如 get_something、set_something、do_something 等。

> **即学即测 21.4**   为下面的函数取一个适当的名称。
>
> 1．告诉我们一棵树的年龄的函数。
> 2．翻译我们所养的宠物狗表达内容的函数。
> 3．接收一幅云图为参数并告诉我们它最像哪种动物的函数。
> 4．向我们显示我们在 50 年后的样子的函数。

函数创建了它自己的环境，在这个环境中所创建的变量在函数的外部是不可访问的。函数的目的是执行一个任务并传递它的结果。在 Python 中，传递结果是通过 return 关键字实现的。

一行包含 return 关键字的代码告诉 Python 它已经完成了函数内部的代码，并准备把返回值传递给外层程序中的另一段代码。

在程序清单 21.2 中，程序把两个输入字符串连接在一起，并返回结果字符串的长度。这个函数接收两个字符串为参数。它把两个输入字符串相连接，并把连接后的字符串存储在变量 word 中。这个函数返回 len(word)。len(word)是整数，表示变量 word 所存储的对象的长度。我们可以在函数内部的 return 语句之后编写代码，但它们不会被执行。

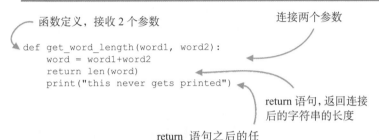

程序清单 21.2 　告诉我们两个字符串之和的长度的函数

函数定义，接收 2 个参数

连接两个参数

```python
def get_word_length(word1, word2):
    word = word1+word2
    return len(word)
    print("this never gets printed")
```

return 语句，返回连接后的字符串的长度

return 语句之后的任何代码都不会被执行

即学即测 21.5 　下面的函数返回什么？返回变量的类型是什么？

1. ```python
   def func_1(sign):

       return len(sign)
   ```

2. ```python
   def func_2():

       return (True and True)
   ```

3. ```python
   def func_3(head, shoulders, knees):

       return("and toes")
   ```

21.2　使用函数

在 21.1 节中，我们学习了怎样定义函数。在代码中定义一个函数只是告诉 Python 现在有一个该名称的函数可用于完成某个任务。这个函数并不会运行并产生结果，除非它在代码中的其他地方被调用。

假设我们已经在代码中定义了函数 word_length，如程序清单 21.2 所示。现在我们想要使用这个函数得到一个全名的长度。程序清单 21.3 展示了怎样调用这个函数。我们输入这个函数的名称，并向它提供实际参数，也就是在程序中已经被赋值的变量。实际参数正好与我们之前所看到的形式参数形成对照，后者是在定义函数时使用的。
   ```

程序清单 21.3　调用一个函数

```
def word_length(word1, word2):
    word = word1+word2
    return len(word)
    print("this never gets printed")
```
函数的定义，word_length
的代码

```
length1 = word_length("Rob", "Banks")
length2 = word_length("Barbie", "Kenn")
length3 = word_length("Holly", "Jolley")
```
用不同的输入调用这个函数，并把
函数的返回值赋值给一个变量

```
print("One name is", length1, "letters long.")
print("Another name is", length2, "letters long.")
print("The final name is", length3, "letters long.")
```
打印变量的值

图 21.1 展示了调用函数 word_length("Rob", "Banks")时所发生的情况。调用一个函数的时候，一个新的作用域（或环境）会被创建，它与这个特定的函数调用相关联。我们可以把这个作用域看成一个独立的微型程序，它有自己的变量，这些变量不能被程序的其他部分所访问。

创建了这个作用域之后，每个实际参数按顺序被映射到函数的形式参数上。此时，形式参数就进行了赋值。当函数开始执行它的语句时，它所创建的任何变量只存在于这个函数调用的作用域中。

图 21.1　当我们进行 ❶ 的函数调用时会发生什么？对于 ❷和❸，第一个参数被映射到这个函数的作用域。对于 ❹和❺，第二个参数按同样的方式被映射。❻是这个函数内部创建的另一个变量。❼是返回值。在这个函数返回之后，这个函数的作用域以及它的所有变量都消失

21.2.1　返回多个值

我们可能已经注意到一个函数只能返回一个对象。但是，我们可以使用元组来"欺

骗"函数返回多个值。元组中的每个数据项都是独立的值。按照这种方式，函数只返回一个对象（元组），但这个元组包含了我们所需要的许多不同的值（通过它的元素）。例如，有一个函数接收一个国家的名字为参数，并返回一个元组，它的第一个元素是该国中心位置的纬度，第二个元素是该国中心位置的经度。

　　然后，当我们调用这个函数时，我们可以把返回元组中的每个元素赋值给一个不同的变量，如程序清单 21.4 所示。函数 add_sub 将两个参数相加和相减，并返回一个包含这两个值的元组。当我们调用这个函数时，我们把返回结果赋值给另一个元组(a, b)，这样 a 为加法的值，b 为减法的值。

程序清单 21.4　返回一个元组

```
def add_sub(n1, n2):          返回一个具有加法值
    add = n1 + n2              和减法值的元组
    sub = n1 - n2
    return (add, sub)

(a, b) = add_sub(3,4)         把结果赋值给一个元组
```

即学即测 21.6

1. 完成下面的函数，它告诉我们点数和花色是否与秘密值匹配以及获胜的数量：

```
def guessed_card(number, suit, bet):
    money_won = 0
    guessed = False
    if number == 8 and suit == "hearts":
        money_won = 10*bet
        guessed = True
    else:
        money_won = bet/10
    #  编写一行代码返回两个对象：
    #  赚了多少钱和是否猜对
```

2. 使用我们前一题所编写的函数。如果它按照下面的顺序执行，下面这几行代码将打印出什么？

- `print(guessed_card(8, "hearts", 10))`
- `print(guessed_card("8", "hearts", 10))`
- `guessed_card(10, "spades", 5)`
- `(amount, did_win) = guessed_card("eight", "hearts", 80)`

  `print(did_win)`

  `print(amount)`

21.2.2　没有 return 语句的函数

我们可能想要编写函数来打印一条信息，且不需要返回任何值。Python 允许我们在函数内部跳过 return 语句。如果我们并没有编写 return 语句，Python 就在函数结束时自动地返回 None 值。None 是一种 NoneType 类型的特殊对象，表示不存在值。

观察程序清单 21.5 的实例代码。我们与孩子们玩一个游戏。他们藏了起来，我们无法看到他们。我们按照顺序叫他们的名字。

- 如果他们从隐藏地点出来走到我们的面前，这就像是一个函数向调用者返回一个对象。
- 如果他们只叫了一声"这里"，但并不显露身影，这就像是一个函数并没有返回对象，但是向用户打印了一些信息。我们需要从他们那儿获取一个对象，因此他们都同意如果他们没有显露身影，就会向我们扔出一张纸，上面写着单词 None。

程序清单 21.5 定义了两个函数。一个函数打印出给定的参数（并隐式地返回 None），另一个函数返回给定参数的值。程序清单 21.5 一共进行了 4 件事情。

- 主程序中的第一行代码执行了 say_name("Dora")。这行代码打印 Dora，因为函数 say_name 的内部有一条 print 语句。这个函数调用的结果并不会被打印。
- 接下来的一行是 show_kid("Ellie")，它并没有打印任何内容，因为在 show_kid 函数内部并不打印任何东西，这个函数的返回结果也不会被打印。
- 再接下来的一行 print(say_name("Frank")) 打印两段信息：Frank 和 None。它打印 Frank 是因为函数 say_name 的内部有一条 print 语句。它打印 None 是因为 say_name 函数没有 return 语句（因此在默认情况下返回 None），作用于 say_name("Frank") 的 print 语句打印出这个返回值。
- 最后，print(show_kid("Gus")) 打印 Gus，因为 show_kid 返回了传递给它的名字，作用于 show_kid("Gus") 的 print 语句打印出这个返回值。

程序清单 21.5　有 return 语句和没有 return 语句的函数

```
def say_name(kid):          ◀────── 接收一个包含孩子姓名的字符串
    print(kid)              ◀────── 没有明确返回任何信息，因此 Python 返回 None

def show_kid(kid):          ◀────── 接收一个包含孩子姓名的字符串
    return kid              ◀────── 返回一个字符串

say_name("Dora")            ◀────── 向控制台打印 Dora
show_kid("Ellie")           ◀────── 不会向控制台打印任何信息
print(say_name("Frank"))    ◀────── 向控制台打印 Frank，然后打印 None
```

```
print(show_kid("Gus"))  ◀────────  向控制台打印 Gus
```

特别有趣的一行是 `print(say_name("Frank"))`。这个函数调用本身打印出孩子的名字 Frank。由于这个函数没有 return 语句，因此 Python 自动返回 None。然后，`print(say_name("Frank"))`这行代码被这个返回值替换成 `print(None)`，向控制台打印出 None 值。注意，要理解 None 并不是 string 类型的对象。它是 NoneType 类型仅有的一个值。图 21.2 展示了替换每个函数调用的是哪个返回值。

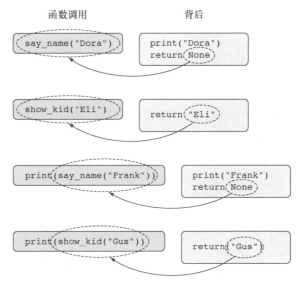

图 21.2　4 种组合，分别表示调用一个没有返回值的函数、调用一个返回某个值的函数、打印出调用一个没有返回值的函数的结果以及打印出调用一个有返回值的函数的结果。深色框是函数调用，浅色框是当函数被调用时在背后发生的事情。如果函数中没有明确的 **return** 语句，就会自动增加一条 **return None** 语句。虚线圆圈表示返回值将替换函数调用

即学即测 21.7　根据下面的函数和变量初始化值，代码按这个顺序执行时将会打印出什么？

```
def make_sentence(who, what):
    doing = who+" is "+what
    return doing

def show_story(person, action, number, thing):
    what = make_sentence(person, action)
    num_times = str(number) + " " + thing
    my_story = what + " " + num_times
    print(my_story)

who = "Hector"
what = "eating"
thing = "bananas"
```

```
number = 8
```

1. `sentence = make_sentence(who, thing)`

2. `print(make_sentence(who, what))`

3. `your_story = show_story(who, what, number, thing)`

4. `my_story = show_story(sentence, what, number, thing)`

5. `print(your_story)`

21.3   编写函数说明书

函数不仅是一种对代码进行模块化的方式，还是一种对代码块进行抽象的方式。我们已经了解了怎样通过传递参数实现抽象，使函数可以被更广泛地复用。抽象也可以通过函数说明书（specification 或 docstring）来实现。我们可以快速阅读 docstring 文本对函数接收什么输入、预期执行什么操作以及返回什么信息有一个直观的了解。阅读 docstring 文本要比阅读函数的实现代码要快得多。

下面是一个函数的 docstring 的例子，我们已经在程序清单 21.1 看到了这个函数的实现：

```
def take_attendance(classroom, who_is_here):
    """
    classroom, tuple of strings
    who_is_here, tuple of strings
    Prints the names of all kids in class who are also in who_is_here
    Returns a string, "finished taking attendance"
    """
```

docstring 从函数体的起始位置开始，并以缩进形式显示。三引号"""表示 docstring 的开始和结束。一个 docstring 包含下面的内容：

- 每个输入参数的名称和类型；
- 对函数所进行操作的简单概括；
- 函数的返回值的含义以及返回值的类型。

21.4   总结

在本章中，我们的目标是学习怎样编写简单的 Python 函数。函数接收输入、执行一些操作并返回一个值。函数是我们在程序中编写可复用代码的一种方式。函数是按照一种通用方式编写的代码模块。在程序中，我们可以用指定的值调用一个函数，它将向我们返回一个值。我们可以在自己的代码中使用函数的返回值。我们编写函数说明书，解释函数所完成的工作，这样我们不需要阅读完整的实现代码就可以知道函数完成了什么任务。下面是本章的一些要点。

- 函数定义就是普通的定义。函数只有当它在代码中的某个地方被调用时才会被执行。
- 函数调用将被它的返回值所替换。
- 函数返回一个对象，但我们可以使用元组返回多个值。
- 函数的 docstring 表示函数说明书，它通过抽象的方式对函数实现的细节进行概括。

21.5　章末检测

问题

1. 编写一个名为 calculate_total 的函数，它接收 2 个参数：一个名为 price 的浮点数和一个名为 percent 的整数。这个函数计算并返回一个新的数值，表示价格加上小费：total = price + percent * price。

2. price 为 20 和 percent 为 15 时，调用这个函数。

3. 使用之前创建的函数编写一个程序完成下面这些代码：

```
my_price = 78.55
my_tip = 20
# 编写一行代码计算和保存新的总价
# 编写一行代码，打印出新的总价
```

第 22 章　函数的高级操作

在学完第 22 章之后，你可以实现下面的目标。

- 把函数（以对象的形式）作为参数传递给另一个函数
- 从一个函数返回另一个函数（以对象的形式）
- 根据特定的规则，理解哪些变量属于哪个作用域

在第 21 章正式学习函数之前，我们已经在简单的代码中看到并使用了函数。下面是一些我们已经使用过的函数。

- `len()`：例如 `len("coffee")`。
- `range()`：例如 `range(4)`。
- `print()`：例如 `print("Witty message")`。
- `abs()`、`sum()`、`max()`、`min()`、`round()`、`pow()`：例如 `max(3,7,1)`。
- `str()`、`int()`、`float()`、`bool()`：例如 `int(4.5)`。

『场景模拟练习』

对于下面的函数调用，它接收几个参数？它的返回值是什么？

- `len("How are you doing today?")`

- ■ max(len("please"), len("pass"), len("the"), len("salt"))
- ■ str(525600)
- ■ sum((24, 7, 365))

[答案]

- ■ 接收 1 个参数，返回 24。
- ■ 接收 4 个参数，返回 6。
- ■ 接收 1 个参数，返回"525600"。
- ■ 接收 1 个参数，返回 396。

22.1 从两个角度思考函数

我们知道，函数定义中包含了一系列的命令，以后可以在程序中用不同的输入来调用函数。这种思路就是像制造汽车和驾驶汽车：必须要有人先制造出汽车，但是汽车制造出来之后，汽车就停在车库里，直到有人想要使用它。需要使用汽车的人并不需要知道怎样制造汽车，而且他可以多次使用这辆汽车。从两个不同的角度思考函数是很有帮助的，这两个角度分别是函数编写者的角度和函数使用者的角度。22.1.1 节和 22.1.2 节简单地描述了我们在第 21 章应该理解的主要概念。

22.1.1 函数编写者的角度

我们按照一种通用的方式来编写函数，使它可以处理各种不同的值。我们假设输入是以变量的形式提供的，这样能够提高函数的通用性。函数的输入称为形式参数。我们在函数的内部执行一些操作，并假设已经为这些参数进行了赋值操作。

函数所定义的参数和变量只存在于该函数的作用域（或环境）中。函数作用域的存在时间为从函数被调用开始直到函数返回一个值。

我们编写函数说明书（或 docstring）对代码模块进行抽象。docstring 是一种多行注释，由三引号"""标记它的开始和结束。

在 docstring 的内部，我们所编写的内容包括：（1）函数预期接收的输入以及它们的类型；（2）函数预期执行的操作；（3）函数的返回值。假设函数的输入是按照函数说明书提供的，函数就会表现出正确的行为，并保证按照函数说明书返回一个值。

22.1.2 函数使用者的角度

函数的使用是非常简单的。函数是在主程序代码的其他语句中被调用的。当我们调用一个函数时，需要为它提供一些值。这些值称为实际参数，它们将替换函数的形式参数。函数使用这些实际参数执行预期的操作。

函数的输出就是函数的返回值。函数把值返回给调用它的那条语句,函数调用的表达式被这个返回值所替换。

22.2　函数的作用域

"拉斯维加斯所发生的一切将留在拉斯维加斯"这句话准确地描述了函数调用背后所发生的事情。在函数的代码块中所发生的事情将留在函数的代码块中。函数的参数只存在于函数的作用域中。我们可以在不同的函数中使用相同的名称,因为它们指向不同的对象。如果我们试图在函数外访问函数内的一个变量,将会出现错误,因为这个变量在函数的外部是未定义的。Python 某一时刻只能位于一个作用域中,而且只知道它当前所在的作用域中的变量。

22.2.1　简单的作用域例子

在一个函数中创建一个变量并在另一个函数(甚至在主程序)中创建一个与其同名的变量是可行的。Python 知道它们是不同的对象,它们只是恰好具有相同的名称而已。

假设我们阅读两本书,每本书中都有一个人物名叫 Peter。在这两本书中,Peter 是不同的人,尽管他们具有相同的名字。观察程序清单 22.1,这段代码打印出两个数字。第一个数字是 5,第二个数字是 30。在这段代码中,我们看到程序定义了两个名为 peter 的变量。但是,这两个变量存在于不同的作用域中,一个是在函数 fairy_tale 的作用域中,另一个是在主程序的作用域中。

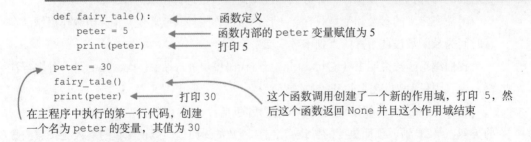

程序清单 22.1　在不同的作用域中定义具有相同名称的变量

```
def fairy_tale():            函数定义
    peter = 5                函数内部的 peter 变量赋值为 5
    print(peter)             打印 5

peter = 30
fairy_tale()
print(peter)         打印 30          这个函数调用创建了一个新的作用域,打印 5,然
                                      后这个函数返回 None 并且这个作用域结束
在主程序中执行的第一行代码,创建
一个名为 peter 的变量,其值为 30
```

22.2.2　作用域规则

决定使用哪个变量的规则如下所示(如果在程序中有多个具有相同名称的变量)。

■　在当前作用域中观察一个具有该名称的变量。如果它存在,就使用该变量。如果它在当前的作用域中不存在,就在调用这个函数的那行代码所在的作用域中观察，因为存在另一个函数调用当前函数的可能性。

- 如果调用者的作用域中有一个该名称的变量，就使用这个变量。
- 继续观察外层的作用域，直到观察到主程序的作用域（又称全局作用域）为止。我们无法观察到全局作用域的外面。存在于全局作用域中的变量称为全局变量。
- 如果一个具有该名称的变量并不存在于全局作用域中，就显示一个错误，表示该变量不存在。

接下来的 4 个程序清单（程序清单 22.2~程序清单 22.5）的代码展示了具有相同名称的变量在不同的作用域中的一些场景。我们可以注意到一些有趣的事情。

- 我们可以在一个函数的内部访问一个并不是由该函数所定义的变量。只要具有该名称的变量存在于全局作用域中，就不会出错。
- 我们不能在一个函数的内部对一个并不是由该函数所定义的变量进行赋值。

在程序清单 22.2 中，函数 e() 显示了我们可以创建并访问一个新的变量，这个变量的名称与全局作用域中的一个变量的名称相同。

程序清单 22.2　对一个变量进行初始化的函数

```
def e():
    v = 5
    print(v)        ◀────── 使用函数内部的 v

v = 1
e()        ◀────── 函数调用没问题；在函数内部使用 v
```

在程序清单 22.3 中，函数 f() 表明了即使一个变量并不是在这个函数内部创建的，在 f() 中访问这个变量也是没有问题的，因为在全局作用域中存在一个同名的变量。

程序清单 22.3　一个函数访问它的作用域之外的变量

```
def f():
    print(v)        ◀────── 访问作用域之外的变量

v = 1
f()        ◀────── 函数调用没问题：使用程序的变量 v
```

在程序清单 22.4 中，函数 g() 显示了在这个函数的内部对并不是由它定义的变量执行操作是没有问题的，因为我们只是访问它们的值，而不是试图修改它们。

程序清单 22.4　一个函数访问它的作用域之外的多个变量

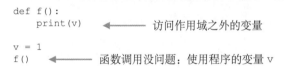

```
def g():
    print(v+x)        ◀────── 只访问变量

v = 1
x = 2
g()        ◀────── 函数调用没有问题，使用全局作用域的 v 和 x
```

在程序清单 22.5 中，函数 h() 显示了一个函数在没有定义变量的情况下试图增加这个变量的值。这将导致一个错误。

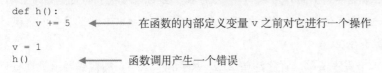

程序清单 22.5　一个函数试图修改一个在它的作用域之外定义的变量

```
def h():
    v += 5          ←———— 在函数的内部定义变量 v 之前对它进行一个操作

v = 1
h()                 ←———— 函数调用产生一个错误
```

函数的作用非常大，因为它们把问题分解为更小的代码块，而不是把数以百计甚至数以千计的代码聚集在一起。但是，函数也引入了作用域的概念。由于这个缘故，我们可以让不同作用域中的变量取相同的名称，彼此之间并不会产生冲突。我们需要注意当前所处的作用域。

像程序员一样思考

我们应该开始形成习惯来对程序进行"追踪"。为了追踪一个程序，我们应该逐行进行，首先画出我们所在的作用域，并写出当前作用域中的所有变量以及它们的值。

程序清单 22.6 展示了一个简单的函数定义和一组函数调用。在这段代码中，我们有一个函数，它在一个数为奇数时返回"odd"，在它为偶数时返回"even"。这个函数中的代码并没有打印任何内容，它只是返回结果。这段代码是从 num = 4 这一行开始运行的，它之前的代码只是一个函数定义。num 变量是在全局作用域中。函数调用 odd_or_even(num) 创建了一个作用域，并把 4 这个值映射到函数定义中的形式参数上。我们执行所有的计算并返回"even"，因为当 4 除以 2 时余数为 0。print(odd_or_even(num)) 打印出返回值"even"。在打印之后，我们计算 odd_or_even(5)。这个函数调用的返回值并没有被打印，也没有执行任何操作。

程序清单 22.6　显示不同作用域规则的函数

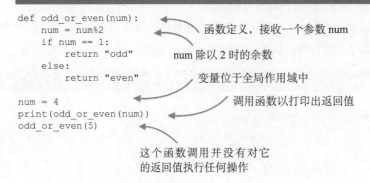

```
def odd_or_even(num):        ←———— 函数定义，接收一个参数 num
    num = num%2              ←———— num 除以 2 时的余数
    if num == 1:
        return "odd"
    else:
        return "even"        ←———— 变量位于全局作用域中

num = 4                      ←———— 调用函数以打印出返回值
print(odd_or_even(num))
odd_or_even(5)
```

这个函数调用并没有对它的返回值执行任何操作

图 22.1 展示了怎样绘制一个程序的追踪图。有一个容易混淆的地方是它有两个名为 num 的变量。但由于它们位于不同的作用域，因此它们并不会冲突。

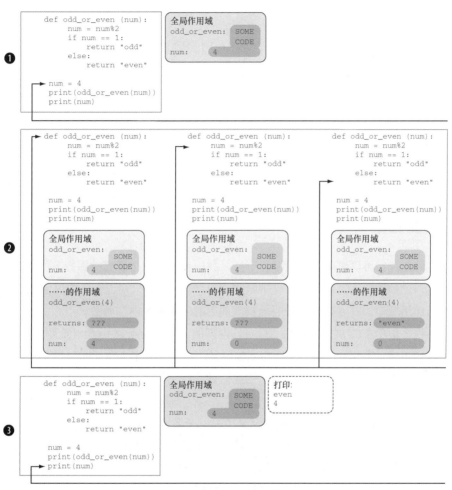

图 22.1 ❶对一个判断一个数为奇数还是偶数的程序进行追踪。在每一行中，我们画出作用域以及在这个作用域中存在的所有变量。在❶中，程序开始运行，并处于带箭头的直线位置。在这行代码执行之后，主程序作用域包含了一个函数定义和一个名为 num 的变量。在❷中，我们只是进行了一个函数调用 **print(odd_or_even (num))**，我们创建了一个新的作用域。注意，全局作用域仍然存在，但已经不是当前的作用域。在❷的左边窗格，我们让参数 **num** 成为一个值为 **4** 的变量。在❷的中间窗格，我们在这个函数调用的内部执行了 num=num%2，并且只在这个函数调用的作用域中把变量 **num** 重新赋值为 0。在❷的右边窗格，我们做出选择并返回 **"even"**。在❸中，这个函数返回 **"even"** 并且函数调用的作用域消失。我们又回到了全局作用域，并执行两个打印。打印这个函数调用的结果显示 **"even"**，打印 **num** 显示 **4**，因为我们现在所使用的是全局作用域中的变量 **num**

即学即测 22.1　对于下面的代码，选项中的每行代码打印出什么内容?

```
def f(a, b):
    x = a + b
    y = a - b
    print(x * y)
    return x / y
a = 1
b = 2
x = 5
y = 6
```

1. `print(f(x, y))`

2. `print(f(a, b))`

3. `print(f(x, a))`

4. `print(f(y, b))`

22.3　嵌套函数

就像我们可以使用嵌套的循环一样，我们也可以使用嵌套的函数。所谓嵌套函数，就是一个函数的定义出现在另一个函数的内部。Python 只知道一个内层函数位于外层函数的作用域中，并且只有当外层函数被调用时才能看到内层函数。

程序清单 22.7 展示了函数 sing() 内部的一个嵌套函数 stop()。全局作用域是主程序作用域。它包含了 sing() 的函数定义。这个函数定义在此时只是一些代码。在调用该函数之前，它并不会被执行。当我们试图在主程序作用域中调用 stop() 时，会出现一个错误。

在 sing() 的定义内部，我们定义了另一个名为 stop() 的函数，stop() 也包含了一些代码。在对函数进行调用之前，我们并不关注这些代码。在 sing() 的内部，调用 stop() 函数并不会导致错误，因为 stop() 是在 sing() 的内部定义的。但是对于主程序而言，只有函数 sing() 位于它的作用域内。

程序清单 22.7　嵌套函数

```
def sing():                              ← sing()内部的函数定义
    def stop(line):
        print("STOP",line)
    stop("it's hammer time")
    stop("in the name of love")         ← 在 sing() 的内部调用 stop() 函数
    stop("hey, what's that sound")
stop()      ←
sing()            ← 错误，因为 stop() 并不存在于全局作用域中
```

即学即测 22.2 对于下面的代码，选项中的每一行代码打印出什么内容？

```
def add_one(a, b):
    x = a+1
    y = b+1
    def mult(a,b):
        return a*b
    return mult(x,y)
a = 1
b = 2
x = 5
y = 6
```

1. `print(add_one(x, y))`

2. `print(add_one(a, b))`

3. `print(add_one(x, a))`

4. `print(add_one(y, b))`

22.4 把函数作为参数传递

我们已经看到了整数、字符串、浮点数和布尔类型的对象。在 Python 中，一切皆为对象，因此我们所定义的任何函数都是函数类型的对象。任何对象都可以作为参数传递给一个函数，即使这个对象也是函数！

我们需要编写代码来制作两个三明治。BLT 三明治包含咸肉、莴苣和西红柿，早餐三明治包含鸡蛋和奶酪。在程序清单 22.8 中，blt 和 breakfast 都是返回一个字符串的函数。

sandwich 函数接受一个名为 kind_of_sandwich 的参数，这个参数是一个函数对象。在 sandwich 函数的内部，我们可以和往常一样调用 kind_of_sandwich，只需要在它的后面加上一对括号。

当调用 sandwich 函数时，我们向它传递一个函数对象作为参数；向它提供一个函数的名称表示想要制作的三明治。并不需要在表示参数的 blt 或 breakfast 后面加上括号，因为我们想传递的是函数对象本身。如果使用了 blt() 或 breakfast()，那么其结果是一个字符串对象，因为它们这时就是一个返回字符串的函数调用。

程序清单 22.8 把一个函数对象作为参数传递给另一个函数

```
def sandwich(kind_of_sandwich):
    print("--------")
    print(kind_of_sandwich ())
    print("--------")

def blt():
    my_blt = " bacon\nlettuce\n tomato"
```

kind_of_sandwich 是一个参数

kind_of_sandwich 加上括号后就是一个函数调用

```
    return my_blt

def breakfast():
    my_ec = " eggegg\n cheese"
    return my_ec

print(sandwich(blt))    ←──── 只使用函数名（对象）
```

> **即学即测 22.3**　绘制程序清单 22.8 的程序追踪图。在每一行中，确定当前的作用域、打印内容、变量和它们的值以及函数的返回值（如果有）。

22.5　返回一个函数

　　由于函数也是对象，因此可以让函数返回另一个函数。当想要实现一些专用函数时，这种做法是非常有用的。一般是在嵌套函数的情况下返回函数。为了返回一个函数对象，可以只返回函数名。记住，在函数名的后面添加一对括号就相当于进行了一次函数调用，这并不是我们期望的行为。

　　当想要在函数内部嵌套专用函数时，返回一个函数是非常实用的手段。在程序清单 22.9 中，有一个名为 grumpy 的函数，它打印一条信息。在 grumpy 函数的内部，定义了另一个名为 no_n_times 的函数，它也打印一条信息。在这个 no_n_times 函数的内部，还定义了另一个函数，名为 no_m_more_times。

　　最内层的函数 no_m_more_times 打印一条信息，并打印 n + m 次 no。由于 no_m_more_times 函数嵌套于 no_n_times 函数的内部，因此它可以直接访问变量 n，且不需要把这个变量作为参数传递给它。

　　函数 no_n_times 返回函数 no_m_more_times 本身。函数 grumpy 返回函数 no_n_times。

　　当以 grumpy()(4)(2) 的形式进行函数调用时，我们是从左向右进行操作的，用函数调用的返回结果替换函数调用。注意下面的调用过程。

- 并不需要打印 grumpy 的返回值，因为程序是在这个函数的内部进行打印的。
- 对 grumpy() 的调用被 grumpy 所返回的结果，也就是函数 no_n_times 所替换。
- 现在 no_n_times(4) 被它所返回的结果，也就是函数 no_m_more_times 所替换。
- 最后，no_m_more_times(2) 就是最终的函数调用，它打印出所有的 no。

程序清单 22.9　从另一个函数返回一个函数对象

```
def grumpy():                    ←———— 函数定义
    print("I am a grumpy cat:")
    def no_n_times(n):           ←———— 嵌套的函数定义
        print("No", n,"times...")
        def no_m_more_times(m):  ←———— 嵌套的函数定义
            print("...and no", m,"more times")
            for i in range(n+m):  ←———— 通过循环打印单词 no 共 n + m 次
                print("no")
        return no_m_more_times    ←———— 函数 no_n_times 返回函数 no_m_more_times
    return no_n_times             ←———— 函数 grumpy 返回函数 no_n_times

grumpy()(4)(2)  ←———— 主程序中的函数调用
```

主程序中的函数调用

这个例子显示了函数调用具有左结合性，因此我们从左向右替换它们所返回的函数。例如，如果有 4 个嵌套的函数，它们都返回一个函数，就可以使用 f()()()() 这样的形式。

> **即学即测 22.4**　绘制程序清单 22.9 的程序追踪图。在每一行中，确定它的作用域、打印内容、变量和它们的值以及函数的返回值（如果有）。

22.6　总结

在本章中，我们的目标是学习函数的一些微妙的特性。只有对函数进行操作时，这些思路才会浮出水面。所创建的函数可以具有相同名称的变量，并且它们并不会冲突，因为它们分属不同的函数作用域。我们了解了函数也是 Python 对象，它们可以作为参数传递给其他函数，也可以从其他函数返回。下面是本章的一些要点。

- 我们已经使用过内置的函数，现在理解了为什么要按照那种方式编写函数。它们接收参数并在执行一些计算之后返回一个值。
- 我们可以在一个函数的内部定义另一个函数，实现嵌套函数。嵌套函数只存在于被嵌套函数的作用域中。
- 我们可以像其他任何对象一样传递函数对象。我们可以把它们作为参数，也可以从函数返回它们。

22.7　章末检测

问题 22.1　在下面的代码中填充缺失的部分：

```
def area(shape, n):
    # 编写一行代码，返回面积
    # 一个由参数 n 决定的通用形状
```

```
def circle(radius):
    return 3.14*radius**2
def square(length):
    return length*length

print(area(circle,5))  # 函数调用的例子
```

1. 编写一行代码，使用 area() 计算一个半径为 10 的圆的面积。

2. 编写一行代码，使用 area() 计算一个边长为 5 的正方形的面积。

3. 编写一行代码，使用 area() 计算一个直径为 4 的圆的面积。

问题 22.2　在下面的代码中填充缺失的部分：

```
def person(age):
    print("I am a person")
    def student(major):
        print("I like learning")
        def vacation(place):
            print("But I need to take breaks")
            print(age,"|",major,"|",place)
            # 编写一行代码，返回适当的函数
        # 编写一行代码，返回适当的函数
```

例如，下面这个函数调用

```
person(12)("Math")("beach")  # 函数调用的例子
```

应该打印出的内容如下：

```
I am a person
I like learning
But I need to take breaks
12 | Math | beach
```

1. 以年龄 29、专业 "CS"、度假地 "Japan" 为参数编写一个函数调用。

2. 编写一个函数调用，使它的最后一行打印内容如下所示：

```
23 | "Law" | "Florida"
```

第 23 章　阶段性项目：对朋友进行分析

在学完第 23 章之后，你可以实现下面的目标。
- 编写一个函数来逐行读取一个文件
- 把数字和字符串从文件保存到变量中
- 编写函数，对已经存储的信息进行分析

　　到目前为止，我们所看到的数据输入方法只有两种：一种是在程序中预定义变量，另一种是从用户那里逐个接收输入。但是，当用户有大量的信息要输入到程序中时，就无法期望用户在运行程序时能实时输入它们。把输入信息预先放在一个文件中是一种非常实用的方法。

　　计算机的优越之处在于它能够快速完成大量的计算。计算机的一种自然用途是编写程序从文件读取大量数据并对这些数据进行简单的分析。例如，我们可以把自己的数据从 Microsoft Excel 电子表格导出为文件，或者下载数据（例如天气数据或选举数据）。获取了一个具有某种结构的文件之后，我们可以根据该文件的结构，编写一个程序线性地读取这个文件的信息或者在这个文件中存储信息。对于已经存储到程序中的信息，我们可以对它进行分析（例如，计算平均值、最大值、最小值和重复值）。

　　除了巩固第 6 部分的概念，在本章中我们还将学习怎样从文件读取数据。

[问题]　编写一个程序，从一个具有某种特定格式的文件中读取输入。这个文件包含了你的所有朋友的名字以及他们的电话号码。这个程序应该存储这些信息，并按照某种方式对它进行分析。例如，你可以根据电话号码的地区代码告诉用户他们的朋友居住在哪里以及他们所在州的地区代码。

23.1　读取文件

我们将编写一个名为 read_file 的函数，它读取文件每一行的信息并把它保存到一个变量中。

23.1.1　文件格式

这个函数假设用户所提供的信息按照下面的格式保存在一个文件中，每一段不同信息位于单独的一行：

```
朋友 1 姓名
朋友 1 电话号码
朋友 2 姓名
朋友 2 电话号码
< 以此类推 >
```

重要的是每一段信息位于单独的一行，这意味着每一行以换行符（newline）结尾。Python 提供了一种机制来处理这种情况，稍后我们将会看到。知道了这种格式之后，我们就可以逐行读取文件了。从第一行开始每隔一行把信息存储在一个元组中，然后从第二行开始每隔一行把信息存储在另一个元组中。这两个元组的内容如下所示：

```
(朋友 1 的姓名，朋友 2 的姓名，< 以此类推 > )
(朋友 1 的电话号码，朋友 2 的电话号码，< 以此类推 > )
```

注意，在索引 0 的位置，这两个元组所存储的信息都和朋友 1 有关；在索引 1 的位置，这两个元组所存储的信息都和朋友 2 有关，以此类推。

必须扫描每一行，这应该会触发我们使用循环的思路来对每一行进行迭代。这个循环以字符串的形式读取文件中的每一行。

23.1.2　换行符

每一行的末尾都有一个特殊的隐藏字符，即换行符。这个字符的表示形式是 \n。为了观察这个字符的效果，在控制台输入下面的代码：

```
print("no newline")
```

控制台打印出短语 no newline，然后提示我们再输入一些内容。现在输入下面的代码：

```
print("yes newline\n")
```

现在，我们看到了打印内容和下一个输入提示之间有一个额外的空行。这是因为反斜杠和字母 n 的特殊组合告诉 Python 这是一个换行符。

23.1.3　删除换行符

当从文件读取某行内容时，这行包含了我们可以看到的所有字符和换行符。要想存储除这个特殊字符之外的所有信息，可以在存储信息之前删除这个换行符。

由于程序把每一行读取到一个字符串，因此可以对它使用字符串方法。最简单的方法是用空字符串""替换每个\n。这种做法可以有效地删除换行符。

程序清单 23.1 展示了怎样用一个空字符串替换换行符，并把结果保存到一个变量中。

程序清单 23.1　删除换行符

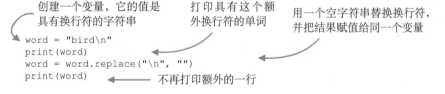

创建一个变量，它的值是具有换行符的字符串　　　打印具有这个额外换行符的单词　　　用一个空字符串替换换行符，并把结果赋值给同一个变量

```
word = "bird\n"
print(word)
word = word.replace("\n", "")
print(word)
```

不再打印额外的一行

像程序员一样思考

每个程序员的思路可能并不一样。编写一段代码的方法往往不止一种。当需要编写代码时，我们可以浏览 Python 文档，观察在编写代码之前是不是可以使用一些函数。例如，程序清单 23.1 使用了字符串替换技巧，用空格替换了换行符。Python 文档记录了另一个适用于这种场合的函数：strip。strip 函数在一个字符串的起始位置和结束位置删除某个特定字符的所有实例。下面这两行代码完成相同的任务：

```
word = word.replace("\n", "")
word = word.strip("\n")
```

23.1.4　使用元组存储信息

既然每一行文本都清除了换行符，现在剩下的就是字符串形式的纯数据了。下一个步骤就是把它存储在变量中。由于处理的是一个数据集合，因此应该使用一个元组存储所有的姓名，并使用另一个元组存储所有的电话号码。

每次当程序读取一行信息时，就把新信息添加到元组中。注意，在一个元组中添加一个元素将导致这个元组包含原先的信息以及在最后位置新加的那个元素。图 23.1 展示了文件中的哪几行存储在哪个元组中。下一节将介绍这项操作的代码。

23.1.5　返回什么

编写一个函数，来完成读取一个文件的简单任务，然后对读取的信息进行组织，并返回组织后的信息。既然我们使用了两个元组（一个存储了所有的姓名，另一个存储了所有的电话号码，如图 23.1 所示），那么最后应该返回一个元组的元组，如下所示：

```
((朋友 1 的姓名，朋友 2 的姓名，...)，(朋友 1 的电话号码，朋友 2 的电话号码，...))
--------------------------------   --------------------------------------
       一个元组                              另一个元组
```

必须返回一个元组的元组，因为一个函数只能返回一个对象。第 21 章所描述的从函数返回一个包含多个元素的元组可以解决这个问题。

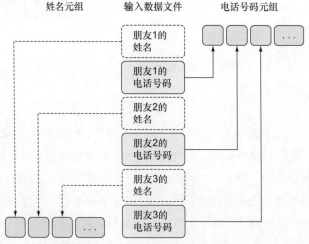

图 23.1　输入数据包含了一行行的信息。第一行是一位朋友的姓名，第二行是这位朋友的电话号码。第三行是第二位朋友的姓名，第四行是他的电话号码，以此类推。从第一行开始，每隔一行把所有的朋友姓名存储在一个元组中。从第二行开始，每隔一行把所有朋友的电话号码存储在另一个不同的元组中

　　程序清单23.2展示了读取数据的函数的代码。函数 read_file 接收一个文件对象。我们将在后面看到什么是文件对象。它对这个文件的每一行进行迭代，并清除所有的换行符。如果观察到一个奇数行，就把它添加到姓名元组中；如果观察到一个偶数行，就把它添加到电话号码元组中。不管是哪种情况，注意添加的是个单元素元组，因此需要在括号中添加一个额外的逗号。最后，这个函数返回一个元组的元组，这样我们就可以对从文件解析的信息进行处理了。

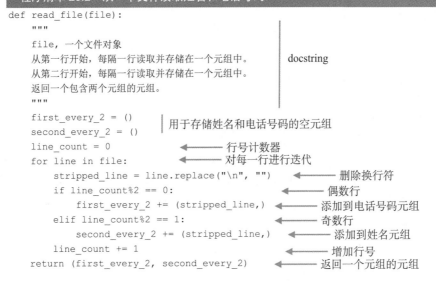

程序清单 23.2　从一个文件读取姓名和电话号码

```
def read_file(file):
    """
    file，一个文件对象
    从第一行开始，每隔一行读取并存储在一个元组中。       docstring
    从第二行开始，每隔一行读取并存储在一个元组中。
    返回一个包含两个元组的元组。
    """
    first_every_2 = ()          用于存储姓名和电话号码的空元组
    second_every_2 = ()
    line_count = 0              行号计数器
    for line in file:          对每一行进行迭代
        stripped_line = line.replace("\n", "")      删除换行符
        if line_count%2 == 0:                       偶数行
            first_every_2 += (stripped_line,)       添加到电话号码元组
        elif line_count%2 == 1:                     奇数行
            second_every_2 += (stripped_line,)      添加到姓名元组
        line_count += 1                             增加行号
    return (first_every_2, second_every_2)          返回一个元组的元组
```

23.2　对用户的输入进行净化

　　现在，我们已经在两个元组中存储了用户所提供的信息，一个元组包含了朋友的姓名，另一个元组包含了电话号码。

　　我们没有指定电话号码的格式，因此用户可以在文件中包含任意格式的电话号码。用户可以在电话号码中使用破折号、括号、空格或其他任何字符。在对数值进行分析之前，必须让电话号码遵循同一种格式。这就意味着必须清除所有的特殊字符，只留下数字。

　　这项工作看上去适合用一个函数来完成。sanitize 函数就可以完成这个任务，它使用我们已经学过的替换方法用空字符串""替换所有的特殊字符。程序清单 23.3 展示了一种可能的实现。我们对每个字符串进行迭代并替换在电话号码中可能出现的所有不

必要的字符。在清除了破折号、空格和括号之后，我们就把净化后的电话号码（以字符串的形式）放在一个新元组中并由这个函数返回。

程序清单 23.3　从电话号码中删除空格、破折号和括号

```
def sanitize(some_tuple):
    """
    phones，一个字符串元组
    删除每个字符串中所有的空格、破折号和括号
    返回一个包含了清理后的字符串元素的元组
    """
    clean_string = ()                      ← 空元组
    for st in some_tuple:
        st = st.replace(" ", "")           用空字符串替换不必要的字符
        st = st.replace("-", "")
        st = st.replace("(", "")
        st = st.replace(")", "")
        clean_string += (st,)              ← 把清理后的电话号码添加到一个新元组中
    return clean_string                    ← 返回新元组
```

23.3　测试和调试到目前为止所编写的代码

这个大型任务剩余的工作就是对数据进行分析。在进行这个任务之前，先对程序进行简单的测试（如果有必要，请进行调试），确保编写的两个函数能够正常工作。

现在，我们已经完成了两个可以实现一些有趣任务的函数。我们知道，在程序中调用这两个函数之前，它们不会运行。现在编写代码，把这两个函数集成在一起。

23.3.1　文件对象

当对文件进行操作时，必须创建文件对象。和之前讲过的其他对象一样，Python 知道怎样对这些文件对象进行一些专门的操作。例如，在编写的 read_file 函数中，我们可以用 for line in file 这样的语句对一个特定文件对象中的每一行进行迭代。

23.3.2　编写一个包含姓名和电话号码的文本文件

在 Spyder 中，创建一个新文件，并按照 read_file 函数所预期的格式输入几行数据。首行是姓名，下一行是电话号码，再下一行是另一个姓名，接着是另一个电话号码，以此类推。例如：

```
Bob
000 123-4567
Mom Bob
```

```
(890) 098-7654
Dad Bob
321-098-0000
```

现在，把这个文件另存为 friends.txt 或其他文件名。确保把这个文件保存在与我们所编写的 Python 程序相同的目录中。这个文件将由我们的程序所读取，它是一个普通的文本文件。

23.3.3 打开文件以进行读取

我们可以通过打开一个文件名来创建文件对象，使用一个名为 open 的函数，它接收一个字符串参数，表示想要读取的文件名。这个文件必须位于.py 程序文件所在的目录中。

程序清单 23.4 展示了怎样打开一个文件、运行编写的函数并检查这个函数是否返回了正确的信息。使用 open 函数打开一个名为 friends.txt 的文件。这个操作创建了一个文件对象，它是 read_file() 函数所接收的参数。read_file() 返回一个元组的元组。我们把返回信息存储在两个元组中，一个元组用于存储姓名，另一个元组用于存储电话号码。

程序清单 23.4　从一个文件中读取姓名和电话号码

```
friends_file = open('friends.txt')          ← 打开文件
(names, phones) = read_file(friends_file)   ← 调用函数

print(names)
print(phones)                ← 向用户打印输出
clean_phones = sanitize(phones)    ← 观察函数是否正常工作

print(clean_phones)      ← 向用户打印输出
friends_file.close()     ← 关闭文件
```

我们可以以电话号码元组为参数调用 sanitize 函数，对它进行测试。在每个步骤中，我们可以打印变量的值，观察程序的输出是不是符合预期。

在编写新函数之前，对已经编写的函数逐个进行测试是非常实用的做法。我们应该不定期地进行测试，确保一个函数的输出数据符合预期，并能够作为另一个函数的输入数据。

23.4　重复使用函数

函数的优越之处在于它们的可复用性。我们并不需要为一种特殊用途的数据单独编写一个函数。例如，如果编写了一个将两个数相加的函数，我们可以调用这个函数把两

个表示温度、年龄或重量的数字相加。

我们已经编写了一个读取数据的函数。通过这个函数可以读取姓名和电话号码并把它们保存在两个元组中。我们可以复用这个函数来读取一组按照相同的格式组织的不同数据。

由于用户提供了电话号码，假设有一个文件包含了地区代码和用户所居住的州。这个文件中的信息格式与包含姓名和电话号码的文件的信息格式相同。

```
地区代码 1
州 1
地区代码 2
州 2
< 以此类推 >
```

一个名为 map_areacodes_states.txt 的文件的前几行如下所示：

```
201
New Jersey
202
Washington D.C.
203
Connecticut
204
< 以此类推 >
```

对于这个文件，我们可以调用同一个函数 read_data，并存储它返回的值：

```
map_file = open('map_areacodes_states.txt')
(areacodes, places) = read_file(map_file)
```

23.5　分析信息

现在是时候把所有的工作都整合在一起了。我们收集了所有的数据并把它保存到变量中。我们拥有的数据包括：

- 人名；
- 与每个姓名对应的电话号码；
- 地区代码；
- 与地区代码对应的州名。

23.5.1　规范

编写一个名为 analyze_friends 的函数，它接收 4 个元组：第一个元组包含了朋友的姓名，第二个元组包含了他们的电话号码，第三个元组包含了所有的地区代码，第四个元组包含了所有与地区代码对应的州名。

这个函数打印一些信息，它并不返回任何对象。假设文件中所提供的朋友信息如下所示：

```
Ana
801-456-789
Ben
609 4567890
Cory
(206)-345-2619
Danny
6095648765
```

这个函数将打印下面的信息：

```
You have 4 friends!
They live in ('Utah', 'New Jersey', 'Washington')
```

注意，尽管我们有 4 个朋友，但是其中有 2 个居住在同一个州，因此程序只打印不同的州名。下面是将要编写的函数的 docstring：

```
def analyze_friends(names, phones, all_areacodes, all_places):
    """
    names，包含朋友姓名的元组
    phones，包含电话号码（不包含特殊符号）的元组
    all_areacodes，包含地区代码字符串的元组
    all_places，包含美国州名字的元组
    打印出朋友数量以及他们的电话号码表示的每个不同的州
    """
```

23.5.2　帮助函数

分析信息的任务足够复杂，我们应该编写帮助函数。帮助函数（helper function）是一种帮助其他函数实现其任务的函数。

1．不同的地区代码

编写的第一个帮助函数是 get_unique_area_codes。它不接收任何参数，返回一个只包含不同的地区代码的元组（顺序任意）。换句话说，它所返回的元组中没有重复的地区代码。

程序清单 23.5 展示了这个函数。这个函数将嵌套于 analyze_friends 函数的内部。由于它是嵌套函数，因此它能够访问 analyze_friends 的所有参数，包括 phones 元组。这就意味着我们不需要把这个元组作为参数传递给 get_unique_area_codes 函数。

这个函数对 phones 中的每个数进行迭代，并且只观察前 3 位数字（地区代码）。它追踪它所看到的所有地区代码，发现某个地区代码在不同地区代码元组中不存在时就

把这个代码添加到这个元组中。

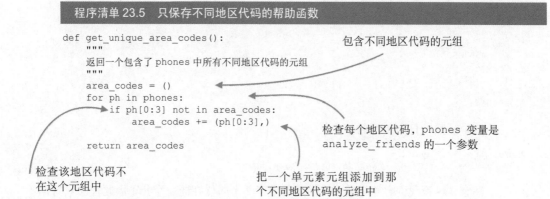

程序清单 23.5　只保存不同地区代码的帮助函数

```
def get_unique_area_codes():
    """
    返回一个包含了 phones 中所有不同地区代码的元组
    """
    area_codes = ()
    for ph in phones:
        if ph[0:3] not in area_codes:
            area_codes += (ph[0:3],)

    return area_codes
```

包含不同地区代码的元组

检查每个地区代码，phones 变量是
analyze_friends 的一个参数

检查该地区代码不
在这个元组中

把一个单元素元组添加到那
个不同地区代码的元组中

2. 把地区代码映射到州名

analyze_friends 函数的两个输入分别是包含地区代码的元组和包含州名的元组。现在，我们想使用这两个元组把不同的地区代码映射到对应的州名。可以编写另一个函数来完成这个任务，该函数叫作 get_states。这个函数接收一个包含地区代码的元组为参数，并返回一个包含了与这些地区代码对应的州名的元组。这个函数也嵌套于 analyze_friends 函数的内部，因此它能够访问提供给 analyze_friends 的所有参数。

程序清单 23.6 展示了怎样完成这个任务。我们使用一个循环对每个地区代码进行迭代。对于一个合法的地区代码，必须确定这个地区代码在地区代码元组中的位置，可以使用元组的 index 方法来获取这个值。记住，地区代码元组和州名元组是匹配的（这也是当我们从文件中读取它们时创建这两个元组的方式）。我们使用从地区代码元组所返回的索引查找州名元组中同一个位置的州名。

优秀的程序员会预料到用户的输入可能存在的所有问题，并试图以优雅的方式处理这些问题。例如，有时候用户可能会输入一个虚假的地区代码。程序员对这种情况应该有所预料，在出现这种情况时向用户提供"如果您输入了错误的地区代码，我们将把它与一个名为 BAD AREACODE（错误地区代码）的州名相关联"的信息。

程序清单 23.6　根据不同的地区代码查找州名的帮助函数

```
def get_states(some_areacodes):
    """
    some_areacodes，包含地区代码的元组
    返回一个元组，包含了与上述地区代码相关联的州名
```

```
    """
    states = ()
    for ac in some_areacodes:
        if ac not in all_areacodes:
            states += ("BAD AREACODE",)
        else:
            index = all_areacodes.index(ac)
            states += (all_places[index],)
    return states
```

用户提供了一个虚假的值，变量 all_areacodes 是 analyze_friends 的一个参数

在元组中查找这个地区代码的位置

使用这个位置查找州名

以上就是嵌套在 analyze_friends 函数内部的帮助函数了。现在我们可以使用这些帮助函数，使 analyze_friends 内部的代码变得更简单、更容易理解，如程序清单 23.7 所示。我们只需调用帮助函数并打印它们所返回的信息。

程序清单 23.7 analyze_friends 函数的函数体

```
def analyze_friends(names, phones, all_areacodes, all_places):
    """
    names, 包含朋友姓名的元组
    phones, 包含电话号码（不包含特殊符号）的元组
    all_areacodes, 包含地区代码字符串的元组
    all_places, 包含美国州名字符串的元组
    打印出朋友数量以及他们的电话号码表示的每个不同的州
    """

def get_unique_area_codes():
    """
    返回一个包含了 phones 中所有不同地区代码的元组
    """
    area_codes = ()
    for ph in phones:
        if ph[0:3] not in area_codes:
            area_codes += (ph[0:3],)

    return area_codes

def get_states(some_areacodes):
    """
    some_areacodes, 包含地区代码的元组
    返回一个元组，包含了与上述地区代码相关联的州名
    """
    states = ()
    for ac in some_areacodes:
        if ac not in all_areacodes:
            states += ("BAD AREACODE",)
        else:
            index = all_areacodes.index(ac)
            states += (all_places[index],)
    return states

num_friends = len(names)                          朋友的数量
unique_area_codes = get_unique_area_codes()       只保存不同的地区代码
unique_states = get_states(unique_area_codes)     获取与不同的地区代码对应的州名

print("You have", num_friends, "friends!")        打印朋友的数量
print("They live in", unique_states)              打印不同的州名

            没有返回值
```

　　这个程序的最后一个步骤是读取两个文件，调用函数分析数据，并关闭这两个文件。程序清单 23.8 展示了这个过程。

程序清单 23.8　读取文件、分析内容和关闭文件的命令

打开程序所在目录中的文件　　　　　　　使用同一个函数读取
　　　　　　　　　　　　　　　　　　两个不同的数据集

```
friends_file = open('friends.txt')
(names, phones) = read_file(friends_file)
areacodes_file = open('map_areacodes_states.txt')
(areacodes, states) = read_file(areacodes_file)

clean_phones = sanitize(phones)
analyze_friends(names, clean_phones, areacodes, states)

friends_file.close()
areacodes_file.close()
```

对电话号码数
据进行规范化

调用函数完成大
部分工作

关闭文件

23.6　总结

　　在本章中，我们的目标是学习怎样处理分析数据这个问题。我们编写了一些函数，它们专门用于完成某些特定的任务。一个函数是从一个文件读取数据，本章两次使用了这个函数：一次是读取朋友的姓名和电话号码，另一次是读取地区代码和州名。另一个函数负责对数据进行净化，删除电话号码中所有不必要的字符。最后一个函数对我们从文件中所收集的数据进行分析。这个函数由两个帮助函数组成，其中一个帮助函数从一组地区代码中返回不同的地区代码，另一个帮助函数把不同的地区代码转换为各自对应的州名。下面是本章的一些要点。

- 可以在 Python 中打开文件，并对它们的内容进行操作（以字符串的形式读取文件中的文本行）。
- 函数适用于对代码进行组织。可以把自己所编写的任何函数复用于不同的输入。
- 我们应该经常对函数进行测试，在编写了一个函数之后应该立即对它进行测试。
- 当完成了一些函数的编写之后，应该确保它们能够协同工作。

　　如果一个函数只与一个特定的任务有关，可以把它嵌套在另一个函数的内部，而不是在程序中独立地出现。

使用可变数据类型

在本书的第 6 部分，我们学习了怎样用函数组织自己的代码。函数用于编写模块化的代码，可以在一个更大程序中的不同位置被多次复用。

在本书的第 7 部分，我们将学习 Python 中两种新的数据类型：列表（list）和字典（dictionary）。这两种数据类型是可变的，因为可以直接修改它们，而不需要事先创建它们的副本。

可变数据类型一般用于编写复杂程序，尤其是当我们所存储的大量数据集合需要修改的时候。例如，我们想要维护公司产品的详细目录或者公司所有员工的相关信息。在每次进行修改的时候，可变对象不需要付出复制对象这样的额外开销。

在阶段性项目中，我们将编写一个程序来判断两个文档的相似度。读取两个文档，并使用一种衡量方法，根据两个文档的单词数量以及它们共有的单词数量来判断它们的相似度。我们将使用字典来成对地存储单词以及它们的出现频率。然后，使用一个公式，根据共有单词的出现频率来计算两个文档的差异。

第 24 章　可变对象和不可变对象

在学完第 24 章之后，你可以实现下面的目标。
- 理解什么是不可变对象
- 理解什么是可变对象
- 理解对象是怎样存储在计算机内存中的

    考虑下面这个场景。你购买了一座房子，它的面积正好满足你的需要，即正适合一个人居住。后来，你结婚了，但这座房子住两个人有点太挤了。你有两个选择：在房子旁边再建一座房子；或者推倒整座房子，重新建造一座更大的足以容纳两个人的新房子。在房子旁边再造一座房子比推倒一座原本完美的房子更加合理，因为推倒重来只为扩大房子的面积多少有点劳师动众。现在，你有了小孩，需要更多的房间。你再次面临选择，是在房子旁边再建一座房子，还是推倒原来的房子，重新建造一座能够容纳 3 个人的新房子？

    同样，对房子进行扩展是更为合理的做法。如果住在房子里的人进一步增加，保持房子原先的结构并且对它进行修改是一种速度更快并且代价更低的做法。

    在有些情况下，如果能够把数据放在某种类型的容器中是非常方便的，因为可以在容器内部修改数据而不是创建一个新的容器，并把修改后的数据放在新容器中。

『场景模拟练习』

　　这个练习需要纸和计算机。考虑你曾经去过的所有国家/地区的名字。如果缺少出国经历，可以假设自己去过加拿大（Canada）、巴西（Brazil）、俄罗斯（Russia）和冰岛（Iceland）。

- 在纸上，按字母顺序写下自己曾经去过的所有地区，每行写一个地区。
- 在计算机上的文本编辑器中，输入与上面相同的地区列表。
- 假设你意识到自己去的是格陵兰岛（Greenland）而不是冰岛。在纸上修改自己的列表，这样按字母顺序依次是 Canada、Brazil、Russia 和 Greenland。能不能做到修改这个列表（仍然保持每行一个地区）而不需要重新写出所有的地区？能不能在计算机上修改这个列表（仍然保持每行一个地区）而不需要重新写出所有的地区？

[答案]

　　如果是用笔写，必须重新书写整个列表。否则，划掉写错的地区并在旁边写上新的地区名显得很潦草。在文本编辑器中，可以直接替换这个地区名。

24.1　不可变对象

　　到目前为止，我们所看到的所有 Python 对象（布尔值、整数、浮点数和元组）都是不可变对象。在创建了对象并对它进行赋值之后，就不能再修改这个值。

　　定义：不可变对象是其值无法改变的对象。

　　在后台的计算机内存中，这意味着什么呢？创建一个对象并为它提供一个值就是在内存中为它分配一个空间。绑定到这个对象的变量名指向内存中的这个空间。图 24.1 展示了对象的内存位置以及使用表达式 a = 1 和 a = 2 把同一个变量绑定到一个新对象时会发生什么情况。值为 1 的对象仍然存在于内存中，但已经失去了对它的绑定。

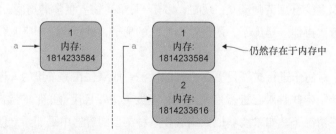

图 24.1　变量名 **a** 被绑定到内存位置中一个值为 **1** 的对象上。当变量名 **a** 被绑定到一个值为 **2** 的不同对象时，原先值为 **1** 的对象仍然存在于内存中，只是我们无法再通过变量访问它

使用 id() 函数可以观察分配给对象的内存位置的值。在控制台输入下面的代码：

```
a = 1
id(a)
```

控制台所显示的值表示这个值为 1 并且可以通过变量 a 访问的对象在内存中的位置。现在，输入下面的代码：

```
a = 2
id(a)
```

和以前一样，控制台中所显示的值表示这个通过变量 a 访问的值为 2 的对象在内存中的地址。在这两种情况下，为什么使用同一个变量 a 但它们的值是不一样的？我们知道，变量名就是绑定到一个对象的名称。这个名称指向一个对象。在第一种情况下，这个变量指向值为 1 的整数对象，在第二种情况下指向值为 2 的整数对象。id() 函数告诉我们变量名所指向的对象的内存位置，与变量名本身并没有关系。

到目前为止，我们所看到的对象的类型在对象被创建之后就不能被修改。假设已经有下面一段代码，并按这个顺序执行代码。我们初始化两个变量 a 和 b，将它们分别初始化为两个值为 1 和 2 的对象。然后，我们可以把变量 a 绑定到一个值为 3 的不同对象上：

```
a = 1
b = 2
a = 3
```

图 24.2 展示了执行每行代码时，程序的内存中存在的对象。

■ 创建值为 1 的对象时，我们把这个对象绑定到变量 a。

■ 创建值为 2 的对象时，我们把这个对象绑定到变量 b。

■ 在最后一行代码中，我们把变量 a 重新绑定到一个完全不同的新对象上，它的值为 3。

值为 1 的旧对象仍然存在于计算机的内存中，但我们失去了对它的绑定，无法再通过一个变量名访问它。

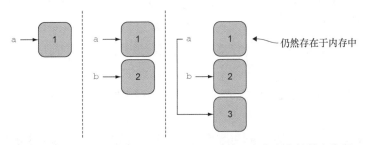

图 24.2　变量绑定到对象的进展。在左边，**a = 1** 显示了对象 1 在内存中的某个位置。在中间，**a = 1**、**b = 2**，值为 1 和 2 的对象在内存中位于不同的位置。在右边，**a = 1**、**b = 2** 然后 **a = 3**。变量 **a** 被绑定到一个不同的对象上，但原先的对象仍然存在于内存中

当一个不可变对象失去了它的变量句柄之后，Python 解释器可能会删除这个对象，回收它所占的内存供以后使用。Python 程序员并不需要关注怎样删除旧对象，因为 Python 会通过一个称为内存垃圾收集的过程为我们完成这个任务，这点与其他编程语言不同。

> **即学即测 24.1**　绘制一张与图 24.2 相似的图，显示下面的语句序列的变量以及它们所指向的对象：
>
> ```
> sq = 2 * 2
> ci = 3.14
> ci = 22 / 7
> ci = 3
> ```

24.2　对可变性的需求

失去了绑定到一个对象的变量之后，就不能再访问这个对象了。如果我们希望程序记住它的值，就需要把它的值存储在一个临时变量中。使用临时变量存储现在并不需要但将来可能需要的值并不是一种非常高效的编程方法。它会浪费内存，导致代码中充斥着变量，比较混乱，而这些变量在大多数情况下并不会被使用。

如果不可变对象是指在创建之后其值就不能改变的对象，那么可变对象就是指在创建之后其值仍然能够改变的对象。可变对象通常是那些可以存储数据集合的对象。在本部分的后面几章中，我们将看到列表（Python 的 list 类型）和字典（Python 的 dict 类型）这两个可变对象的例子。

定义：可变对象就是其值可以改变的对象。

例如，我们可以创建一个想要从杂货店购买的商品列表。当决定了需要购买哪些商品时，就在这个列表中添加它们。当购买了商品后，就把它们从列表中删除。注意，我们所使用的是同一个列表并对它进行修改（划掉一些商品或在后面添加一些商品），而不是在每次需要修改列表时复制列表中的所有元素。作为另一个例子，我们可以把自己的杂货店购物需求保存在一个字典中，它把我们所需要的每个商品映射到一个表示购买数量的数字。

图 24.3 展示了把变量绑定到可变对象时内存中所发生的事情。在修改对象时，保持原来的变量绑定，在同一个内存位置的对象被直接修改。

在编程时，可变对象显得更为灵活，因为我们可以在不失去对它的绑定的情况下修改对象本身。

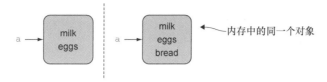

图 24.3　左边，在某个内存位置保存了一个购物列表。右边，我们在这个列表中
添加了另一个商品，同一个内存位置的对象被直接修改

首先，一个可变对象的行为也可以和不可变对象的行为一样。如果把一个购物列表重新绑定到变量 a 并检查它的内存位置，可以发现变量 a 的内存位置发生了变化，原先购物列表的绑定消失：

```
a = ["milk", "eggs"]
id(a)
a = ["milk", "eggs", "bread"]
id(a)
```

我们也可以使用可变对象特有的操作来直接修改原先的对象，而不会失去对它的绑定。在下面的代码中，我们在列表中追加了另一个商品（把它添加到列表的末尾）。变量 a 所绑定的对象的内存位置保持不变。下面这段代码的行为如图 24.3 所示：

```
a = ["milk", "eggs"]
id(a)
a.append("bread")
id(a)
```

在程序中使用可变对象主要出于下面这几个原因。

首先，我们可以把集合（例如，人名列表或人名与电话号码的映射）中一部分的数据存储在一个对象中，使这些对象可以在以后使用。

其次，当创建了一个对象之后，可以向这个对象添加数据或者从这个对象删除数据，而不需要创建一个新对象。有了这个对象之后，我们还可以修改对象本身的元素，对集合中的元素进行修改，而不是在只需要修改一个值的情况下来创建原对象的一个新副本。

最后，我们可以在一个对象中进行"原地"整理，对集合中的数据进行重新排序。例如，如果有一个人名列表，我们想按照字母顺序对它们进行排序。

对于大型的数据集合，每次对集合进行修改时把集合复制到一个新的对象中是非常低效的做法。

> **即学即测 24.2**　对于下面这些信息，它们更适合存储在可变对象中还是不可变对象中？
> 1．一个州内的城市
> 2．一个人的年龄

3．一家杂货店里的商品分组以及它们的价格

4．汽车的颜色

24.3   总结

在本章中，我们的目标是学习对象是怎样存在于计算机内存中的。有些对象的值在对象被创建之后就不能再修改（不可变对象）；有些对象的值在对象被创建之后能够被修改（可变对象）。基于我们在编程中想要实现的目的，我们可以使用不可变对象或可变对象。下面是本章的一些要点：

■ 不可变对象的值不可改变（例如字符串、整数、浮点数和布尔值）。

■ 可变对象的值可以改变（在本部分，我们将看到列表和字典）。

24.4   章末检测

问题   在图 24.4 中，每个区域展示了代码的一个新操作。下面这两个变量中哪个被绑定到不可变对象？哪个被绑定到可变对象？

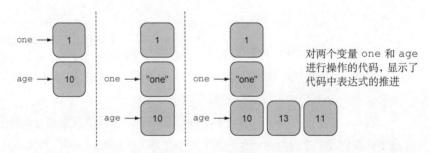

图 24.4   对两个变量进行操作

第 25 章 对列表进行操作

在学完第 25 章之后，你可以实现下面的目标。
- 创建 Python 的列表
- 在 Python 的列表中添加、删除和修改元素
- 对列表的元素执行操作

可变数据类型就是那些我们可以通过操作来改变对象值的对象类型。这种修改是在原地进行的，因此不需要创建原对象的副本。我们有时候需要使用可变数据类型，尤其是在处理大量数据的时候。对于每个操作，直接对存储数据进行修改比把数据复制到一个新对象中高效得多。

有时候，我们不会创建新对象，而是复用一个对象并修改它的值。当一个对象表示其他对象的有序集合时，这种操作尤其实用。大多数编程语言提供了一种数据类型表示这种可以修改的有序集合。在 Python 中，这种数据类型称为列表。列表是一种到目前为止本书尚未介绍过的新的对象类型。它表示其他对象类型的一个有序集合，我们可以使用各种列表，包括数值列表、字符串列表甚至是混合对象类型的列表等。

我们常常需要按照某种顺序存储对象。例如，如果维护一个购物列表，第一个待购商品将位于第一行，第二个待购商品将位于第二行，以此类推。列表的有序性来自列表中的每个元素都有一个特定位置这个思路，第一个元素总是位于列表的第一个位置，最

后一个元素总是位于列表的最后一个位置。本章将讲解怎样创建列表以及怎样执行操作改变列表。这些操作可能会移动列表中的元素，但列表的第一个位置和最后一个位置总是有元素存在。第 27 章将要讨论的字典是一种以无序形式存储对象的数据类型。

『场景模拟练习』

我们维护着在公司上班的所有员工的一个列表。这个列表保存在计算机的一个文档中。下面哪个事件需要创建一个新文档、复制所有的信息，并根据这个事件进行操作？

- 有人加入了公司。
- 有人离开了公司。
- 有人更改了自己的姓名。
- 这个列表是根据名字而不是姓氏进行排序的。

[答案]

无。

25.1　列表与元组的比较

列表是任何对象类型的集合，它与我们已经见过并且操作过的元组有些相似。元组和列表都是有序的，即集合中的第一个元素总是位于索引 0 的位置，第二个元素总是位于索引 1 的位置，以此类推。它们的主要区别是，列表是可变对象，而元组不是可变对象。可以在同一个列表对象中添加元素、删除元素和修改元素。在元组中，我们每对它执行一个操作，程序就会创建一个新的元组对象，这个新元组的值就是修改之后的元组。

元组一般用于存储相对较为固定的数据。适合用元组存储的数据有二维平面中的一对坐标、一个单词在一本书中出现在第几页和第几行。列表用于存储更为动态的数据。当存储经常变化的数据时就可以使用列表。我们可能经常需要对数据进行添加、修改、删除、重新整理、排序等。例如，可以使用列表存储学生的成绩或者冰箱里的物品。

即学即测 25.1　对于下面所列的情况，我们使用元组还是列表存储信息？

1．字母以及它在字母表中的位置所组成的一对数据：(1, a)、(2, b)等。

2．美国成人鞋的尺寸。

3．城市以及它们从 1950 年到 2015 年的平均降雪量所组成的一对数据。

> 4．每个美国人的姓名。
>
> 5．手机或计算机上的应用程序的名称。

25.2　创建列表和获取特定位置的元素

使用方括号来创建一个 Python 列表。L = []这行代码创建了一个空列表对象（没有任何元素的列表），并把 L 这个名称绑定到这个空列表对象上。L 是一个变量名，我们也可以使用其他的变量名，也可以创建一个具有一些初始元素的列表。下面这行代码创建了一个包含 3 个元素的列表，并把变量 grocery 绑定到这个列表：

```
grocery = ["milk", "eggs", "bread"]
```

和字符串、元组一样，我们可以用 len()获取一个列表的长度。len(L)命令（其中 L 是一个列表）显示列表 L 中的元素数量。空列表具有 0 个元素。前面那个名为 grocery 的列表的长度为 3。

记住，在编程中，我们是从 0 开始计数的。和字符串、元组一样，列表的第一个元素位于索引 0 的位置，第二个元素位于索引 1 的位置，以此类推。列表中的最后一个元素位于索引 len(L) - 1 的位置。和字符串、元组一样，如果有一个购物列表 grocery = ["milk"? "eggs", "bread"]，我们可以在方括号中注明索引值来获取对应元素的值。下面的代码对列表取索引并打印每个元素的值：

```
grocery = ["milk", "eggs", "bread"]
print(grocery[0])
print(grocery[1])
print(grocery[2])
```

如果所取的索引值大于列表的长度会发生什么呢？假设有下面的代码：

```
grocery = ["milk", "eggs", "bread"]
print(grocery[3])
```

页面将会显示下面这个错误，告诉我们所取的索引值大于这个列表的长度：

```
Traceback (most recent call last):

  File "<ipython-input-14-c90317837012>", line 2, in <module>
    print(grocery[3])

IndexError: list index out of range
```

这个列表包含了 3 个元素，第 1 个元素位于索引 0 的位置，因此购物列表中的最后一个元素位于索引 2 的位置。索引 3 的位置超出了这个列表的范围。

即学即测 25.2　假设有下面这样一个列表：

```
desk_items = ["stapler", "tape", "keyboard", "monitor", "mouse"]
```

下面每条命令各打印出什么内容？

1. `print(desk_items[1])`

2. `print(desk_items[4])`

3. `print(desk_items[5])`

4. `print(desk_items[0])`

25.3　对元素进行计数以及获取元素的位置

除了用 `len()` 命令对列表中的元素进行计数，我们还可以使用 `count()` 命令对某个特定元素的出现次数进行计数。

`L.count(e)` 命令计算元素 e 在列表 L 中的出现次数。例如，观察自己的购物列表，对 cheese 这个单词进行计数，以保证购物列表中有 5 种类型的奶酪，可以做出 5 个奶酪披萨。

还可以用 `index()` 命令确定列表中与某个值匹配的第一个元素的索引值。`L.index(e)` 命令显示元素 e 在列表 L 第一次出现时的索引（从 0 开始）。程序清单 25.1 展示了 `count()` 和 `index()` 是如何工作的。

程序清单 25.1　在列表中使用 count 和 index

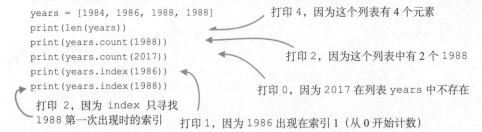

```
years = [1984, 1986, 1988, 1988]
print(len(years))                         打印 4，因为这个列表有 4 个元素
print(years.count(1988))
print(years.count(2017))                  打印 2，因为这个列表中有 2 个 1988
print(years.index(1986))
print(years.index(1988))                  打印 0，因为 2017 在列表 years 中不存在
打印 2，因为 index 只寻找
1988 第一次出现时的索引         打印 1，因为 1986 出现在索引 1（从 0 开始计数）
```

如果试图获取一个在列表中并不存在的元素的索引，会发生什么呢？假设有下面的代码：

```
L = []
L.index(0)
```

运行这段代码时将会看到下面这个错误。这个错误消息包含了导致错误的行号以及与该行代码相关的信息。错误消息的最后一行包含了命令失败的原因：`ValueError: 0 is not in list`（值错误：0 并不位于这个列表中）。对一个列表中并不存在的值执行索引操作时，这个结果是符合预期的：

```
Traceback (most recent call last):

  File "<ipython-input-15-b3f3f6d671a3>", line 2, in <module>
    L.index(0)

ValueError: 0 is not in list
```

即学即测 25.3 下面的代码打印出什么内容？如果存在错误，写出错在哪儿：

```
L = ["one", "three", "two", "three", "four", "three", "three", "five"]
print(L.count("one"))
print(L.count("three"))
print(L.count("zero"))
print(len(L))
print(L.index("two"))
print(L.index("zero"))
```

25.4 在列表中添加元素：append、insert 和 extend

空列表并不实用，在创建时就必须具备完整内容的列表也同样不实用。在创建了一个列表之后，我们想要向它添加更多的元素。例如，在一张白纸上记录一周的购物列表，我们会在想买其他物品的时候在这个列表的末尾添加物品，而不是在每次想要添加一件物品时重新抄写整个列表。

为了在列表中添加更多的元素，我们可以使用这 3 个操作之一：append、insert 和 extend。

25.4.1 使用 append

L.append(e) 把元素 e 添加到列表 L 的末尾。追加到列表的操作总是把元素添加到列表的末尾，位于最高的索引位置。一次只能追加一个元素。列表 L 是可变对象，可以容纳一个额外的值。

假设有一个初始的空购物列表：

```
grocery = []
```

我们可以像下面这样添加一件物品：

```
grocery.append("bread")
```

现在，这个列表包含了一个元素：字符串"bread"。

25.4.2　使用 insert

L.insert(i, e)把元素 e 添加到列表 L 的索引 i 的位置。一次只能插入一个元素。为了找到插入位置，可以在 L 中从 0 开始对元素进行计数。当插入元素时，位于该索引位置的元素以及该索引位置之后的所有元素都向列表的末尾移动一位。列表 L 发生了变化，以容纳这个额外的值。

假设有下面这个购物列表：

```
grocery = ["bread", "milk"]
```

可以在两个现有元素之间插入一个元素：

```
grocery.insert(1, "eggs")
```

现在这个列表就包含了 3 个元素：

```
["bread", "eggs", "milk"]
```

25.4.3　使用 extend

L.extend(M)把列表 M 的所有元素追加到列表 L 的末尾。我们有效地把列表 M 的所有元素都追加到列表 L 的末尾，并保留这些元素的原先顺序。列表 L 发生了变化以容纳 M 的所有元素。在操作之后，列表 M 保持不变。

假设有下面这个初始的购物列表，另外还有一个有趣物品购物列表：

```
grocery = ["bread", "eggs", "milk"]
for_fun = ["drone", "vr glasses", "game console"]
```

可以扩展这两个列表：

```
grocery.extend(for_fun)
```

上面这个操作产生了一个主购物列表：

```
["bread", "eggs", "milk", "drone", "vr glasses", "game console"]
```

由于列表是可变对象，因此对列表所进行的一些操作会导致列表对象被改变。在程序清单 25.2 中，列表 first3letters 每次在执行追加、插入和扩展时都会被改变。类似地，列表 last3letters 在我们用 first3letters 列表对它进行扩展时也会发生变化。

程序清单 25.2　在列表中添加元素

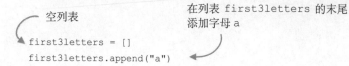

空列表

在列表 first3letters 的末尾
添加字母 a

```
first3letters = []
first3letters.append("a")
```

在列表 first3letters 的末
尾添加字母 c

在列表 first3letters 的索引
1 添加字母 b

```
first3letters.append("c")
first3letters.insert(1,"b")
print(first3letters)                    打印['a', 'b', 'c']
last3letters = ["x", "y", "z"]
first3letters.extend(last3letters)
print(first3letters)
last3letters.extend(first3letters)
print(last3letters)
```

创建一个包含 3
个元素的列表
在列表 first3letters 的末尾
追加元素 x、y、z

打印['a', 'b', 'c',
'x', 'y', 'z']

打印['x', 'y', 'z', 'a',
'b', 'c', 'x', 'y', 'z']

用改变的列表 first3letters 的内容对列表
last3letters 进行扩展，在 last3letters
列表中添加 a、b、c、x、y、z

即学即测 25.4 在下面的每个代码片段执行之后将打印什么内容？

1. ```
   one = [1]
   one.append("1")
   print(one)
   ```

2. ```
   zero = []
   zero.append(0)
   zero.append(["zero"])
   print(zero)
   ```

3. ```
   two = []
   three = []
   three.extend(two)
   print(three)
   ```

4. ```
   four = [1,2,3,4]
   four.insert(len(four), 5)
   print(four)
   four.insert(0, 0)
   print(four)
   ```

25.5 从列表中移除元素：pop

如果列表只能添加元素，就没有太大的使用价值。它们会不断地增长，很快就会变得难以管理。可变对象具备删除元素的能力是非常实用的，这样每次进行修改时就不必制作原列表的一个副本。例如，在维护购物列表时，在购买了一些物品之后就想要把它们从购物列表中删除，这样以后就不需要再关注它们了。每次删除一个元素时，可以在原来的列表中进行操作，而不是把仍然需要的所有元素都转移到一个新列表中。

可以用 pop() 操作从列表中移除一个元素，如程序清单 25.3 所示。L.pop() 将移除列表 L 的最后一个元素。我们还可以使用 L.pop(i)，pop 后面的括号指定了需要移除的元素的索引。执行移除操作时，被移除了元素的列表就发生了变化。被移除元素之后的所有元素都向前移动一位，以填补被移除元素所留下的空白。这个操作是一个函数，它返回被移除的元素。

程序清单 25.3　从列表中移除元素

```
polite = ["please", "and", "thank", "you"]       具有 4 个元素的列表
print(polite.pop())                              打印 you，因为 pop() 返回最后
print(polite)                                    一个索引位置的元素的值
print(polite.pop(1))
print(polite)                      打印['please', 'and', 'thank']，
                                   因为 pop()移除了最后一个元素
  打印['please', 'thank']，
  因为前一行移除了索引 1 的元素    打印 and,因为 pop(1)返回
  （即列表中的第 2 个元素）        索引 1 的元素的值
```

与在列表中添加元素一样，从列表中移除元素也会改变列表。每个移除元素的操作都会在操作时改变列表。在程序清单 25.3 中，当我们打印这个列表时，实际打印的是改变之后的列表。

即学即测 25.5　执行下面的代码片段后，会打印出什么内容？

```
pi = [3, ".", 1, 4, 1, 5, 9]
pi.pop(1)
print(pi)
pi.pop()
print(pi)
pi.pop()
print(pi)
```

25.6　更改元素的值

到目前为止，我们可以向列表添加元素或者从列表中移除元素。由于列表的可变性，我们甚至可以更改列表中现有元素的值。例如，在购物列表中，我们意识到自己所需要的是切达干酪而不是马苏里拉奶酪。和以前一样，由于列表的可变性，我们不需要把这个列表复制到另一个列表以完成这个修改，而可以直接对当前列表进行更改，把马苏里

拉奶酪替换为切达干酪。

为了修改列表中的一个元素，我们首先需要访问这个元素本身，然后为它赋一个新值。可以通过索引访问一个元素。例如，L[0]表示列表 L 的第 1 个元素。如果创建列表时使用的方括号出现在列表变量名的右边，就表示这个新用途。程序清单 25.4 展示了怎样完成这个操作。

程序清单 25.4 修改一个元素的值

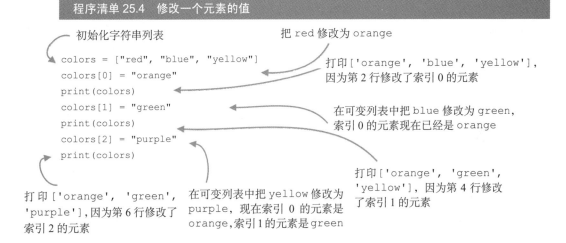

可变列表中的元素可以被修改，以容纳不同的值。在一个列表被改变之后，我们对它执行的每个操作都是在这个改变后的列表上进行的。

> **即学即测 25.6** 如果 L 是一个整数列表，初始包含了下面第一行的数字。按顺序执行每个后续操作之后，列表 L 的值依次是什么？
>
> L = [1, 2, 3, 5, 7, 11, 13, 17]
>
> 1. L[3] = 4
>
> 2. L[4] = 6
>
> 3. L[-1] = L[0] （第 7 章介绍了负索引的工作方式）
>
> 4. L[0] = L[1] + 1

25.7 总结

在本章中，我们的目标是学习一种新的数据类型，即 Python 的列表。列表是一种可变对象，它的值可以改变。列表包含了元素，我们可以在列表中添加元素、移除元素、修改元素的值以及在整个列表上执行操作。下面是本章的一些要点。

- 列表可以是空的，也可以包含元素。
- 可以向列表的末尾或特定的索引位置添加元素，也可以一次性地扩展多个元素。
- 可以从列表中移除元素，可以从末尾移除或者从一个特定的索引位置移除。
- 可以修改元素的值。
- 每个操作都会改变列表，因此在改变列表对象时不需要把它赋值给另一个变量。

25.8　章末检测

问题 25.1　从下面这个空列表开始，然后逐步包含一家餐馆中的菜单：

```
menu = []
```

1. 编写一条或多条命令改变这个列表，使这个列表包含["pizza", "beer", "fries", "wings", "salad"]。
2. 继续操作，编写一条或多条命令改变这个列表，使这个列表包含["salad", "fries", "wings", "pizza"]。
3. 最后，编写一条或多条命令改变这个列表，使这个代表包含["salad", "quinoa", "steak"]。

问题 25.2　编写一个名为 unique 的函数。它接收列表 L 为参数。这个函数并不会改变列表 L，而是返回一个新的列表，其中包含了 L 中所有不同的元素。

问题 25.3　编写一个名为 common 的函数。它接收两个参数，分别是名为 L1 和 L2 的列表。这个函数并不会改变 L1 和 L2。如果 L1 中每个不同的元素在 L2 中都出现，它就返回 True。否则，它就返回 False。提示：尝试复用为问题 25.2 所编写的函数。例如：

- common([1,2,3], [3,1,2]) 返回 True
- common([1,1,1], [1]) 返回 True
- common([1], [1, 2]) 返回 False

第 26 章 列表的高级操作

在学完第 26 章之后，你可以实现下面的目标。

■ 创建元素为列表的列表

■ 排序和反转列表的元素

■ 通过分离每个字符，把字符串转换为列表

列表一般用于表示数据项的集合，这些数据项通常是同一种类型，但并不要求必须是同一类型。有时候，列表的元素对于列表本身来说是极为实用的。例如，假设想要维护家里所有物品的列表。由于家里一般有多个房间，因此更适合用子列表的形式，每个子列表表示一个房间，而子列表的元素就是该房间内的所有物品。

现在，我们可以回顾一下，理解这种新的可变对象也就是列表发生了什么。可以通过对列表的操作直接修改列表。由于列表是被直接修改的，因此不需要在进行一个操作之后把列表重新赋值给一个新的变量。列表本身包含了经过修改的值。为了观察修改后的列表的值，我们可以打印列表。

『场景模拟练习』

一位朋友可以背诵圆周率小数点之后 100 位。当他每背出一位数字时，我们就把这个数字添加到一个列表中。我们想要确定前 100 个数字里共有多少个 0，怎样才能用一

种快速的方法实现这个目标呢?

[答案]

如果对这个列表进行排序,就可以从列表的起始位置开始对 0 进行计数。

26.1　排序和反转列表

有了一个容纳了一些元素的列表之后,我们就可以对列表执行操作:对整个列表中的元素进行重新排列。例如,如果有一个列表容纳了班上所有的学生,我们并不需要维护两个容纳相同学生的列表:一个已排序,另一个未排序。我们可以从未排序的列表出发,根据需要直接对它进行排序。当只关心列表的内容时,按照某种方式对它进行排序是一种值得推荐的做法。但是,注意在排序之后,我们就无法回到列表的未排序版本,除非从头重建这个列表。

因为列表是可变对象,所以可以使用 sort() 操作对列表进行排序,使原先列表中的元素有序排列。L.sort() 命令将按照升序(对于数值)或字典顺序(对于字母或符串)对列表 L 进行排序,如程序清单 26.1 所示。与此形成对照的是,如果想对一个不可变的元组对象进行排序,就必须在从尾到头连接元素时(取最后一个元素并把它放在索引 0,取倒数第二个元素并把它放在索引 1,以此类推)创建许多中间对象。

有时候,反转一个列表也是一种实用的做法。例如,如果有一个学生姓名的列表按照字母顺序进行了排序,我们可以反转这个列表,让它们以按字母逆序的形式排序。L.reverse() 命令反转列表 L,使最前面的元素出现在最后,其余元素也是类似地交换位置。

程序清单 26.1　排序和反转列表

反转原先的列表
```
heights = [1.4, 1.3, 1.5, 2, 1.4, 1.5, 1]
heights.reverse()
print(heights)
heights.sort()
print(heights)
heights.reverse()
print(heights)
```
反转已排序的列表

打印 [1, 1.5, 1.4, 2, 1.5, 1.3,1.4],因为前一行代码反转了原先的列表,把第一个元素移动后最后一个位置,第二个元素移动到倒数第二个位置,以此类推

按升序对列表进行排序

打印 [1, 1.3, 1.4, 1.4, 1.5, 1.5, 2],因为前一行代码按升序对列表进行了排序

打印 [2, 1.5, 1.5, 1.4, 1.4, 1.3, 1],因为前一行代码将按升序排序的列表进行了反转

即学即测 **26.1**　列表 L 在每个操作之后的值是什么?

```
L = ["p", "r", "o", "g", "r", "a", "m", "m", "i", "n", "g"]
L.reverse()
L.sort()
L.reverse()
L.reverse()
L.sort()
```

我们已经看到过元素为浮点数、整数或字符串的列表。但是，列表可以包含任意类型的元素，包括其他列表!

26.2　列表的列表

如果想要编写游戏程序，尤其是那种依赖用户在屏幕中的特定位置的游戏，常常需要考虑把屏幕看作一块用二维坐标平面表示的棋盘。列表可以表示二维坐标空间，只要让列表的元素也是列表即可，然后用元素填充列表，如程序清单 26.2 所示。

程序清单 26.2　创建和生成列表的列表

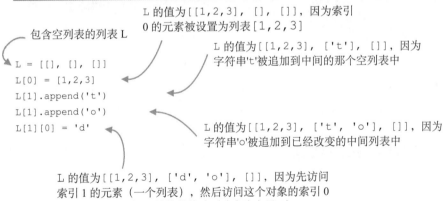

```
包含空列表的列表 L

L = [[], [], []]
L[0] = [1,2,3]
L[1].append('t')
L[1].append('o')
L[1][0] = 'd'
```

L 的值为[[1,2,3], [], []]，因为索引 0 的元素被设置为列表[1,2,3]

L 的值为[[1,2,3], ['t'], []]，因为字符串't'被追加到中间的那个空列表中

L 的值为[[1,2,3], ['t', 'o'], []]，因为字符串'o'被追加到已经改变的中间列表中

L 的值为[[1,2,3], ['d', 'o'], []]，因为先访问索引 1 的元素（一个列表），然后访问这个对象的索引 0 的元素（字母 t），并将其修改（改变为字母 d）

对列表的列表进行操作时，如果想要通过索引访问它的元素，就增加了另一个层次的间接访问。我们通过索引访问一个列表的列表（甚至是一个列表的列表的列表的列表）时，首先访问的是这个位置的对象。如果位于这个位置的对象是一个列表，我们就继续通过索引访问它的元素，以此类推。

我们可以用一个列表的列表表示一个 tic-tac-toe 棋盘。程序清单 26.3 展示了用列表设置棋盘的代码。由于列表是一维的，因此可以把外层列表的每个元素看成棋盘上的一行。每个子列表包含了这一行的每一列的所有元素。

程序清单 26.3　使用列表的列表实现 tic-tac-toe 游戏

```
x = 'x'          ←———— 变量 x
o = 'o'          ←———— 变量 o
empty = '_'      ←———— 空格
board = [[x, empty, o], [empty, x, o], [x, empty, empty]]
```

用它的值替换每个变量。变量 board 具有 3 行（每行用一个子列表表示）和 3 列（每个子列表具有 3 个元素）

这段代码所表示的这个 tic-tac-toe 如下所示：

```
x _ o
_ x o
x _ _
```

使用列表的列表时，我们可以通过调整子列表的数量以及每个子列表所包含的元素数量来表示任何大小的 tic-tac-toe 棋盘。

即学即测 26.2　使用程序清单 26.3 所设置的变量，编写代码设置一个像下面这样的棋盘：

1. 一个 3 × 3 的棋盘

    _ _ _
    x x x
    o o o

2. 一个 3 × 4 的棋盘

    x o x o
    o o o o
    o _ x x

26.3　把字符串转换为列表

假设有一个字符串，它包含以逗号分隔的电子邮件数据。我们想要分离每个电子邮件地址，并在一个列表中保存这些地址。下面这个示例字符串显示了输入数据的格式：

```
emails = "zebra@zoo.com,red@colors.com,tom.sawyer@book.com,pea@veg.com"
```

我们可以通过字符串的操作解决这个问题，但这种方法多少显得有些枯燥。首先，我们找到第一个逗号的索引。接着，把从字符串 emails 的开始位置直到这个索引之间的子字符串保存为电子邮件地址。然后，把从这个索引直到 emails 结束位置的剩余字符串保存到另一个变量。最后，重复这个过程，直到剩余的字符串中不再有逗号为止。这个解决方案使用了一个循环，并迫使我们创建不必要的变量。

使用列表，我们可以简单地用一行代码解决这个问题。对于前面这个字符串

emails，可以像下面这样操作：

```
emails_list = emails.split(',')
```

这行代码在字符串对象 emails 上使用了 split() 操作。在 split() 的括号中，我们可以注明用于分离字符串的元素。在这个例子中，我们想要根据逗号分离这个字符串。运行这个命令的结果是字符串列表 emails_list 包含了逗号之间的每个子字符串，如下所示：

```
['zebra@zoo.com', 'red@colors.com', 'tom.sawyer@book.com', 'pea@veg.com']
```

注意，现在每个电子邮件地址是列表 emails_list 中的一个单独元素，这样就可以很方便地对它进行操作了。

> **即学即测 26.3** 编写一行代码，完成下面这些任务：
> 1. 根据空格字符分离字符串"abcdefghijklmnopqrstuvwxyz"。
> 2. 根据单词分离字符串"spaces and more spaces"。
> 3. 根据字母 s 分离字符串"the secret of life is 42"。

根据我们在第 25 章所看到的列表操作（列表的排序和反转），现在可以模拟一个现实世界的现象：数据项的堆栈和队列。

26.4　列表的应用

为什么要使用列表模拟堆栈或队列呢？这是一个多少带有一些哲学意味的问题，也暗示了本书下一部分的内容。一个更基本的问题是，当我可以只创建一串整数、浮点数或字符串对象并记住它们的顺序时，为什么要使用列表对象呢？使用列表的思路是用更简单的对象创建更复杂的具有特定行为的对象。就像列表是由一组有序的对象所组成的那样，堆栈或队列也是由列表所组成的。我们可以组建自己的堆栈或队列对象，使它们的结构相似（使用列表）但行为是截然不同的。

26.4.1　堆栈

考虑一叠煎饼。在制作煎饼时，新的煎饼总是添加到一叠煎饼的最上面。当我们吃煎饼时，总是从一叠煎饼的最上面拿掉一个煎饼。我们可以用列表模仿这个行为。堆栈的顶部是列表的末尾。每次添加一个新元素时，我们就用 append() 把它添回到列表的末尾。每次取出一个元素时，我们就使用 pop() 从列表的末尾将其移除。

程序清单 26.4 展示了一个煎饼堆栈的 Python 实现。假设现在有蓝莓煎饼和巧克力煎饼。蓝莓煎饼用元素'blueberry'表示，巧克力煎饼用元素'chocolate'表示。
煎饼堆栈最初是一个空列表（还没有制作任何煎饼）。一位厨师制作一批煎饼，厨师也就是
一个包含煎饼元素的列表。每当这位厨师制作了一批煎饼时，这批煎饼就通过 extend()
被添加到堆栈中。有人吃掉一个煎饼相当于在堆栈上执行了 pop() 操作。

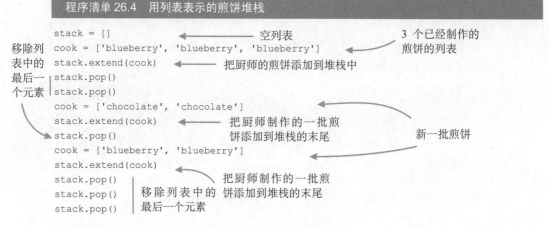

程序清单 26.4   用列表表示的煎饼堆栈

堆栈是一个先进后出的结构，因为添加到堆栈的第一个元素是最后一个从堆栈中取
出的。反之，队列是一个先进先出的结构，添加到队列的第一个元素是第一个被取出的。

26.4.2 队列

考虑在一家杂货店排队结账的顾客队列。当一位新顾客到达时，他站在队列的末尾。
当一位顾客正接受服务时，在队列中排队时间最长的顾客将是下一位接受服务的顾客。

我们可以使用列表模拟队列。当我们得到一个新元素时，就把它添加到列表的末尾。
当我们想要取出一个元素时，就从列表的头部移除一个元素。

程序清单 26.5 展示了一个模拟队列的代码例子。杂货店排了一列队伍，该队伍用一
个列表表示。当顾客到达时，使用 append() 把他们添加到列表的末尾。当下一位顾客
可以接受服务时，使用 pop(0) 从队列的最前面移除一个元素。

程序清单 26.5   由一个列表所表示的排队队列

```
line = []                      ←─── 空的列表
line.append('Ana')             ←─── 队列中现在有了 1 位顾客
line.append('Bob')             ←─── 队列中现在有了 2 位顾客
line.pop(0)                    ←─── 第 1 位顾客从队列中移除
line.append('Claire')
                               │ 新的顾客被添加到列表的末尾
```

```
line.append('Dave')
line.pop(0)
line.pop(0)          从列表的头部移除顾客
line.pop(0)
```

使用诸如列表这样更为复杂的对象类型，我们可以模拟现实生活中的活动。在这种情况下，我们可以使用特定的操作序列来模拟对象的堆栈和队列。

> **即学即测 26.4** 下面各种情况用堆栈还是队列表示更合适？或者两者皆不合适？
> 1. 文本编辑器中的"撤销"机制
> 2. 把网球放在容器里然后将其取出
> 3. 等待接受检查的一列汽车
> 4. 机场中进入行李传送带等待主人提取的行李

26.5 总结

在本章中，我们的目标是学习列表的更多操作。我们对列表进行排序、反转、创建包含其他列表为元素的列表以及根据分隔字符把字符串转换为列表。下面是本章的一些要点。

- 列表可以将其他列表作为元素。
- 可以对列表进行排序或反转它的元素。
- 堆栈和队列的行为可以用列表实现。

26.6 章末检测

问题 26.1 编写一个程序，它接收一个包含以逗号分隔的城市名的字符串，并按照字母顺序打印出这些城市名的列表。这个字符串如下所示：

```
cities = "san francisco,boston,chicago,indianapolis"
```

问题 26.2 编写一个名为 is_permutation 的函数。它接收 2 个列表 L1 和 L2。如果 L1 和 L2 存在某种对应关系就返回 True，否则返回 False。该关系为：L1 中的每个元素都出现在 L2 中，L2 中的每个元素也都出现在 L1 中。例如：

- is_permutation([1,2,3], [3,1,2]) 返回 True；
- is_permutation([1,1,1,2], [1,2,1,1]) 返回 True；
- is_permutation([1,2,3,1], [1,2,3]) 返回 False。

第 27 章　字典作为对象之间的映射

在学完第 27 章之后，你可以实现下面的目标。

- 理解字典对象类型是什么
- 在字典中添加、删除和查找对象
- 理解什么时候适合使用字典对象
- 理解字典和列表之间的区别

　　在第 26 章中，我们明白了列表是一种数据集合，它的每个元素位于列表中的某个位置。当想要存储一组对象时，列表是极为实用的。我们可以在列表中存储一组名称或一组数字。在现实生活中，数据常常是成对出现的，例如：一个单词和它的含义、一个单词和它的同义词、一个人和他的电话号码、一部电影和它的评级、一首歌和它的作曲者等。

　　图 27.1 沿用了第 26 章的购物列表比喻，展示了把它应用于字典的一种方法。在列表中，购物列表采用列举方式，第一个物品位于第一行，以此类推。我们可以把列表看成把数字 0、1、2 等映射到列表中的每个物品。在字典中，这种映射方式更加灵活。在图 27.1 中，购物字典把一个物品与它的数量进行映射。

　　我们可以把列表看成一种把一个整数（索引 0、1、2、3、…）映射到一个对象的结构。列表的索引只能是整数。字典是一种可以把任何对象映射到其他对象的数据结构，而不仅仅是整数。当我们拥有成对的数据时，使用对象作为索引显得更加实用。和列表一样，字典是可变对象，因此在对一个字典对象进行修改时，字典对象本身也会发生变化，而不需要创建它的一个副本。

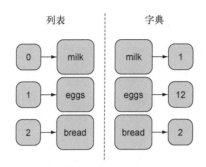

图 27.1　列表把第一个物品放在位置 0，第二个物品放在位置 1，第三个物品放在位置 2。
字典并没有位置这个概念，而是把一个对象映射到另一个对象，
在这里它把待购物品映射到它的购买数量

『场景模拟练习』

单词字典把一种语言的单词映射到另一种语言对应的单词。对于下面这些场景，是否能把其中一个事物映射到另一个事物?

- 朋友以及他们的电话号码
- 已经看过的所有电影
- 最喜欢的歌曲中每个单词的出现次数
- 当地的每家咖啡店以及它是否提供 Wi-Fi
- 五金店里能够提供的所有绘画颜料的名称
- 工友以及他们的上班时间和下班时间

[答案]

- 是
- 否
- 是
- 是
- 否
- 是

27.1 创建字典、键和值

许多编程语言提供了实现对象之间的映射的方法，可以通过一个对象查找另一个对象。在 Python 中，这种对象称为字典，类型为 dict。

字典把一个对象映射到另一个对象，也可以表述为用一个对象查找另一个对象。对于一本传统的字典，我们可以通过单词查找到它的词义。在编程中，我们所查找的项（即传统字典中的单词）称为键，查找这个项所返回的信息（即传统字典中的词义）称为值。在编程中，一个字典存储了一些条目，每个条目是一个键值对。我们使用一个对象（键）查找另一个对象（值）。

也可以用一对花括号创建一个空的 Python 字典对象：

```
grocery = {}
```

上面这条命令创建了一个不包含任何条目的空字典，并把这个字典对象绑定到变量 grocery 上。

也可以创建一个已经包含条目的字典。在购物列表中，我们把一个待购物品映射到它的购买数量。换句话说，grocery 的键是表示待购物品的字符串，grocery 的值是表示购买数量的整数：

```
grocery = {"milk": 1, "eggs": 12, "bread": 2}
```

这行代码创建了一个包含 3 个条目的字典，如图 27.2 所示。字典中的每个条目都以逗号分隔。条目的键和值以冒号分隔。键出现在冒号的左边，与键相关联的值在冒号的右边。

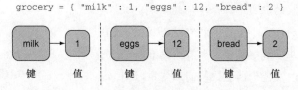

图 27.2 用 3 个条目进行初始化的字典。每个条目之间以逗号分隔。在每个条目中，冒号左边的是键，与键对应的值在冒号的右边

字典的键和值都是单个对象。字典的每个条目最多只有 1 个对象作为它的键，最多只有 1 个对象作为它的值。如果想存储多个对象作为值，可以把所有的对象存储在一个元组中，因为元组也是单个对象。例如，购物列表可以把字符串"eggs"作为键，让元组(1, "carton")或(12, "individual")作为值。注意，在这两种情况下，字典的值都是一个 Python 的元组对象。

> **即学即测 27.1**　对于下面的每种情况，编写一行代码来创建一个字典，并把它绑定到一个适当的变量上。对于每个字典，提供它的键和值。
> 1. 空字典，用于存储员工姓名以及他们的电话号码和住址。
> 2. 空字典，用于存储城市名以及每个城市在 1990 年至 2000 年间的降雪量。
> 3. 包含一座房子内的物品以及它们的价值的字典：一台电视机价值 2000 美元，一张沙发价值 1500 美元。

> **即学即测 27.2**　对于下面的每个字典，它们各有多少个条目？键的类型是什么？值的类型是什么？
> 1. d = {1:-1, 2:-2, 3:-3}
> 2. d = {"1":1, "2":2, "3":3}
> 3. d = {2:[0,2], 5:[1,1,1,1,1], 3:[2,1,0]}

27.2　在字典中添加键值对

空字典或者条目数固定的字典并不是很实用。我们需要添加更多的条目以存储更多的信息。可以使用方括号来添加一对新的键值，这与列表非常相似：

```
d[k] = v
```

这条命令把键 k 以及相关联的值 v 添加到字典 d 中。如果想要再次添加这个键，与这个键相关联的旧值将会被覆盖。

在任何时候，都可以使用 len() 函数返回一个字典的条目数。程序清单 27.1 把一些条目添加到一个字典中。

程序清单 27.1　把键值对添加到字典中

```
legs = {}                    ←——————— 空字典
legs["human"] = 2            ←——————— 添加值为 2 的键 human
legs["cat"] = 4              ←——————— 添加值为 4 的键 cat
legs["snake"] = 0            ←——————— 添加值为 0 的键 snake
print(len(legs))             ←——————— 打印 3，因为字典中一共有 3 个条目
legs["cat"] = 3              ←——————— 把键 cat 的值修改为 3
print(len(legs))             ←——————— 打印 3，因为只有 cat 条目被修改
print(legs)                  ←——————— 打印 {'human': 2, 'snake': 0, 'cat': 3}
```

程序清单 27.1 的代码展示了使用 Python 3.5 的输出。如果使用了不同版本的 Python，字典的顺序可能不一样。在 Python 3.5 的输出中，注意到添加到字典中的条目先是一个

人，接着是一只猫，然后是一条蛇。但是，当打印程序清单 27.1 的字典时，发现它是按不同的顺序打印的。这是字典的正常行为，27.4.1 节中将进一步讨论这个问题。

对键的限制的一些思考

当试图把一个对象作为键插入一个已经包含这个键的字典中时，这个键原先的值会被覆盖。这就产生了一个有趣的特点，该特点与字典中可以作为键存储的对象类型有关。

一个字典中不能多次出现同一个键。如果有多个相同的键，当想要提取这个键所映射的值时，Python 并不知道应该引用哪个键。例如，如果把单词 box 作为键映射到 container，然后又把 box 这个单词映射到 fight，当我们想要知道 box 的定义时，它该取哪个定义呢？是第一个找到的键，还是最后一个找到的键，还是两者皆是？答案并不是很明确。Python 并不能处理这种情况，它只能保证一个字典中的所有键都是不同的对象。

Python 语言是怎样做出这个保证的？为什么要做出这个保证？Python 规定键是不可变对象。这个规定来自 Python 实现字典对象的方式。

对于一个键，Python 使用一个公式，根据键值计算与它相关联的值的位置。这个公式称为散列函数。由于使用了这个方法，当我们想要查找一个值时，就可以根据这个公式快速提取这个值，而不需要迭代所有的键来寻找自己所需要的键。由于散列函数的结果对插入元素或寻找元素而言应该是相同的，因此值的存储位置是固定的。如果键是不可变对象，我们总是能够得到相同位置的值，因为不可变对象的值不会发生变化。但是，如果我们使用了可变对象作为键，散列函数接收这个可变的键时，很可能返回另一个不同位置的值，并不是原先的键所对应的值。

即学即测 27.3　在下面的每行代码执行之后，字典的值是什么？

```
city_pop = {}
city_pop["LA"] = 3884
city_pop["NYC"] = 8406
city_pop["SF"] = 837
city_pop["LA"] = 4031
```

27.3　从字典中删除键值对

和列表一样，我们可以使用 pop() 操作从字典中删除元素。d.pop(k) 命令将删除字典 d 中与键 k 相对应的键值对条目。这个操作类似于一个函数，它返回字典中与键 k

相关联的值。在程序清单 27.2 的 pop 操作之后，字典 household 所容纳的值将是
{"person":4, "cat":2, "dog":1}。

程序清单 27.2　从字典中删除键值对

```
household = {"person":4, "cat":2, "dog":1, "fish":2}  ← 填充一个字典
removed = household.pop("fish")
print(removed)
```
删除键为 fish 的条目，并把与键 fish
相关联的值保存到一个变量中

打印被删除条目的值

即学即测 27.4　下面的代码打印什么内容？如果存在错误，写出具体的错误：

```
constants = {"pi":3.14, "e":2.72, "pyth":1.41, "golden":1.62}
print(constants.pop("pi"))
print(constants.pop("pyth"))
print(constants.pop("i"))
```

27.4　获取字典中所有的键和值

Python 提供了两个操作，允许我们获取字典中所有的键和值。如果需要迭代所有的键值对，或者寻找符合某个标准的条目，这两个功能是极为实用的。例如，如果有一个字典，它把歌名映射到该歌曲的评级，我们可能想要提取所有的键值对，并且只保留那些评级为 4 或 5 的条目。

如果一个名为 songs 的字典包含了成对的歌名和评级，我们可以使用 songs.keys() 获取这个字典中的所有键。下面的代码打印出 dict_keys(['believe', 'roar', 'let it be'])：

```
songs = {"believe": 3, "roar": 5, "let it be": 4}
print(songs.keys())
```

表达式 dict_keys(['believe', 'roar', 'let it be']) 的结果是一个 Python 对象，它包含了字典中的所有键。

我们可以使用一个循环，直接对上面所返回的键进行迭代，如下所示：

```
for one_song in songs.keys():
```

另外，我们也可以通过下面这个命令把返回的键转换为列表类型，从而把这些键保存到一个列表中：

```
all_songs = list(songs.keys())
```

类似地，songs.values() 可以返回字典 songs 中的所有值。我们可以直接迭代

这些值或者把它们转换为列表供以后使用。对一个字典中的键进行迭代常常是非常实用的，因为在知道了一个键之后，总是可以找到与这个键相对应的值。

下面观察一个不同的例子。假设有下面这些关于班级学生的数据：

姓名	测验 1 的成绩	测验 2 的成绩
Chris	100	70
Angela	90	100
Bruce	80	40
Stacey	70	70

程序清单 27.3 展示了怎样使用字典命令记录班级学生的姓名以及他们的成绩。首先，我们创建一个字典，把学生的姓名映射到测验成绩。假设每个学生接受两次测验，每个学生在字典中的值将是一个包含 2 个元素的列表。使用字典，我们可以对所有的键进行迭代，打印出班级里所有学生的姓名。我们也可以迭代所有的值，并打印出平均测验成绩。最后，我们甚至可以在列表的末尾添加两次测验的平均分，从而修改每个键的值。

程序清单 27.3　使用字典记录学生的成绩

```python
grades = {}
grades["Chris"] = [100, 70]
grades["Angela"] = [90, 100]
grades["Bruce"] = [80, 40]
grades["Stacey"] = [70, 70]
```
设置字典，把一个字符串映射到一个包含两次测验成绩的列表上

```python
for student in grades.keys():
    print(student)
```
对键进行迭代并打印它们

```python
for quizzes in grades.values():
    print(sum(quizzes)/2)
```
对值进行迭代并打印它们的平均值

```python
for student in grades.keys():
    scores = grades[student]
    grades[student].append(sum(scores)/2)
print(grades)
```
← 对所有的键进行迭代

取每个学生的成绩，并把它们赋值给 scores 变量，用于计算下一行的平均成绩

打印：
```
{'Bruce': [80, 40, 60.0],
 'Stacey': [70, 70, 70.0],
 'Angela': [90, 100, 95.0],
 'Chris': [100, 70, 85.0]}
```
取元素的平均值并把它追加到列表的末尾

即学即测 27.5　下面这些代码实现对一个员工数据库执行操作：把每个人的年龄增加 1 的功能。这些代码打印出什么内容？

```python
employees = {"John": 34, "Mary": 24, "Erin": 50}
```

```
for em in employees.keys():
    employees[em] += 1
for em in employees.keys():
    print(employees[em])
```

字典中的键值对没有先后顺序

在本章中，我们曾提到了在不同的 Python 版本上运行可能会出现不同的结果。如果使用 Python 3.5 版本运行程序清单 27.3 的代码，可能会发生一些奇怪的事情。打印所有键的输出如下所示：

```
Bruce
Stacey
Angela
Chris
```

但是，当我们向字典添加条目时，依次添加的是 Chris、Angela、Bruce 和 Stacey。这个顺序与输出并不匹配。和列表不同，Python 的字典不会记忆添加到字典的条目的先后顺序。当我们查找一些键或值时，并不能保证它们的返回顺序。我们可以输入下面这些代码，先检查两个字典的相等性，然后检查两个列表的相等性：

```
print({"Angela": 70, "Bruce": 50} == {"Bruce": 50, "Angela": 70})
print(["Angela", "Bruce"] == ["Bruce", "Angela"])
```

这两个字典是相同的，即使它们的键值对的添加顺序并不相同。反之，两个列表中的姓名顺序必须相同，它们才被认为是相同的。

27.5 为什么应该使用字典

现在，我们应该清楚字典是一种相当实用的对象了，因为它把对象（键）映射到其他对象（值），以后可以通过键查找对应的值。字典有两种常见的用途：对某个对象出现的次数进行计数、使用字典把条目映射到函数。

27.5.1 使用频率字典进行计数

字典最常见的用途之一是记录某个条目的数量。例如，在编写拼写游戏时，我们很可能会使用一个字典记录当前每个字母的数量。如果有一个文本文档，我们可能需要记录每个单词的出现次数。在程序清单 27.4 中，我们创建了一个频率字典，把单词映射到它在一首歌中出现的次数。这段代码接收一个字符串，并根据空格将其分割，从而创建一个单词列表。通过一个初始为空的字典，我们可以对列表中的所有单词进行迭代，并执行下面这两个任务。

■ 如果还没有把这个单词添加到字典中，就将其添加并设置计数值为 1。

■ 如果这个单词已经被添加到字典中，就把它的计数值加 1。

程序清单 27.4   创建一个频率字典

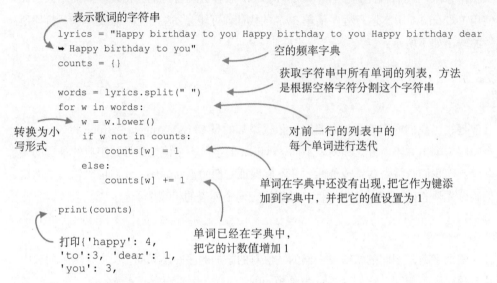

表示歌词的字符串

```
lyrics = "Happy birthday to you Happy birthday to you Happy birthday dear
➥ Happy birthday to you"
counts = {}

words = lyrics.split(" ")
for w in words:
    w = w.lower()
    if w not in counts:
        counts[w] = 1
    else:
        counts[w] += 1

print(counts)
```

空的频率字典

获取字符串中所有单词的列表，方法是根据空格字符分割这个字符串

转换为小写形式

对前一行的列表中的每个单词进行迭代

单词在字典中还没有出现，把它作为键添加到字典中，并把它的值设置为1

单词已经在字典中，把它的计数值增加1

打印{'happy': 4, 'to':3, 'dear': 1, 'you': 3,

频率字典是 Python 字典的一种较为常见的应用，我们将在第 29 章的阶段性项目中编写一个函数来创建一个频率字典。

27.5.2   创建非常规的字典

Python 的字典是一种非常实用的数据结构。它可以非常方便地通过查找一个对象的值来访问另一个对象的值。当我们在任何时候需要映射两个对象并在以后访问它们时，首先就应该考虑使用字典。但是，还有一些适合使用字典的场景并不是那么显而易见。一种用途是把常见的名称映射到函数。在程序清单 27.5 中，我们定义了 3 个函数，它们在接收一个输入变量之后，分别计算正方形、圆和等边三角形这 3 种常见形状的面积。

我们可以创建一个字典，把一个字符串映射到由函数名所表示的函数本身上。当我们查找每个字符串时，就可以获取对应的函数对象。然后，我们可以使用这个函数对象，并用一个参数来调用它。在程序清单 27.5 中，当我们在 print(areas["sq"](n)) 这一行中使用"sq"访问这个字典时，areas["sq"]所提取的值是函数名 square。然后，在使用 areas["sq"](n) 时，这个函数在 n=2 的情况下被调用。

程序清单 27.5 字典和函数

```
def square(x):
    return x*x          计算正方形面积的已知函数

def circle(r):
    return 3.14*r*r     计算圆的面积的已知函数

def equilateraltriangle(s):
    return (s*s)*(3**0.5)/4     计算等边三角形面积的已知函数

areas = {"sq": square, "ci": circle, "eqtri": equilateraltriangle}

n = 2
print(areas["sq"](n))
print(areas["ci"](n))
print(areas["eqtri"](n))
```

把字符串映射到函数的字典

根据键 sq 在 n 上调用在字典中所映射的函数，其中 n 为 2

根据键 ci 在 n 上调用在字典中所映射的函数，其中 n 为 2

根据键 eqtri 在 n 上调用在字典中所映射的函数，其中 n 为 2

27.6 总结

在本章中，我们的目标是学习一种新的数据类型，也就是 Python 的字典。字典把一个对象映射到另一个对象。和列表一样，字典是可变对象，我们可以在字典中添加、删除或修改元素。和列表不同，字典没有顺序，它们只允许特定的对象类型作为键。下面是本章的一些要点。

- 字典是可变对象。
- 字典的键必须是不可变对象。
- 字典的值可以是可变对象，也可以是不可变对象。
- 字典没有规定顺序。

27.7 章末检测

问题 27.1 编写一个程序，使用字典完成下面的任务。假设有一个把歌名（字符串）映射到评级（整数）的字典，请打印所有评级恰好为 5 的歌曲的名称。

问题 27.2 编写一个名为 replace 的函数。它接收一个字典 d 和两个值：v 和 e。这个函数不返回任何值。它修改 d，使 d 中的所有 v 值都替换为 e。例如：

- replace({1:2, 3:4, 4:2}, 2, 7) 把 d 修改为 {1: 7, 3: 4, 4: 7}；

■ `replace({1:2, 3:1, 4:2}, 1, 2)` 把 d 修改为 `{1: 2, 3: 2, 4: 2}`。

问题 27.3 编写一个名为 `invert` 的函数。它接收一个字典 d，这个函数返回一个新的字典 d_inv，d_inv 中的键是 d 中所有各不相同的值。d_inv 中与一个键对应的值是一个列表，这个列表包含了 d 中映射到同一值的所有键。例如：

■ `invert({1:2, 3:4, 5:6})` 返回 `{2: [1], 4: [3], 6: [5]}`；

■ `invert({1:2, 2:1, 3:3})` 返回 `{1: [2], 2: [1], 3: [3]}`；

■ `invert({1:1, 3:1, 5:1})` 返回 `{1: [1, 3, 5]}`。

第 28 章　别名以及复制列表和字典

在学完第 28 章之后，你可以实现下面的目标。

- 创建可变对象（列表和字典）的别名
- 创建可变对象（列表和字典）的副本
- 创建列表的有序副本
- 根据特定的标准从可变对象中删除元素

可变对象非常实用，因为它允许我们在修改对象本身时无须创建它的副本。当可变对象比较大时，这个行为是非常合理的，否则每次修改时都要创建大型对象的一个副本是相当昂贵和浪费的。但是可变对象也有一个需要注意的副作用：我们可以让多个变量绑定到同一个可变对象，并且这个对象可以通过任何一个变量进行修改。

『场景模拟练习』

考虑一位著名人物。他有什么别名，或者有什么其他名字或绰号?

[答案]

Bill Gates。

[别名或绰号]

Bill、William、William Gates、William Henry Gates III。

假设现在有一些关于著名计算机科学家 Grace Hopper 的数据。我们把 Grace Hopper 当成一个对象，它的值就是一个包含了一些标签的列表：["programmer", "admiral", "female"]。对朋友而言，她是 Grace。对其他人而言，她是 Ms. Hopper。她的绰号是 Amazing Grace。所有这些名称都是同一个人的别名，也就是具有同一个标签字符串的相同对象。现在，假设有个平素称她为 Grace 的人在她的标签列表中添加了另一个值 "deceased"。对于称她为 Grace 的人，她的标签列表现在变成了["programmer", "admiral", "female", "deceased"]。但是，由于这些标签表示的是同一个人，因此用其他别名称呼她的人现在所引用的也是这个新的标签列表。

28.1　使用对象的别名

在 Python 中，变量名是指向一个对象的名称。这个对象位于计算机内存中的一个特定位置。在第 24 章，我们使用了 id() 函数来查看一个对象的内存位置的数值表现形式。

28.1.1　不可变对象的别名

在观察可变对象之前，我们先观察在两个指向不可变对象的变量之间使用赋值操作符（等号）会发生什么。在控制台中输入下面这些命令，并使用 id() 函数观察变量 a 和 b 的内存位置：

```
a = 1
id(a)
Out[2]: 1906901488

b = a
id(b)
Out[4]: 1906901488
```

两个 Out 行显示了 id() 函数的输出。注意 a 和 b 都是指向同一个对象（一个值为 1 的整数）的变量。如果改变了 a 所指向的对象会发生什么呢？在下面的代码中，我们对 a 重新进行赋值，使它指向一个不同的对象：

```
a = 2
id(a)
Out[6]: 1906901520

id(b)
Out[7]: 1906901488

a
Out[8]: 2

b
Out[9]: 1
```

注意，变量 a 现在指向一个完全不同的对象，该对象位于一个完全不同的内存位置上。但是，这个操作并没有改变 b 所指向的对象，因此 b 所指向的对象仍然位于原来的内存位置。

> **即学即测 28.1** 变量 x 通过 x = "me"指向一个不可变对象。运行 id(x)产生的结果是 2899205431680。对于下面的每行代码，确定变量的 ID 是否与 id(x)相同。假设这几行代码是按先后顺序执行的：
>
> 1. y = x   # id(y)是否与 id(x)相同
> 2. z = y   # id(z)是否与 id(x)相同
> 3. a = "me"   # id(a)是否与 id(x)相同

28.1.2　可变对象的别名

我们可以在一个可变对象（例如列表）上执行与 28.1.1 节相同的命令序列。在下面的代码中，可以看到在指向列表的变量之间使用赋值操作符的行为与在不可变对象上是相同的。在可变对象上使用赋值操作符并不会创建一个副本，它只创建一个别名。别名是同一个对象的另一个名称：

```
genius = ["einstein", "galileo"]
id(genius)
Out[9]: 2899318203976

smart = genius
id(smart)
Out[11]: 2899318203976
```

genius 和 smart 所指向的对象的内存位置是相同的，因为它们指向同一个对象。图 28.1 展示了变量 smart 和 genius 是怎样指向同一个对象的。

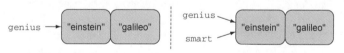

图 28.1　在左边的窗格中，我们创建了变量 **genius** 指向列表**["einstein", "galileo"]**。在右边的窗格中，变量 **smart** 指向与 **genius** 相同的对象

> **即学即测 28.2** 变量 x 通过 x = ["me", "I"]指向一个可变对象。运行 id(x) 的结果是 2899318311816。对于下面的每行代码，确定那些变量的 ID 是否与 id(x) 相同。假设这几行代码是按先后顺序执行的：
>
> 1. y = x # id(y)是否与 id(x)相同
> 2. z = y # id(z)是否与 id(x)相同
> 3. a = ["me", "I"] # id(a)是否与 id(x)相同

我们可以在下一组命令中（即修改列表时）看到可变对象与不可变对象的区别：

```
genius.append("shakespeare")
id(genius)
Out[13]: 2899318203976

id(smart)
Out[14]: 2899318203976

genius
Out[16]: ["einstein", "galileo", "shakespeare"]

smart
Out[15]: ["einstein", "galileo", "shakespeare"]
```

当我们修改一个可变对象时，对象本身发生了变化。向 genius 所指向的列表追加一个值时，这个列表对象本身发生了变化。变量 genius 和 smart 仍然指向内存中同一个位置的同一个对象。变量名 smart 所指向的对象也发生了变化（因为它指向与变量 genius 相同的对象）。图 28.2 展示了这种做法的效果。

图 28.2　当列表对象 **["einstein", "galileo"]** 通过变量名 **genius** 进行修改后，
变量 **smart** 也指向这个修改后的列表对象

在可变的列表之间使用赋值符意味着一旦通过其中一个变量修改了列表，指向同一个列表的所有其他变量也会指向修改后的值。

即学即测 **28.3**　变量 x 通过 x = ["me", "I"] 指向一个可变对象。对于下列各种情况，回答每个问题：

1. x 在下面这几行代码执行之后会不会发生变化？

```
y = x
x.append("myself")
```

2. x 在下面这几行代码执行之后会不会发生变化？

```
y = x
y.pop()
```

3. x 在下面这几行代码执行之后会不会发生变化？

```
y = x
y.append("myself")
```

4. x 在下面这几行代码执行之后会不会发生变化?

```
y = x
y.sort()
```

5. x 在下面这几行代码执行之后会不会发生变化?

```
y = [x, x]
y.append(x)
```

28.1.3 可变对象作为函数的参数

在本书的第 6 部分,我们了解了函数内部的变量与函数外部的变量是相互独立的。函数的外部可以有一个变量 x,同时另一个变量 x 也可以作为这个函数的参数。由于作用域规则的缘故,它们并不会冲突。把可变对象作为实际参数传递给函数意味着传递给函数的实际参数将是一个别名。

程序清单 28.1 展示了一个函数的实现代码。这个函数的名称是 add_word(),它的输入参数是一个字典、一个单词和一个定义。这个函数对字典参数进行修改,因此虽然这个字典是在这个函数的外部被访问的,但它仍然包含了新增加的单词。这段代码用一个名为 words 的字典作为实际参数调用这个函数。在这个函数调用中,字典 d 是形式参数,现在是字典 words 的一个别名。在函数内部对 d 的任何修改都会在我们访问字典 words 时得到反映。

程序清单 28.1　修改一个字典的函数

```
打印{'box':
['fight']}
    add_word(words, 'box', 'fight')
    print(words)
    add_word(words, 'box', 'container')
    print(words)
    add_word(words, 'ox', 'animal')
    print(words)
```

将名为 words 的字典作为
实际参数调用这个函数

打印{'ox': ['animal'], 'box':
['fight', 'container']}

再次调用这个函数，
添加另一个条目

打印{'box': ['fight',
'container']}

再次调用这个函数，为键
box 追加一个值

28.2　创建可变对象的副本

当我们想要创建一个可变有对象的副本时，需要使用一个函数来清楚地告诉 Python 需要创建一个副本。有两种方法可以完成这个任务：一种方法是创建一个新列表，其元素与另一个列表的相同；另一种方法是使用函数。

28.2.1　复制可变对象的命令

创建副本的方式之一是创建一个新的列表对象，它的元素与另一个列表的元素相同。假设列表 artists 中有一些元素。下面这条命令创建了一个新的列表对象，并把变量名 painters 绑定到这个对象上：

```
painters = list(artists)
```

这个新的列表对象的元素与 artists 的元素相同。列表 painters 和 artists 指向不同的对象，因为修改其中一个对象并不会影响另一个对象，实现代码如下所示：

```
artists = ["monet", "picasso"]
painters = list(artists)
painters.append("van gogh")

painters
Out[24]: ["monet", "picasso", "van gogh"]

artists
Out[25]: ["monet", "picasso"]
```

另一种方法是使用 copy()函数。如果 artists 是一个列表，那么下面这条命令创建了一个与 artists 具有相同元素的新列表对象，但这些元素是复制到这个新对象中的：

```
painters = artists.copy()
```

下面的代码展示了如何使用 copy 命令：

```
artists = ["monet", "picasso"]
painters = artists.copy()
painters.append("van gogh")

painters
Out[24]: ["monet", "picasso", "van gogh"]

artists
Out[25]: ["monet", "picasso"]
```

从控制台的输出中，我们可以看到 painters 和 artists 所指向的列表对象是不同的，因为对一个对象的修改并不会影响另一个对象。图 28.3 展示了创建一个副本是什么意思。

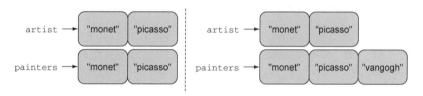

图 28.3 在左边的窗格中，创建对象 **["monet", "picasso"]** 的一个副本就创建了一个具有相同元素的新对象。在右边的窗格中，我们可以修改一个对象而不会影响另一个对象

28.2.2 获取有序列表的副本

我们可以对一个列表进行排序，使这个列表本身直接被修改。为了对列表 L 进行排序，可以使用命令 L.sort()。在某些情况下，我们希望保持原先列表中的元素顺序不变，同时获取该列表的一个有序副本。

如果不需要创建这个列表的一个副本并对这个副本进行排序，Python 提供了一个函数，允许用户用一行代码完成这个任务。下面的命令展示了一个函数，它返回列表的一个有序版本，并把它存储在另一个列表中：

```
kid_ages = [2,1,4]
sorted_ages = sorted(kid_ages)

sorted_ages
Out[61]: [1, 2, 4]

kid_ages
Out[62]: [2, 1, 4]
```

可以看到，变量 sorted_ages 指向一个有序列表，但原先的列表 kid_ages 保持不变。以前，在使用 kid_ages.sort() 命令时，kid_ages 将会被改变，它在不创建一个副本的情况下进行了排序。

> **即学即测 28.4**　编写一行代码，实现下面的目标：
>
> 1. 创建变量 order，它是列表 chaos 的一个有序副本；
> 2. 对列表 colors 进行排序；
> 3. 对列表 deck 进行排序，并用变量 cards 作为它的别名。

28.2.3　对可变对象进行迭代时需要小心

我们常常需要编写代码在一个元素满足某种排序标准的可变对象中删除元素。例如，假设有一个包含歌曲和它们的评级的字典。我们想要从这个字典中删除所有评级为 1 的歌曲。

程序清单 28.2 尝试完成这个任务（但失败了）。这段代码对字典中的每个键进行迭代，它检查与这个键相关联的值是否为 1。如果是，它就从字典中删除这个条目。这段代码无法正常运行，它会显示错误消息 RuntimeError: dictionary changed size during iteration（运行时错误：字典在迭代期间修改了长度）。Python 不允许在字典进行迭代时改变它的长度。

> **程序清单 28.2　对字典进行迭代时试图删除它的元素**

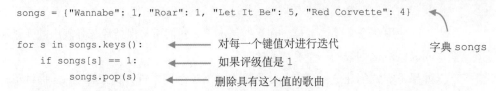

```
songs = {"Wannabe": 1, "Roar": 1, "Let It Be": 5, "Red Corvette": 4}        字典 songs

for s in songs.keys():          对每一个键值对进行迭代
    if songs[s] == 1:           如果评级值是 1
        songs.pop(s)            删除具有这个值的歌曲
```

假设我们仍然试图执行同一操作，区别在于操作对象不是字典而是列表。程序清单 28.3 展示了我们可能会完成这个任务，但也可能无法得到正确的结果。这段代码没有失败，但是它的结果与我们预期的不一样。它给出的结果是错误的[1, 5, 4]而不是正确的[5, 4]。

> **程序清单 28.3　对列表进行迭代时试图删除它的元素**

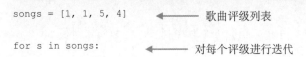

```
songs = [1, 1, 5, 4]            歌曲评级列表

for s in songs:                 对每个评级进行迭代
```

```
    if s == 1:              ←────── 如果评级值是 1
        songs.pop(s)        ←────── 删除具有这个值的歌曲
print(songs)                ←────── 打印[1,5,4]
```

可以看到，对一个列表进行迭代时删除它的元素很容易出现错误。这个循环观察索引 0 的元素，看到它的值为 1，并把它从列表中删除。现在的列表包含了[1, 5, 4]。接着，循环观察索引 1 的元素。这个元素现在来自改变后的列表[1, 5, 4]，因此它在索引 1 看到的是数字 5。5 不等于 1，因此并不会被删除。最后，它观察列表[1, 5, 4]的索引 2 的元素，也就是数字 4。4 也不等于 1，因此也被保留。问题出在当删除看到的第一个 1 时，列表的长度也随之减少。现在索引的计数和原先的列表相比偏移了 1 位。结果，原先列表[1, 1, 5, 4]中的第二个 1 被跳过。

如果想要从列表中删除元素（或添加元素），首先需要创建一个副本。我们可以迭代这份列表的副本，并在迭代这份副本列表时通过添加想要保留的元素来刷新原先的列表。程序清单 28.4 展示了如何修改程序清单 28.3 的代码正确地完成任务。这段代码不会产生错误，程序的运行结果是[5, 4]，正确。

程序清单 28.4　对列表进行迭代时删除列表元素的正确方法

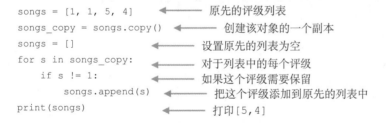

```
songs = [1, 1, 5, 4]        ←────── 原先的评级列表
songs_copy = songs.copy()   ←────── 创建该对象的一个副本
songs = []                  ←────── 设置原先的列表为空
for s in songs_copy:        ←────── 对于列表中的每个评级
    if s != 1:              ←────── 如果这个评级需要保留
        songs.append(s)     ←────── 把这个评级添加到原先的列表中
print(songs)                ←────── 打印[5,4]
```

28.2.4　为什么要存在别名

如果对象的别名会意外改变一个并不想改变的对象，那么为什么还要使用别名呢？为什么不创建副本呢？所有的 Python 对象都存储在计算机的内存中。列表和字典是"重量级"对象，与整数或布尔值之类的基本对象不同。例如，如果每次调用函数时都采用复制对象的做法，就可能因太多的函数调用而严重地降低程序的运行效率。如果有一个列表包含了美国所有公民的姓名，每次想要添加新人时如果都要复制整个列表，程序运行速度会明显变慢。

28.3   总结

在本章中，我们的目标是理解在处理可变对象时的微妙特性。可变对象非常实用，因为它们可以存储大量的数据，并且可以非常方便地进行原地修改。由于我们所处理的是包含许多元素的可变对象，在每次操作时创建它的副本无论是对于计算机时间还是空间都是效率极低的做法。在默认情况下，Python 取对象的别名，因此使用赋值操作符会导致一个新变量指向同一个对象。这个特性称为别名。Python 认识到在有些情况下用户需要创建可变对象的副本，因此允许用户明确地告诉它需要这样做。下面是本章的一些要点。

- Python 可以为所有的对象类型设置别名。
- 可变对象的别名可能导致不可预料的副作用。
- 通过别名修改可变对象会导致该对象的所有别名都能看到这个修改。
- 我们可以创建一个新对象，并复制原先可变对象的所有元素，从而创建可变对象的一个副本。

28.4   章末检测

问题 **28.1**　编写一个名为 `invert_dict` 的函数，它接收一个字典作为参数。这个函数返回一个新的字典。新字典中的值是原字典中的键，新字典中的键是原字典中的值。假设输入字典中的值都是不可变的并且是各不相同的。

问题 **28.2**　编写一个名为 `invert_dict_inplace` 函数，它接收一个字典作为参数。这个函数不返回任何值。它修改传递给它的字典，使字典现在的值是原先的键，现在的键是原先的值。假设输入字典的值都是不可变对象并且是各不相同的。

第 29 章 阶段性项目：文档的相似度

在学完第 29 章之后，你可以实现下面的目标。

■ 接收两个文件作为程序的输入，并确定它们的
相似度

■ 使用函数来编写有组织的代码

■ 理解怎样在现实生活的相关问题中使用字典和
列表

怎样衡量两个句子（或者两个段落、两篇文章）的相似度呢？我们可以编写一个程序，使用字典和列表来计算两段文字的相似度。教师可以使用这个程序来检查学生所提交的作文的相似度。如果对自己的文档进行了修改，也可以使用这个程序来进行某种类型的版本控制，对不同版本的文档进行比较，判断是否进行了重大修改。

[问题] 有两个包含了一些文本的文档。编写一个程序读取这两个文档，并使用一种测量方法来确定这两个文档的相似度。如果两篇文档完全相同，它们的相似度就是 1。如果两篇文档没有任何一个单词相同，它们的相似度就是 0。

对于这个问题描述，我们需要决定下面这几件事情。

■ 是否需要考虑文件中的标点符号，还是只需要考虑单词？

■ 是否需要考虑文件中单词的顺序？如果两个文件具有相同的单词但词序不同，

它们是不是仍然相同？

■　使用什么测量方法来计算相似度？

这些都是需要回答的重要问题。但是，提出了问题之后，更重要的事情就是把它分解为几个子任务。每个子任务将形成自己的模块，用 Python 的术语来说就是函数。

29.1　把问题分解为不同的子任务

如果重新阅读问题，可以发现这些独立的任务存在一些自然的模块划分，具体如下。

1．获取文件名、打开文件并读取信息。

2．获取文件中的所有单词。

3．把每个单词映射到它的出现次数，并认定单词的顺序无关紧要。

4．计算相似度。

注意，在分解任务时，我们对于具体的实现还没有做出任何决定，只是对最初的问题进行了分解。

像程序员一样思考

在考虑如何分解问题时，尽量按照可复用的思路来选择和编写任务。例如，我们可以创建一个读取文件并返回文件内容的任务，而不是选择一个读取两个文件并返回它们的内容的任务。这是因为读取一个文件的函数用途更为广泛。如果有需要，可以多次调用这个函数。

29.2　读取文件信息

第一个步骤是编写一个函数。这个函数接收一个文件名作为参数，读取文件的内容，然后以一种可用的格式返回文件的内容。对于函数的返回信息，一个较好的选择就是以字符串（可能很大）的形式返回文件的内容。程序清单 29.1 展示了完成这个任务的函数。它使用 Python 的函数根据给定的文件名打开一个文件，把这个文件的完整内容读取到一个字符串中，然后返回这个字符串。在一个文件名上调用这个函数时，它将返回一个包含该文件所有内容的字符串。

程序清单 29.1　读取一个文件

```
def read_text(filename):
    """
    filename：一个字符串，表示需要读取的文件名
    返回：一个字符串，包含了这个文件的所有内容
    """
    inFile = open(filename, 'r')
    line = inFile.read()
    return line

text = read_text("sonnet18.txt")
print(text)
```

返回字符串

文档字符串

根据文件名打开对应
文件的 Python 函数

把所有内容读取为一个
字符串的 Python 函数

函数调用

　　编写完函数后，应该对它进行测试。如果有必要，还要对它进行调试。为了测试这个函数，我们需要创建一个包含一些内容的文件。在与本章的.py 文件相同的目录中创建一个空的文本文件，在这个文件中输入一些内容并保存。我在这个文档中输入了莎士比亚的 *sonnet 18*。现在，在.py 文件中，我们可以用下面的命令调用这个函数：

```
print(read_text("sonnet18.txt"))
```

　　当运行这行代码时，控制台应该打印出这个文件的内容。

像程序员一样思考

　　编写函数的目的是让自己的生活变得更加轻松。函数应该是独立的代码段，我们只需要调试一次就可以复用无数次。当集成了多个函数时，只需要对它们的交互情况进行调试，而不需要对这些函数本身进行调试。

29.3　保存文件中的所有单词

　　现在，我们完成了一个函数，它返回一个包含一个文件所有内容的字符串。对计算机而言，一个大型字符串用处不是太大。我们还记得 Python 是对对象进行操作的，而一个包含大量文本的大型字符串也是一个对象。我们把这个大型字符串分解为不同的部分。如果对两个文档进行比较，分解字符串的一种自然方法就是把它分解为单词。

像程序员一样思考

　　面对一个任务时，我们常常需要决定使用哪种数据结构（类型）。在开始编写代码之前，思考已知的每种数据类型，并确定它们是否适合使用。当不止一种数据类型都适合使用时，挑选最简单的一种。

　　分解字符串的任务可以由一个函数完成。它的输入是一个字符串，它的输出可以有多种方案，我们需要认真选择最合适的方案。如果我们拥有更多的编程经验，那么很快会意识到应该在什么时候使用某种特定的对象类型以及为什么要使用这种对象类型。在这个例子中，我们将把这个字符串中的单词分离到一个列表中，每个单词都是这个列表的一个元素。程序清单 29.2 展示了这个函数的代码。它首先执行一些清理工作，把换行符替换为空格，并删除所有的特殊字符。表达式 string.punctuation 的结果也是一个字符串，它的值是一个字符串对象可以具有的所有标点符号字符的集合：

`"!#$%&\'()*+,-./:;<=>?@[\\]_{|}~`

　　在清理了文本之后，我们使用 split 函数根据空格字符对字符串进行分割，并返回一个包含所有单词的列表（因为所有的单词都是通过空格分隔的）。

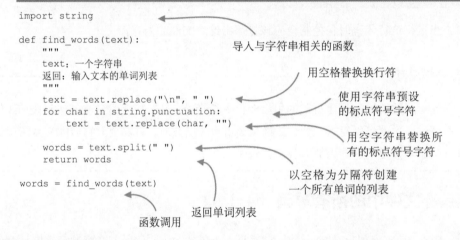

程序清单 29.2　从一个字符串中查找单词

```
import string

def find_words(text):
    """
    text：一个字符串
    返回：输入文本的单词列表
    """
    text = text.replace("\n", " ")
    for char in string.punctuation:
        text = text.replace(char, "")

    words = text.split(" ")
    return words

words = find_words(text)
```

导入与字符串相关的函数

用空格替换换行符

使用字符串预设的标点符号字符

用空字符串替换所有的标点符号字符

以空格为分隔符创建一个所有单词的列表

返回单词列表

函数调用

像程序员一样思考

　　在一个大型的输入文件上运行一个函数之前，我们可以先在包含几个单词的小型文本文件中进行试验。按照这种方式，如果发生了错误，我们就不需要观察几百行代码才能发现哪里出现了错误。

　　可以在文本文件 sonnet18.txt 上运行这个函数：

```
Shall I compare thee to a summer's day?
Thou art more lovely and more temperate:
Rough winds do shake the darling buds of May,
And summer's lease hath all too short a date:
Sometime too hot the eye of heaven shines,
```

```
And often is his gold complexion dimmed,
And every fair from fair sometime declines,
By chance, or nature's changing course untrimmed:
But thy eternal summer shall not fade,
Nor lose possession of that fair thou ow'st,
Nor shall death brag thou wander'st in his shade,
When in eternal lines to time thou grow'st,
So long as men can breathe, or eyes can see,
So long lives this, and this gives life to thee.
```

如果输入下面这些代码，我们将会在控制台看到一个包含所有单词的列表：

```
print(find_words(text))
```

它打印由 sonnet18.txt 文件的内容所产生的列表，具体如下：

```
['Shall', 'I', 'compare', ... LIST TRUNCATED ..., 'life', 'to', 'thee']
```

29.4　把单词映射到它们的频率

既然已经得到了包含单词的列表，那么现在可以更深入地操作这个 Python 对象了，从而对它的内容进行分析。现在，我们应该考虑怎样计算两个文档的相似度。至少需要知道文档中每个单词的数量。

注意，在创建单词列表时，这个列表按顺序包含了原始字符串中的所有单词。如果出现了重复的单词，那么它是以另一个列表元素的角色被添加到列表中的。为了更深入地理解与单词有关的信息，我们可以为每个单词设置一个配对的值来记录它的出现频率。这种配对方式很自然地让我们想到 Python 的字典是一种适合在此处使用的数据结构。在这个特定的例子中，我们将创建一个频率字典。程序清单 29.3 展示了如何编写代码实现这个目的。

程序清单 29.3　创建单词的频率字典

```
def frequencies(words):
    """
    words：单词列表
    返回：输入单词的频率字典
    """
    freq_dict = {}              ◄──────  初始化一个空字典

    for word in words:          ◄──────  观察列表中的每个单词
        if word in freq_dict:   ◄──────  如果单词已经在字典中
            freq_dict[word] += 1  ◄──────  把它的计数增加 1
        else:                   ◄──────  单词在字典中尚不存在
            freq_dict[word] = 1  ◄──────  添加单词，并把它的计数设置为 1
        return freq_dict        ◄──────  返回字典

freq_dict = frequencies(words)  ◄──────  函数调用
```

在这个问题中，频率字典是字典的一种有效应用。它把一个单词映射到它在文本中的出现次数上。当要对两个文档进行比较时，可以使用这个信息。

29.5　使用相似度比较两个文档

知道了每个单词的出现次数之后，我们必须决定使用哪个公式来对两个文档进行比较。一开始，这个公式不需要太复杂。作为第一道处理步骤，我们可以使用一种简单的测量方式进行比较，观察它的效果。假设这些步骤根据每个单词的出现总次数来计算文档的相似度。

- 在两个频率字典中观察同一个单词（每个文档都有一个频率字典）。
- 如果这个单词在两个字典中都存在，就在总计中加上两者的计数之差。如果它只在一个字典中出现，就在总计中加上它所在那个字典中的计数（相当于一个字典中的出现次数减去另一个字典中的出现次数 0）。
- 相似度就是总计除以两个文档的单词总数。

确定了测量方法之后，还有一个重要的事情就是合理性检查。如果两个文档完全相同，两个频率字典中的单词计数之差的总计数就是 0。0 除以两个字典中的单词总数的结果也是 0。如果两个字典没有任何公共单词，计数之差的总计将是"一个文档的单词总数"+"另一个文档的单词总数"。把这个和除以两个文档的单词总数的结果是 1。这个比率是合理的，但我们希望两个文档完全相同时的相似度为 1，而两个文档完全不同时的相似度为 0。为了解决这个问题，我们可以用 1 减去计算产生的比率。

程序清单 29.4 展示了根据两个输入字典计算相似度的代码。这段代码对一个字典的键进行迭代，它并不关注对哪个字典进行迭代，因为它还将在另一个循环中对另一个字典进行迭代。

当我们迭代一个字典的键时，就检查当前的键在另一个字典中是否存在。记住，我们所观察的是每个键的值，这个值就是这个单词在一个文档中的出现次数。如果这个单词在两个字典中都存在，就取它们的计数之差。如果它只在其中一个字典中出现，就取它在这个字典中的计数。

完成了一个字典的迭代之后，就需要对另一个字典进行迭代。我们不再需要观察两个字典的计数之差，这个任务在前面那个循环中已经完成。现在我们只关注那些在当前这个字典中存在而在前一个字典中不存在的单词。如果发现这样的单词，就在总计中加上它们的计数。

最后，当得到了计数之差的总计之后，就用它除以两个字典的单词总数。再用 1 减去这个计算结果，以匹配最初的问题规范中对相似度的定义。

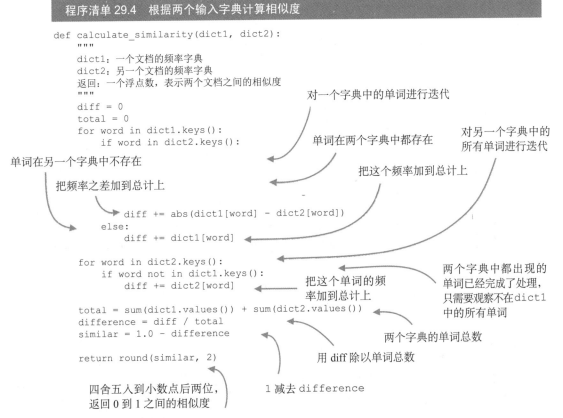

程序清单 29.4　根据两个输入字典计算相似度

```python
def calculate_similarity(dict1, dict2):
    """
    dict1：一个文档的频率字典
    dict2：另一个文档的频率字典
    返回：一个浮点数，表示两个文档之间的相似度
    """
    diff = 0
    total = 0
    for word in dict1.keys():
        if word in dict2.keys():
            diff += abs(dict1[word] - dict2[word])
        else:
            diff += dict1[word]

    for word in dict2.keys():
        if word not in dict1.keys():
            diff += dict2[word]
    total = sum(dict1.values()) + sum(dict2.values())
    difference = diff / total
    similar = 1.0 - difference

    return round(similar, 2)
```

对一个字典中的单词进行迭代

单词在两个字典中都存在

对另一个字典中的所有单词进行迭代

单词在另一个字典中不存在

把频率之差加到总计上

把这个频率加到总计上

把这个单词的频率加到总计上

两个字典中都出现的单词已经完成了处理，只需要观察不在 dict1 中的所有单词

两个字典的单词总数

用 diff 除以单词总数

1 减去 difference

四舍五入到小数点后两位，返回 0 到 1 之间的相似度

这个函数返回一个 0 到 1 之间的浮点数。这个数越小，两个文档之间的相似度就越低。反之亦然。

29.6　最终的整合

最后一个步骤就是用两个文本文件对代码进行测试。在两个不同的文件上使用这个程序之前，我们可以进行一项合理性检查：首先使用同一个文件作为两个输入文档，检查这个程序所得出的相似度是否为 1.0。然后，使用之前十四行诗文件和一个空文件检查它们的相似度是否为 0.0。

现在，使用莎士比亚的 *Sonnet 18* 和 *Sonnet 19* 对两个文档进行测试，然后修改 *Sonnet*

18，把所有的单词 summer 都改为 winter，看看程序的结果是不是和原来基本相同。

　　Sonnet 18 的文本已经在前面显示过，下面是 *Sonnet 19* 的文本：

```
Devouring Time, blunt thou the lion's paws,
And make the earth devour her own sweet brood;
Pluck the keen teeth from the fierce tiger's jaws,
And burn the long-lived phoenix in her blood;
Make glad and sorry seasons as thou fleet'st,
And do whate'er thou wilt, swift-footed Time,
To the wide world and all her fading sweets;
But I forbid thee one most heinous crime:
O! carve not with thy hours my love's fair brow,
Nor draw no lines there with thine antique pen;
Him in thy course untainted do allow
For beauty's pattern to succeeding men.
Yet, do thy worst old Time: despite thy wrong,
My love shall in my verse ever live young.
```

　　程序清单 29.5 打开两个文件，读取它们的单词，创建频率字典，然后计算两个文档的相似度。

程序清单 29.5　运行文档相似度程序的代码

```
text_1 = read_text("sonnet18.txt")
text_2 = read_text("sonnet19.txt")
words_1 = find_words(text_1)
words_2 = find_words(text_2)
freq_dict_1 = frequencies(words_1)
freq_dict_2 = frequencies(words_2)
print(calculate_similarity(freq_dict_1, freq_dict_2))
```

　　在 *Sonnet 18* 和 *Sonnet 19* 上运行这个程序得到的相似度是 0.24。这个相似度更接近于 0 是合理的，因为这是两个不同的文档。在 *Sonnet 18* 和修改后的 *Sonnet 18*（所有的 summer 都改为 winter）上运行这个程序的结果是 0.97。这个结果也是合理的，因为这两个文档几乎是相同的。

29.7　一个可能的扩展

　　可以通过观察成对的单词而不是单个的单词来使程序更加健壮。把文件的内容读取到一个字符串之后，观察成对的单词（称为双字母组）并把它们保存到一个列表中。观察成对的单词而不是单个的单词可以进一步完善程序，因此，成对的单词常常更好地反映了语言的相似度，这可以导致更准确的设置和更好的文本编写模型。如果需要，在计算相似度时，也可以混用成对的单词和单个的单词。

29.8　总结

　　在本章中，我们的目标是学习如何编写程序读取两个文件，把它们的内容转换为字符串，使用一个列表存储一个文件中的所有单词，然后创建一个频率字典存储每个单词以及它在文件中的出现次数。我们对两个字典中的单词计数之差进行总计，实现两个频率字典的比较，并根据比较结果对两个文件的相似度做出评价。下面是本章的一些要点。

- 使用可复用的函数编写模块化的代码。
- 使用列表存储单独的元素。
- 使用字典把单词映射到它的出现次数上。

使用面向对象编程创建自己的对象类型

在前面部分，我们使用了各种 Python 对象类型。我们在编写程序时创建了许多不同类型或相同类型的对象。这些对象与其他对象进行交互，交换信息或协同工作，以完成某个特定的任务。

在第 8 部分，我们将学习如何创建自己的对象类型。对象是由两种特性所定义的，分别是属性和行为。例如，整数对象具有一个属性，就是一个整数。整数的行为包括我们对整数可以进行的所有操作（加、减、取绝对值等）。对象类型向程序员提供了一种方式，把属性和行为包装在一起，允许我们创建自定义类型的对象，在自己的程序中使用。

在阶段性项目中，我们将编写一个程序，模拟一种牌类游戏 War。这是一种两位玩家使用一堆牌所玩的游戏。每位玩家轮流从整堆牌中取一张牌，牌面较大的那位玩家赢得当前回合并把这张牌给对方。当这堆牌消耗完毕时游戏便告结束。我们将创建两种新的对象类型，一种表示玩这个游戏的玩家，另一种表示一堆牌。我们将决定每种对象类型所具有的属性和行为，然后使用这两种对象类型模拟这个游戏。

第 30 章 创建自己的对象类型

在学完第 30 章之后，你可以实现下面的目标。

■ 理解对象具有属性

■ 理解对象具有与它相关联的操作

■ 理解操作对象时点号记法（dot notation）的含义

日常生活中我们一直在使用对象。我们使用计算机和电话、使用盒子和信封，并且与其他人或动物进行交流。即使是数字和单词也是基本的对象。

我们所使用的每个对象都由其他对象所组成。除了最基本的原子对象，我们与之交互的每个对象都可以分解为更小的对象。例如，常用的计算器可以分解为一些基本组件：逻辑芯片、屏幕和按钮（每个组件又可以分解为更小的组件）。即使是一句话也可以分解为以某种顺序排列的单词。

我们与之交互的每个对象都具有一些行为。例如，一个基本计算器可以进行数学运算但不能收发电子邮件。计算器内部的程序是根据哪些按钮被按下的方式进行工作的。不同语言的单词可以根据语言的规则以不同的方式排列，形成合理的句子。

当创建复杂的系统时，我们可以复用已经创建的对象，而不必关心组成这些对象的基本构件的细节。例如，计算机可能使用与计算器相同的逻辑芯片进行基本的运算。除此之外，计算机可能还有一些内置的组件，允许它访问互联网或者显示彩色图片。

这个思路也适用于编程！我们可以创建由其他对象类型所组成的更为复杂的对象类型，以在自己的程序中使用。事实上，我们注意到，列表和字典都是由其他对象类型所组成的对象类型：列表包含了一组对象，字典包含了一组成对的对象。

『场景模拟练习』

下面是两个对象的一些属性和行为。能不能把属性和行为区分开来？这两个对象是什么？

两只眼睛

在键盘上睡觉

没有眼睛

任意颜色

抓搔

反弹

有毛

圆形的

滚动

躲藏

四肢

[答案]

猫

特征：两只眼睛、有毛、四肢

行为：在键盘上睡觉、抓搔、躲藏

球

特征：没有眼睛、圆形的、任意颜色

行为：反弹、滚动

30.1　为什么需要新类型

当我们编写第一行代码的时候就开始与对象类型打交道。整数、浮点数、字符串、布尔值、元组、列表和字典都是对象类型。它们都是 Python 语言内置的对象，意思是它们在 Python 中是可以默认使用的。当对列表（和字典）进行操作时，我们注意到它们是由其他对象类型所组成的对象类型。例如，列表 L = [1,2,3] 就是由整数所组成的列表。

整数、浮点数和布尔值都是原子对象，因为它们无法再分解为更小的对象类型。这些类型是 Python 语言的基本构件。字符串、元组、列表和字典是非原子对象，因为它们可以分解为其他对象。

使用不同的对象类型可以帮助我们对代码进行组织，使它更容易阅读。可以想象，如果程序中只允许使用原子对象，代码将会显得如何混乱。如果想要编写包含购物列表的代码，可能必须为列表中的每个物品创建一个字符串变量，这种做法很快就会使程序变得混乱不堪。当我们意识到有更多的物品需要添加时，就必须随时创建新的变量。

当继续创建更为复杂的程序时，会发现需要创建自己的对象类型。这些对象类型在新的对象类型下"保存"了一组属性和一组行为。这些属性和行为是我们作为程序员必须选择并进行定义的。当我们创建程序时，可以在其他类型的基础上创建新的对象类型，甚至是在我们自己所创建的对象类型的基础之上再创建。

> **即学即测 30.1** 对于下面的每个场景，是否需要创建一种新的对象类型或者可以用一种已知的对象类型来表示它？
> 1. 某个人的年龄
> 2. 一组地理位置的经度和纬度
> 3. 一个人
> 4. 一把椅子

30.2 什么组成了一个对象

一种对象类型是由两种东西定义的：一组属性和一组行为。

30.2.1 对象的属性

对象类型的属性就是用于定义对象的数据。可以用哪些特征来解释我们所创建的对象的"外观"呢？

假设想创建一种表示汽车的对象类型。我们可以用什么数据来描述一种通用的汽车呢？作为汽车类型的创建者，我们必须决定用哪些数据来定义通用的汽车。这种数据可以是类似长度、宽度、高度或门的数量这样的东西。

选择了一个特定对象类型的属性之后，这些选择就会定义这个类型并保持不变。当我们在类型中添加行为时，就可以对这些属性进行操作。

下面是对象类型的属性的一些例子。如果有一种圆类型，它的数据可能是它的半径。如果有一种"地图上的点"类型，它的数据可能是经度和纬度的值。如果有一种房间类型，它的数据可能是它的长度、宽度、高度、房间内的物品数量以及是否有居住者。

> **即学即测 30.2**　为了表示下面这些类型，可以使用哪些数据？
>
> 1．矩形
> 2．电视机
> 3．椅子
> 4．人

30.2.2　对象的行为

对象类型的行为就是我们为这种类型的对象所定义的操作，也就是该类型的对象与其他对象进行交互的方式。

回到通用的汽车类型。怎样才能与汽车进行交互呢？同样，作为汽车对象的创建者，我们必须决定其他人怎样与这种类型的对象进行交互。汽车的行为可能包括改变汽车的颜色、鸣笛或者转弯等。

这些操作都是这种类型的对象的活动，也只有这种类型的对象可以进行这些活动。这些活动可以由对象本身完成，也可以通过对象与对象之间的交互完成。

其他对象类型的行为是怎样的呢？对于圆类型，其中一个活动就是获取它的面积或周长。对于地图上的点类型，其中一个活动就是确定它所在的国家，另一个活动是获取两个点之间的距离。对于房间类型，其中一个活动是在房间中增加一件物品，这会导致房间内的物品数量加 1。它也可以从房间中拿走一件物品，这导致房间内的物品数量减 1。它的其他活动还包括计算房间的体积。

> **即学即测 30.3**　为了表示下面这些类型，可以使用哪些行为？
>
> 1．矩形
> 2．电视机
> 3．椅子
> 4．人

30.3　使用点号记法

关于对象类型，我们已经有了基本的思路。对象类型具有属性和操作。下面是本书已经使用过的一些对象类型。

- 整数就是数学意义上的整数。它的操作包括加法、减法、乘法、除法、转换为浮点数等。
- 字符串是字符序列。它的操作包括相加、取索引、截取和查找子字符串、把一个子字符串替换为另一个子字符串等。
- 字典具有键和值，并有一个公式可以把键映射到值所在的内存位置。它的操作包括获取所有的键、获取所有的值、通过键进行索引操作等。

属性和行为是为一种特定的对象类型所定义的，并且属于该类型。其他对象类型并不知道它们。

在第 7 章中，我们在字符串对象上使用了点号记法。点号记法表示访问一个特定对象类型的数据或行为。当我们使用点号记法时，就向 Python 表示想要在一个对象类型上执行一个特定的操作或者访问它的一个特定属性。Python 知道怎样确定需要执行操作的对象类型，因为我们是在一个对象上使用点号记法的。例如，当创建列表 L 时，我们用 L.append() 把一个元素追加到这个列表。点号记法使 Python 知道 append 操作作用于对象 L。Python 知道 L 是一个列表类型的对象，并执行检查以确保列表类型已经定义了一个名为 append 的操作。

即学即测 30.4 在下面的点号记法例子中，这些操作可以作用于什么对象类型？

1. `"wow".replace("o", "a")`

2. `[1,2,3].append(4)`

3. `{1:1, 2:2}.keys()`

4. `len("lalala")`

30.4 总结

在本章中，我们的目标是理解一种对象类型是由两种东西表达的：它的数据属性和它的行为。我们已经使用过 Python 内置的对象，并了解了在更复杂的对象类型上如何使用点号记法，包括字符串、列表和字典。下面是本章的一些要点。

- 对象类型具有数据属性，也就是组成该类型的其他对象。
- 对象类型具有行为，也就是允许与这种类型的对象进行交互的操作。
- 同种类型的对象知道定义它们的属性和行为。
- 点号记法用于访问对象的属性和行为。

第 31 章　为对象类型创建类

在学完第 31 章之后，你可以实现下面的目标。

■ 定义 Python 的类
■ 为类定义数据属性
■ 为类定义操作
■ 使用类创建该类型的对象并执行操作

我们可以创建自己的对象类型以满足自己的编程需求。除了原子对象类型（int、float、bool），我们所创建的任何对象都是由其他现有的对象所组成的。当我们实现了一种新的对象类型时，需要定义组成该对象的属性以及允许该对象具有的行为（它自己的行为或者与其他对象进行交互的行为）。

我们定义自己的对象通常是为了让它们具有自定义的属性和行为，以便对它们进行复用。在本章中，我们将通过两个视角观察自己所编写的代码，就像当初编写自己的函数一样。我们把程序员（新对象类型的编写者）的视角和新类型对象的用户的视角进行分离。

在使用类定义一种对象类型之前，我们应该回答下面这两个问题，从而对该对象类型的实现具有一个基本的思路。

■ 这种对象类型由哪些对象组成（它的特征或属性）？

■ 我们希望这种对象类型做些什么（它的行为或操作）？

『场景模拟练习』

列表和整数是两种类型的对象。分别为它们命名一些操作：

■ 在列表上可以进行的一些操作；

■ 在一个或多个整数上可以进行的一些操作。

我们是否注意到，为它们所定义的大多数操作存在差别？

[答案]

■ append、extend、pop、索引、remove、in。

■ +、-、*、/、%、求反、转换为字符串。

列表的大多数操作是用点号记法完成的，但数值操作是用数学符号完成的。

31.1 用类实现新的对象类型

创建对象类型的第一个步骤是定义一个类。关键字 `class` 可以完成这项工作。我们想要创建一种简单的对象类型表示圆对象，告诉 Python 想要用类来定义一个新的对象类型。

观察下面这行代码：

```
class Circle(object):
```

关键字 `class` 开始这个类的定义。单词 `Circle` 就是类的名称，也就是我们想要定义的对象类型的名称。在括号中，单词 `object` 表示这个类是一个 Python 对象。我们所定义的所有类都是 Python 对象。因此，使用类所创建的对象将继承任何 Python 对象都具有的所有基本行为和功能。例如，可以使用赋值操作符把一个变量绑定到所创建的对象上。

> **即学即测 31.1** 为下面各个对象编写一行代码来定义一个类：
> 1. 一个人
> 2. 一辆汽车
> 3. 一台计算机

31.2 数据属性作为对象的属性

在开始类的定义之后，我们必须决定这种类型的对象初始化的方式。对于大多数类，就是如何表示这种对象以及用什么数据定义这种对象。我们将对这些对象进行初始化。对象的属性又称为对象的数据属性。

31.2.1 用__init__初始化对象

为了初始化一个对象，必须实现一个特殊的操作：__init__ 操作（注意在单词 init 之前和之后的双下划线）：

```
class Circle(object):
    def __init__(self):
        # 这里是代码
```

__init__ 定义看上去有点像函数，区别在于它是在类中定义的。在类中定义的函数称为方法（method）。

定义：方法是在类中定义的函数，它定义了可以在该类型的对象上所执行的一个操作。

__init__ 方法内部的代码一般是对定义该对象的数据属性进行初始化。我们决定 Circle 类的对象刚创建时初始化为一个半径为 0 的圆。

31.2.2 在__init__内部创建对象属性

对象的数据属性是另一个对象。我们所定义的对象可以定义多个数据属性。为了告诉 Python 为一个对象定义一个数据属性，可以使用变量 self 以及一个点号。在 Circle 类中，我们把半径作为圆的数据属性并把它初始化为 0：

```
class Circle(object):
    def __init__(self):
        self.radius = 0
```

注意，在 __init__ 的定义中，我们接收一个名为 self 的参数。接着，在这个方法的内部，我们使用 self.设置圆的数据属性。self 变量告诉 Python 我们将使用这个变量表示所创建的 Circle 类型的任何对象。我们所创建的任何圆都具有自己的半径，可以通过 self.radius 进行访问。

在这个时候，注意我们仍然是在定义类，还没有创建任何特定的对象。我们可以把 self 看成 Circle 类型的任何对象的占位符变量。

在__init__的内部，我们使用 self.radius 告诉 Python，变量 radius 属于 Circle 类型的对象。我们所创建的每个 Circle 类型的对象都有自己的 radius 变量，它的值因不同的对象而异。使用 self.所定义的每个变量均表示这个对象的一个数据属性。

即学即测 **31.2** 编写一个__init__方法，包含对下面每个场景的数据属性所进行的初始化：

1. 一个人
2. 一辆汽车
3. 一台计算机

31.3 方法作为对象的操作和行为

对象具有由操作所定义的行为，我们可以与之进行交互或者在对象上进行操作，通过方法来实现操作。对于圆，我们可以编写另一个方法来改变它的半径：

```
class Circle(object):
    def __init__(self):
        self.radius = 0
    def change_radius(self, radius):
        self.radius = radius
```

方法与函数相似。和__init__方法一样，我们使用 self 作为方法的第一个参数。这个方法定义表示一个名为 change_radius 的方法，它接收一个名为 radius 的参数。

这个方法的内部有一行代码。由于我们想要修改这个类的一个数据属性，因此可以使用 self.在这个方法中访问半径并修改它的值。

圆对象的另一个行为是告诉我们它的半径：

```
class Circle(object):
    def __init__(self):
        self.radius = 0
    def change_radius(self, radius):
        self.radius = radius
    def get_radius(self):
        return self.radius
```

同样，radius 也是一个方法，它不接收 self 之外的其他参数。它所完成的任务就是返回它的数据属性 radius 的值。和前面一样，我们使用 self 访问这个数据属性。

即学即测 **31.3** 假设我们创建了一个 Door 对象类型，它具有下面这个初始化方法：

```
class Door(object):
    def __init__(self):
        self.width = 1
        self.height = 1
        self.open = False
```

■ 编写一个方法，返回门是否开着。
■ 编写一个方法，返回门的面积。

31.4　使用定义的对象类型

每次当我们创建一个对象时，就已经使用了其他人所编写的对象类型，例如，int = 3 或 L = []。这些都是类名的简写用法。

下面是在 Python 中等价的两个式子：L = [] 和 L = list()。在这里，list 是 list 类的名称，已经由其他人定义并供我们使用。

现在，我们可以对自己所定义的对象类型执行相同的操作。对于 Circle 类，我们像下面一样创建了一个新的 Circle 对象：

```
one_circle = Circle()
```

变量 one_circle 绑定到一个对象上，该对象是 Circle 类的一个实例。换句话说，one_circle 是一个 Circle 类的对象。

定义：一个实例就是一种特定对象类型的一个特定对象。

我们可以创建一个类的多个实例，方法是调用类名并把新对象绑定到另一个变量名上：

```
one_circle = Circle()
another_circle = Circle()
```

在创建了类的实例之后，我们就可以在对象上执行操作了。在一个 Circle 实例上，我们只能执行两个操作：更改它的半径或者获取这个对象的半径。

我们知道，点号记法的含义是在一个特定的对象上执行操作，例如：

```
one_circle.change_radius(4)
```

注意，我们向这个函数传递了一个实际参数（4），而这个函数的定义具有两个形式参数（self 和 radius）。Python 在方法被调用时会自动把 self 赋值给这个对象（在此例中为 one_circle）。这个方法调用所作用的对象就是点号之前的那个对象。这行代码只是把这个名为 one_circle 的实例的半径修改为 4。在程序中所创建的这个对象类型的其他所有实例的半径仍然保持不变。假如我们像下面这样打印半径的值：

```
print(one_circle.get_radius())
print(another_circle.get_radius())
```

它打印出下面的结果：

```
4
0
```

在这里，one_circle 的半径被修改为 4，但我们并没有修改 another_circle 的半径。怎么知道这一点呢？因为圆的半径是一个数据属性，是用 self 定义的。

图 31.1 展示了这个思路: 每个对象具有它自己的 radius 数据属性, 修改一个对象的这个数据属性并不会影响其他对象的这个数据属性。

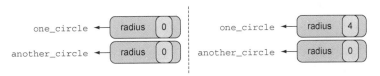

图 31.1 左边是两个圆对象的数据属性。在右边, 我们可以看到对一个对象使用点号记法修改了这个数据属性的值之后, 其他对象的这个数据属性的值没有发生变化

> **即学即测 31.4** 假设我们用下面的方式创建了一种 Door 对象类型:
>
> ```
> class Door(object):
>     def __init__(self):
>         self.width = 1
>         self.height = 1
>         self.open = False
>     def change_state(self):
>         self.open = not self.open
>     def scale(self, factor):
>         self.height *= factor
>         self.width *= factor
> ```
>
> ■ 编写一行代码创建一个新的 Door 对象, 并把它绑定到变量 square_door 上。
>
> ■ 编写一行代码, 修改 square_door 的状态。
>
> ■ 编写一行代码, 把门扩大为原先的 3 倍。

31.5 在__init__中创建带参数的类

现在, 我们想要用另一个类来表示一个矩形。程序清单 31.1 展示了完成这个任务的代码。

程序清单 31.1 一个 Rectangle 类

```
class Rectangle(object):
    """ 具有长和宽的矩形对象 """
    def __init__(self, length, width):
        self.length = length
        self.width = width
    def set_length(self, length):
        self.length = length
    def set_width(self, width):
        self.width = width
```

这段代码展示了一些新的思路。首先, __init__方法除 self 之外还有 2 个参数。

当创建一个新的 Rectangle 对象时，我们必须用 2 个值对它们进行初始化：一个对长度进行初始化，另一个对宽度进行初始化。

可以按照下面这种方式进行操作：

```
a_rectangle = Rectangle(2,4)
```

假设我们没有提供 2 个参数，而是像下面这样操作：

```
bad_rectangle = Rectangle(2)
```

Python 会显示一个错误，表示它期望接收 2 个参数对这个对象进行初始化，但程序只向它提供了 1 个参数：

```
TypeError: __init__() missing 1 required positional argument: 'width'
```

另一个需要注意的是在 __init__ 方法中，参数和数据属性具有相同的名称。它们不一定相同，但常常相同。当我们想使用类的方法访问对象属性的值时，属性的名称才有意义。方法的参数是形式参数，它接收数据并对对象进行初始化。它是临时性的，在方法调用结束时就消失，而数据属性在对象实例的生命周期中一直都存在。

31.6 作用于类名而不是对象的点号记法

我们已经初始化并使用了对象，现在不需要关注 self 参数了，而是由 Python 自动决定 self 的值应该是什么。这是 Python 的一个优秀特性，它允许程序员编写更为简捷的代码。

我们可以在代码中用一种更为明确的方式来完成这个任务，该方式就是直接传递 self 参数，而不是依赖 Python 检测 self 应该是什么对象。

回到之前定义的 Circle 类，我们可以像下面这样再次初始化一个对象，设置它的半径并打印半径：

```
c = Circle()
c.change_radius(2)
r = c.get_radius()
print(r)
```

对一个对象进行初始化操作之后，在这个对象上执行操作的一种更明确的方式是直接使用类名和对象，如下所示：

```
c = Circle()
Circle.change_radius(c, 2)
r = Circle.get_radius(c)
print(r)
```

注意，我们是在类名上调用方法。另外，我们现在向 change_radius 方法传递了

2 个参数，如下。

- ■ c 是我们想要执行操作的对象，它被赋值给 self。
- ■ 2 是新的半径值。

如果直接在对象上调用方法，就像 c.change_radius(2) 一样，Python 知道 self 的参数是 c，从而推断出 c 是一个 Circle 类型的对象，并把背后的那行代码转换为 Circle.change_radius(c, 2)。

> **即学即测 31.5** 对于下面这几行代码，把注明需要修改的行转换为调用方法的明确方式（在类名上使用点号记法）：
>
> ```
> a = Rectangle(1,1)
> b = Rectangle(1,1)
> a.set_length(4)    # 修改这一行
> b.set_width(4)     # 修改这一行
> ```

31.7 总结

在本章中，我们的目标是学习怎样在 Python 中定义一个类。下面是本章的一些要点。

- ■ 类定义了一种对象类型。
- ■ 类定义了数据属性（属性）和方法（操作）。
- ■ self 是一个变量名，表示对象类型的一个通用实例。
- ■ __init__ 方法是一种特殊的操作，它定义了怎样初始化一个对象。它是在创建一个对象时被调用的。
- ■ 我们可以定义其他方法（例如，在类中定义函数）完成其他操作。
- ■ 当我们使用类时，作用于对象的点号记法可以访问该对象的数据属性和方法。

31.8 章末检测

问题 31.1 为 Circle 类编写一个名为 get_area 的方法。它使用公式 $3.14 \times radius^2$ 返回圆的面积。通过创建一个对象并打印这个方法调用的结果，来对这个方法进行测试。

问题 31.2 为 Rectangle 类编写两个方法，这两个方法名为 get_area 和 get_perimeter。创建一个该类型的对象并打印这两个方法调用的结果，以对这两个方法进行测试。

- ■ get_area 通过公式 $length \times width$，返回一个矩形的面积。
- ■ get_perimeter 通过公式 $2 \times length + 2 \times width$，返回一个矩形的周长。

第 32 章　使用自己的对象类型

在学完第 32 章之后，你可以实现下面的目标。
- 定义一个模拟堆栈的类
- 在类中使用我们所定义的其他对象

现在，我们已经知道怎样创建一个类。从形式上说，类表示 Python 的一种对象类型。为什么要创建自己的对象类型呢？因为一种对象类型在一个数据结构中包装了一组属性和一组行为。通过这种优雅包装的数据结构，我们知道这种类型的所有对象在定义这种类型的数据集方面具有一致性，并且对于它们可以执行的操作集也具有一致性。

对象类型背后的一种实用思路是我们可以将自己所创建的对象类型组合起来，创建更为复杂的对象。

『场景模拟练习』

把下面这些对象细分为更小的对象，然后把细分后的对象再次细分为更小的对象，直到可以用内置类型（int、float、str、bool）定义最小的对象。
- 雪

■　森林

[答案]

■　雪是由雪花所组成的。雪花具有 6 条边，是由冰晶所组成的。冰晶是由按照某种方式排列的水分子（列表）所组成的。

■　森林是由树所组成的。树具有树干和树叶。树干具有长度（浮点数）和直径（浮点数）。树叶具有颜色（字符串）。

32.1　定义堆栈对象

在第 26 章中，我们使用列表以及一系列的 append 和 pop 操作实现了煎饼堆栈。当我们执行这些操作时，我们小心翼翼地确保这些操作与堆栈的行为保持一致：添加到列表的末尾，并从列表的末尾删除。

使用类，我们可以创建一个堆栈对象实行堆栈规则，这样我们就不需要在程序运行时追踪它们的细节。

像程序员一样思考

通过使用类，我们就向类的用户隐藏了它的实现细节。我们并不需要说明自己是怎样完成一些操作的，只需要说明自己需要哪些行为。例如，在一个堆栈中，我们可以添加或删除元素。这些行为的实现可以通过不同的方式完成，但堆栈的用户并不需要理解这些细节，他们只需要知道这个对象是什么以及怎样使用它们就可以了。

32.1.1　选择数据属性

我们把堆栈对象类型命名为 Stack。第一个步骤是决定如何表示一个堆栈。在第 26 章中，我们使用一个列表模拟堆栈，因此使用一个列表作为堆栈的数据属性是非常合理的。

像程序员一样思考

当决定用什么数据属性表示一种对象类型时，下面这两件事情可能对此有所帮助。

■　写出我们知道的那些数据类型以及每种类型是否适合使用。记住，一种对象类型可以用多个数据属性表示。

■　从我们希望对象具有的行为出发。我们常常可以根据数据属性做出决定，注意，我们所需要的行为可以由一个或多个已知的数据结构来表示。

一般情况下，我们在类的初始化方法中定义数据属性：

```
class Stack(object):
    def __init__( self):
        self.stack = []
```

堆栈将使用列表来表示。我们可以决定一个堆栈的初始值为空，因此使用
self.stack = []对 Stack 对象的一个数据属性进行初始化。

32.1.2 实现 Stack 类的方法

决定了定义一种对象类型的数据属性之后，我们需要决定这个对象类型具有什么行为，需要决定自己希望这种对象具有什么样的行为以及这个类的用户怎样与这种对象进行交互。

程序清单 32.1 提供了 Stack 类的完整定义。除了初始化方法，它还定义了 7 个其他方法以供用户与堆栈类型的对象进行交互。get_stack_elements 方法返回数据属性的一个副本，防止用户修改数据属性。

add_one 方法和 remove_one 方法与堆栈的行为一致。我们把一个元素添加到列表的末尾，并从同一端删除一个元素。类似地，add_many 方法和 remove_many 方法从列表的同一端多次添加和删除元素。size 方法返回堆栈中的元素数量。最后，prettyprint 方法在同一行打印（并因此返回 None）堆栈中的每个元素，越是新的元素越出现在前面。

程序清单 32.1 Stack 类的定义

```
class Stack(object):
    def __init__( self):
        self.stack = []
    def get_stack_elements(self):
        return self.stack.copy()
    def add_one(self , item):
        self.stack.append(item)
    def add_many(self , item, n):
        for i in range(n):
            self.stack.append(item)
    def remove_one(self):
        self.stack.pop()
    def remove_many(self , n):
        for i in range(n):
            self.stack.pop()
```

一个列表数据属性定义了堆栈

这个方法返回堆栈的数据属性的一个副本

这个方法向堆栈添加一个元素，把它添加到列表的末尾

这个方法把 n 个相同的元素添加到堆栈中

这个方法从堆栈中删除一个元素

这个方法从堆栈中删除 n 个元素

```
def size(self):
    return len(self.stack)
def prettyprint(self):
    for thing in self.stack[::-1]:
        print('|_',thing, '_|')
```

这个方法告诉我们
堆栈中元素的数量

这个方法打印一个堆栈，每行有一个
元素，越是新的元素越出现在前面

有一个地方值得注意。在堆栈的实现中，我们决定从列表的末尾进行添加和删除。另一种同样有效的设计是从列表的头部进行添加和删除。注意，只要坚持自己的决定，让自己想要实现的对象的行为保持一致，可以使用的实现方法往往不止一种。

> **即学即测 32.1**　为 Stack 对象编写一个名为 add_list 的方法，它接收一个列表为参数。这个列表中的每个元素被添加到堆栈中，列表头部的元素首先被添加到堆栈中。

32.2　使用 Stack 对象

既然我们已经用 Python 类定义了一种 Stack 对象类型，那么现在就可以创建 Stack 对象，并对它执行一些操作了。

32.2.1　创建一个煎饼堆栈

首先处理在堆栈中添加煎饼这个传统任务。假设煎饼是由一个表示煎饼风味的字符串表示的："chocolate"（巧克力）或"blueberry"（蓝莓）。

第一个步骤是创建一个堆栈对象，用于添加煎饼。程序清单 32.2 展示了一个简单的命令序列。

- 初始化一个 Stack 对象，创建一个空的堆栈。
- 在这个堆栈上调用 add_one 方法，添加 1 个蓝莓煎饼。
- 在这个堆栈上调用 add_many 方法，添加 4 个巧克力煎饼。

添加到堆栈的元素是表示煎饼风味的字符串。所有的方法都是通过点号记法在我们所创建的堆栈对象上调用的。

程序清单 32.2　创建一个 Stack 对象并向它添加煎饼

创建一个堆栈，并把这个 Stack 对象
绑定到变量 pancakes 上

```
pancakes = Stack()
pancakes.add_one("blueberry")
pancakes.add_many("chocolate", 4)
```

添加 1 个蓝莓煎饼

添加 4 个巧克力煎饼

```
print(pancakes.size())
pancakes.remove_one()
print(pancakes.size())
pancakes.prettyprint()
```

打印 5

删除最后一个添加的字符串，一个
chocolate（巧克力）煎饼

在同一行打印煎饼风味：顶部是
3 个巧克力煎饼，底部是 1 个蓝
莓煎饼

打印 4

　　图 32.1 展示了向堆栈添加元素的步骤以及通过 self.stack 访问的列表数据属性的值。

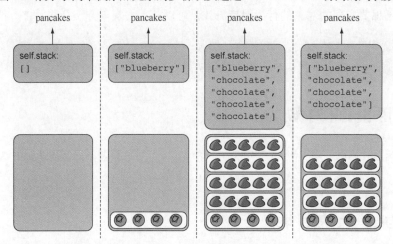

图 32.1　从左边开始，第一个窗格显示了一个空的煎饼堆栈。第二个窗格显示了当我们添加了
一个条目即 1 个**"blueberry"**（蓝莓）之后的堆栈。第三个窗格显示了添加了 4 个相同的条目即
4 个**"chocolate"**（巧克力）之后的堆栈。最后一个窗格显示了删除最后一个添加的条目即 1 个
"chocolate" 之后的堆栈

　　注意，在这个代码片段中，每个方法的行为就像函数一样：它接收参数，通过执行
命令完成一些任务并返回一个值。我们可以让方法并不返回一个明确的值，就像
prettyprint 方法一样。在这个例子中，当我们调用这个方法时，并不需要打印它的
返回值，因为它不会返回有价值的信息，这个方法自己会打印出一些值。

32.2.2　创建一个圆堆栈

　　既然已经有了一个 Stack 对象，现在我们可以向这个堆栈添加任何类型的对象，而不仅
仅是原子对象（int、float 或 bool）了。我们可以向堆栈添加自己所创建的类型的对象。
　　我们在第 31 章编写了一个表示 Circle 对象的类，现在可以创建一个圆堆栈。程
序清单 32.3 展示了完成这个任务的代码。它的操作有点类似于像在程序清单 32.2 中添
加煎饼。唯一的区别是它并不是用字符串表示煎饼风味，而是必须初始化一个 Circle

对象然后把它添加到堆栈中。如果运行程序清单 32.3 中的代码，必须把定义 Circle
对象的代码复制到同一个文件中，这样 Python 就知道 Circle 是什么了。

程序清单 32.3　创建一个 Stack 对象并向它添加 Circle 对象

```
circles = Stack()
one_circle = Circle()
one_circle.change_radius(2)
circles.add_one(one_circle)

for i in range(5):
    one_circle = Circle()
    one_circle.change_radius(1)
    circles.add_one(one_circle)

print(circles.size())
circles.prettyprint()
```

创建一个堆栈并把这个 Stack 对象
绑定到一个名为 circles 的变量上

创建一个新的圆对象，把
它的半径设置为 2，并把
这个圆添加到堆栈中

这个循环添加了 5 个新的圆对象

每次在循环时创建一个新的圆对象，把它
的半径设置为 1，并把它添加到堆栈中

打印 6

打印与每个圆对象相关的 Python 信
息（它的类型以及在内存中的位置）

图 32.2 展示了这个圆堆栈可能的样子。

circles

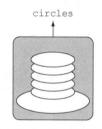

图 32.2　半径为 2 的圆出现在底部，因为它是最早添加的。然后我们创建了
半径为 1 的新圆 5 次，并把每个圆添加到堆栈中

我们可能还会注意到，Stack 类有一个名为 add_many 的方法。不一定要通过一
个循环每次添加一个圆，而是可以创建一个半径为 1 的圆并在堆栈上调用 add_many
方法，并以这个对象以及需要添加的次数为参数。具体代码如程序清单 32.4 所示，其图
形表现形式如图 32.3 所示。

程序清单 32.4　创建一个 Stack 对象，并多次添加同一个圆对象

```
circles = Stack()
one_circle = Circle()
one_circle.change_radius(2)
circles.add_one(one_circle)

one_circle = Circle()
one_circle.change_radius(1)
```

与程序清单 32.3
相同的操作

创建一个新的圆对象，把它的半径设置为 1

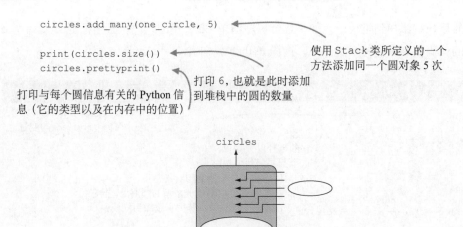

```
circles.add_many(one_circle, 5)
```
使用 Stack 类所定义的一个
方法添加同一个圆对象 5 次

```
print(circles.size())
circles.prettyprint()
```
打印 6，也就是此时添加
到堆栈中的圆的数量

打印与每个圆信息有关的 Python 信息（它的类型以及在内存中的位置）

circles

图 32.3　半径为 2 的圆出现在底部，因为它是最早添加的。然后创建了一个半径
为 1 的圆，并把这个圆对象添加到堆栈 5 次

　　比较一下程序清单 32.3 和程序清单 32.4 的两个堆栈的样子。在程序清单 32.3 中，每次循环时创建一个新的圆对象。当我们使用 prettyprint 方法输出自己的堆栈时，它的输出如下所示，表示被打印的对象以及它在内存中的位置：

```
|_ <__main__.Circle object at 0x00000200B8B90BA8> _|
|_ <__main__.Circle object at 0x00000200B8B90F98> _|
|_ <__main__.Circle object at 0x00000200B8B90EF0> _|
|_ <__main__.Circle object at 0x00000200B8B90710> _|
|_ <__main__.Circle object at 0x00000200B8B7BA58> _|
|_ <__main__.Circle object at 0x00000200B8B7BF28> _|
```

　　在程序清单 32.4 中，我们只创建了 1 个新的圆对象，并添加这个对象 5 次。当使用 prettyprint 方法输出自己的堆栈时，现在的输出如下所示：

```
|_ <__main__.Circle object at 0x00000200B8B7BA58> _|
|_ <__main__.Circle object at 0x00000200B8B7BA58> _|
|_ <__main__.Circle object at 0x00000200B8B7BA58> _|
|_ <__main__.Circle object at 0x00000200B8B7BA58> _|
|_ <__main__.Circle object at 0x00000200B8B7BA58> _|
|_ <__main__.Circle object at 0x000001F1E0E0CA90> _|
```

　　使用 Python 所打印的内存位置，我们可以看到这两段代码之间的区别。程序清单 32.3 每次循环时创建一个新的对象，并把它添加到堆栈中。就好像每个对象恰好具有相同的数据，即半径为 1。程序清单 32.4 创建了一个对象，并多次添加这个对象。

　　在第 33 章中，我们将看到如何编写自己的方法来对 Python 的默认 print 方法进行重写，使我们可以打印与自己的对象有关的信息，而不是打印对象的内存位置。

即学即测 **32.2** 编写代码来创建两个堆栈。对于其中一个堆栈，添加 3 个半径为 3 的圆对象。对于另一个堆栈，添加同一个宽度为 1 且长度为 1 的矩形对象 5 次。使用第 31 章所定义的 Circle 类和 Rectangle 类。

32.3 总结

在本章中，我们的目标是学习如何定义多个对象，并在同一个程序中使用它们。下面是本章的一些要点。

- 定义一个类时，需要决定如何表示它。
- 定义一个类时，还需要决定如何使用它以及实现它的方法。
- 类把属性和行为包装到一种对象类型中，使这种类型的所有对象具有相同的数据和方法。
- 使用一个类时，要创建一个或多个该类型的对象，并对它执行一系列的操作。

32.4 章末检测

问题 按照和堆栈类似的方法为队列编写一个类。记住，元素是在队列的一端添加的，且在另一端删除的。

- 决定用哪种数据结构表示队列。
- 实现__init__。
- 实现一些方法，以获取队列的长度、添加一个元素、添加多个元素、删除一个元素、删除多个元素以及显示队列。
- 编写代码，创建队列对象并在它上面执行一些操作。

第 33 章　对类进行自定义

在学完第 33 章之后，你可以实现下面的目标。

- 在自己的类中添加特殊的 Python 方法
- 在自己的类中使用像+、-、/和*这样的特殊操作符

从编写第一个 Python 程序开始，我们就已经在使用 Python 语言所定义的类了。Python 最基本类型的对象称为内置类型，它允许我们在这些类型上使用特殊的操作符。例如，我们可以在两个数之间使用+操作符；可以使用[]操作符对字符串和列表进行索引操作；可以在所有这些类型的对象上使用 print()语句，包括列表和字典。

『场景模拟练习』

- 命名 5 个可以在整数之间进行的操作。
- 命名 1 个可以在字符串之间进行的操作。
- 命名 1 个可以在字符串和整数之间进行的操作。

[答案]

- +、-、*、/、%
- +

■　*

这些操作都有一种符号形式的简写形式。但是，符号仅仅是一种简写形式而已。每个操作实际上是一个方法，我们可以为一种特定类型的对象定义这种操作。

33.1　覆写一个特殊的方法

一个对象上的所有操作都是在类中以方法的形式实现的。但是，我们注意到当对 int、float 和 str 这样的简单对象类型进行操作时，可以使用一些简写形式。这些简写形式就是在两个这样的对象之间使用+、-、*或/操作符。即使是在一对括号内放入一个对象的 print()方法也是一个类方法的简写形式。我们可以在自己的类中实现这样的方法，以便在自己的对象类型中使用简写形式。

表 33.1 列出了一些特殊的方法，但类似的方法还有很多。注意所有这些特殊方法都是由双下划线开始的。这是 Python 语言的一种特殊约定，其他语言可能会有其他的约定。

表 33.1　Python 中的一些特殊方法

分类	操作符	方法名
数学操作符	+	__add__
	-	__sub__
	*	__mul__
	/	__truediv__
比较操作符	==	__eq__
	<	__lt__
	>	__gt__
其他操作符	print()和str()	__str__
	创建一个对象，例如 some_object = ClassName()	__init__

为了增加一个特殊操作的功能，以便在自己的类中使用，我们可以覆写（override）这些特殊的方法。覆写的意思是我们将在自己的类中实现这些方法，并决定这些方法将执行什么操作，而不是采用通用的 Python 对象所实现的默认行为。

首先创建一种新的对象类型，表示一个分数。分数具有分子和分母。因此，Fraction 对象的数据属性就是两个整数。程序清单 33.1 展示了 Fraction 类的基本定义。

程序清单 33.1   Fraction 类的定义

```
class Fraction(object):
    def __init__(self, top, bottom):
        self.top = top
        self.bottom = bottom
```

初始化方法接收两个参数

用参数初始化数据属性

有了这个定义之后，我们就可以创建两个 Fraction 对象，并把它们相加：

```
half = Fraction(1, 2)
quarter = Fraction(1, 4)
print(half + quarter)
```

把 1/2 和 1/4 相加的结果应该是 3/4。但是，当我们运行这个程序片段时，会得到下面这条错误消息：

```
TypeError: unsupported operand type(s) for +: 'Fraction' and 'Fraction'
```

它告诉我们 Python 并不知道怎样把两个 Fraction 对象相加。出现这个错误是合理的，因为我们从来没有为 Fraction 类型定义这个操作。

为了告诉 Python 如何使用+操作符，我们需要实现特殊方法__add__（在 add 前面和后面都有双下划线）。加法作用于两个对象：一个是调用这个方法的对象，另一个是这个方法的参数。在这个方法内部，我们根据这两个对象的分子和分母执行两个 Fraction 对象的加法，如程序清单 33.2 所示。

程序清单 33.2   两个 Fraction 对象相加和相乘的方法

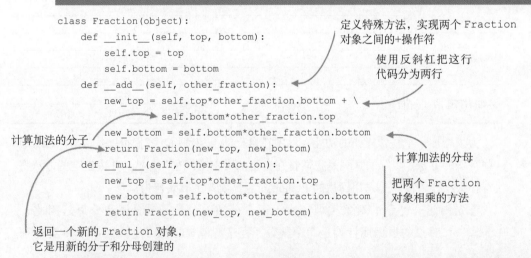

```
class Fraction(object):
    def __init__(self, top, bottom):
        self.top = top
        self.bottom = bottom
    def __add__(self, other_fraction):
        new_top = self.top*other_fraction.bottom + \
                    self.bottom*other_fraction.top
        new_bottom = self.bottom*other_fraction.bottom
        return Fraction(new_top, new_bottom)
    def __mul__(self, other_fraction):
        new_top = self.top*other_fraction.top
        new_bottom = self.bottom*other_fraction.bottom
        return Fraction(new_top, new_bottom)
```

定义特殊方法，实现两个 Fraction 对象之间的+操作符

使用反斜杠把这行代码分为两行

计算加法的分子

计算加法的分母

把两个 Fraction 对象相乘的方法

返回一个新的 Fraction 对象，它是用新的分子和分母创建的

即学即测 33.1   为 Fraction 对象编写一个方法，在两个 Fraction 对象之间使用-操作符。

33.2 在自己的类中覆写 print()方法

在前面，我们已经定义了 Fraction 对象之间的+操作符，现在可以尝试和前面相同的代码了：

```
half = Fraction(1,2)
quarter = Fraction(1,4)
print(half + quarter)
```

这段代码不再给出错误消息，而是打印出这个对象的类型以及它的内存位置：

```
<__main__.Fraction object at 0x00000200B8BDC240>
```

但是，这个信息并不是很实用。我们更希望看到分数的值！我们需要实现另一个特殊的函数，它告诉 Python 怎样打印这种类型的对象。为此，我们实现特殊方法__str__，如程序清单 33.3 所示。

程序清单 33.3 打印 Fraction 对象的方法

```
class Fraction(object):
    def __init__(self, top, bottom):
        self.top = top
        self.bottom = bottom
    def __add__(self, other_fraction):
        new_top = self.top*other_fraction.bottom + \
                  self.bottom*other_fraction.top
        new_bottom = self.bottom*other_fraction.bottom
        return Fraction(new_top, new_bottom)
    def __mul__(self, other_fraction):
        new_top = self.top*other_fraction.top
        new_bottom = self.bottom*other_fraction.bottom
        return Fraction(new_top, new_bottom)
    def __str__(self):
        return str(self.top)+"/"+str(self.bottom)
```

定义打印 Fraction 对象的方法

返回一个需要打印的字符串

现在，当我们在一个 Fraction 对象上使用 print 时，或者当我们使用 str()把这种类型的对象转换为字符串时，程序会调用__str__方法。例如，下面的代码打印 1/2 而不是内存位置：

```
half = Fraction(1, 2)
print(half)
```

下面的代码创建了一个值为 1/2 的字符串对象：

```
half = Fraction(1, 2)
half_string = str(half)
```

> **即学即测 33.2** 修改 Fraction 对象的__str__方法，在一行打印出分子，然后在下一行打印两个短横，然后在第三行打印分母。print(Fraction(1,2))打印出下面的结果：

```
1
--
2
```

33.3   背后发生的事情

当使用特殊操作符时会发生什么？观察其中的细节，并观察将两个 Fraction 对象相加会发生什么？

```
half = Fraction(1,2)
quarter = Fraction(1,4)
```

观察下面这行代码：

```
half + quarter
```

它接收第一个操作数 half 并对它应用特殊方法__add__，相当于下面的代码：

```
half.__add__(quarter)
```

另外，每个方法调用都可以采用类名并显式地提供 self 参数。上面这行代码与下面这行代码是相同的：

```
Fraction.__add__(half, quarter)
```

尽管被称为特殊方法，但所有以双下划线开始和结束的方法都是常规的方法。它们是在一个对象上被调用、接收参数并返回一个值。它们的特殊之处在于可以用另一种方式调用它们。

我们可以用一种特殊的操作符（例如数学符号）调用它们，或者使用广为所知的函数（如 len()、str()或 print()等）调用它们。这些简写形式对于阅读代码的人来说要比正常的函数调用形式更为直观。

像程序员一样思考

作为程序员，一个良好的目标就是让使用我们所定义的类的其他程序员的生活变得更加轻松。为了实现这个目标，我们可以为类和方法编写文档。在可能的情况下，可以实现一些特殊方法来允许别人以一种直观的方法使用我们所编写的类。

即学即测 33.3   用两种方法（通过在一个对象上调用方法或者通过类名调用方法）来重写下面的每行代码。以下面这两行代码为开头：

```
half = Fraction(1,2)
```

```
quarter = Fraction(1,4)

1. quarter * half

2. print(quarter)

3. print(half * half)
```

33.4 可以对类做什么

我们已经看到了使用 Python 类创建自己的对象类型的细节和语法。本节将描述在某些情况下可能想要创建的一些类的例子。

假设我们需要对一系列的事件进行调度。例如，参加电影节并安排想观看的电影。

1. 不使用类

如果不使用类，可以使用一个列表保存所有想要观看的电影。列表中的每个元素均是想要观看的电影。与电影相关的信息包括片名、开始播映时间、结束播映时间，另外可能还包括一位评论家的评级。这些信息可以保存在一个元组中，并作为列表的元素之一。注意，采用这种做法，列表很快就会变得臃肿不堪。如果想要访问每部电影的评级，则必须进行两次索引操作，第一次是在列表中找到电影，第二次是在元组中提取评级信息。

2. 使用类

对类有所了解之后，我们忍不住想把每个对象都当作一个类。在调度问题中，我们可以创建下面这两个类。

- Time 类，表示时间对象。这种类型的对象具有的数据属性包括：hours（int）、minutes（int）和 seconds（int）。这种对象的操作包括两个时间之差以及转换的小时数、分钟数和秒数。
- Movie 类，表示电影对象。这种类型的对象具有的数据属性包括：name（str）、start_time（Time）、end_time（Time）和 rating（int）。这个类的操作包括检查两部电影的播放时间是否重叠或者两部电影是否具有很高的评级。

有了这两个类，我们在某段时间内调度电影的观看计划时就可以去除一些烦人的细节。现在，我们可以创建一个包含 Movie 对象的列表。如果需要对列表进行索引操作（例如，访问一部电影的评级），我们可以优雅地使用电影类所定义的方法。

3．使用过多的类

我们需要理解，所谓过多的类是指多少个类。例如，我们可以创建一个类表示小时。但这种抽象并不会增加任何价值，因为它的表示形式就是一个整数，和直接使用整数没有差别。

33.5　总结

在本章中，我们的目标是学习如何定义特殊方法，以便使用多个对象并在自己的对象类型上使用操作符。下面是本章的一些要点。

- 特殊的方法具有特定的名称，并在名称的前后加上双下划线。其他语言可能采取不同的约定。
- 特殊方法具有简写形式。

33.6　章末检测

问题　编写一个方法，该方法允许我们在 Circle 和 Stack 对象上使用 print 语句。Stack 类的 print 方法应该打印堆栈中的每个对象，与第 32 章的 prettyprint 的打印方式相同。Circle 的 print 方法应该打印字符串"circle: 1"（不同的圆的半径可以不同）。我们必须在 Stack 类和 Circle 类中实现__str__方法。例如，下面的代码：

```
circles = Stack()
one_circle = Circle()
one_circle.change_radius(1)
circles.add_one(one_circle)
two_circle = Circle()
two_circle.change_radius(2)
circles.add_one(two_circle)
print(circles)
```

应该打印出下面的结果：

```
|_ circle: 2 _|
|_ circle: 1 _|
```

第 34 章　阶段性项目：牌类游戏

在学完第 34 章之后，你可以实现下面的目标。
- 使用类创建更为复杂的程序
- 使用其他人所创建的类来完善自己的程序
- 允许用户玩一种简化版本的牌类游戏：War（战争）

当我们创建了自己的对象类型时，就可以对大型程序进行组织，使它们更容易编写了。函数所引入的模块化和抽象的原则对于类也是适用的。类包装了对象共有的一组属性和行为，使这些对象在程序中可以按照一致的方式使用。

类的一个常见入门程序就是模拟用户可以玩的某种类型的游戏。

[问题] 本章模拟一种牌类游戏——War。在每个回合中，两位玩家从一堆牌中抽出一张牌并进行比较。牌面较大的那位玩家赢得这一回合并把他的牌交给对方玩家。多个回合后，当这堆牌为空时游戏就结束。手中牌张数量较少的那位玩家取得胜利。我们将创建两种类型的对象：Player（玩家）和 CardDeck（牌堆）。在定义了这两个类之后，我们将编写代码模拟两位玩家之间的游戏。代码首先要求用户输入他们的姓名，然后据此创建两个 Player 对象。两位玩家将使用同一堆牌。然后，我们将使用 Player 类和 CardDeck 类所定义的方法自动模拟每个回合并确定胜者。

34.1   使用已经存在的类

我们总是可以在程序中使用 Python 语言内置的对象，这类对象包括 int、float、list 和 dict 等。同时，我们也可以使用其他人所编写的类，增加程序的功能。我们不需要在自己的代码文件中输入这些类的定义，而可以使用 import 语句在自己的代码文件中引入这些类的定义。按照这种方式，我们可以在自己的代码中创建这些类型的对象并使用这些类的方法。

牌类游戏需要经常使用的一个类就是 random 类。我们可以像下面这样引入 random 类的定义：

```
import random
```

现在，我们可以创建一个可以对随机数进行操作的对象。如第 31 章所提到的那样，我们使用类名和点号记法来调用想要使用的方法，并提供该方法预期接收的参数。例如：

```
r = random.random()
```

它生成一个 0 和 1 之间（包括 0，不包括 1）的随机数，并将随机数绑定到变量 r 上。下面是另一个例子：

```
r = random.randint(a, b)
```

这行代码产生一个位于 a 和 b（包括 a 和 b）之间的整数，并把该整数绑定到变量 r 上。现在考虑下面这行代码：

```
r = random.choice(L)
```

它从列表 L 中选择了一个随机的元素，并把该元素绑定到变量 r 上。

34.2   详细分析游戏规则

在开始编写代码之前，我们的第一个步骤是理解程序应该怎样运行、游戏的特定规则是什么。

■ 为简单起见，假设一堆牌有 4 种花色，每种花色的点数为从 2 到 9。牌的表示规则如下，"2H"表示红心 2，"4D"表示方块 4，"7S"表示黑桃 7，"9C"表示梅花 9，以此类推。

■ 玩家具有姓名（字符串）和一手牌（列表）。

- 当游戏开始时，要求两位玩家输入姓名并对此进行设置。
- 在每一回合中，为每位玩家发送一张牌。
- 对刚刚发送给玩家的牌进行比较：首先比较点数，如果相同，按照黑桃>红心>方块>梅花的顺序进行比较。
- 持有较大牌的玩家从手里拿掉这张牌，持有较小牌的玩家接收这张牌并把它添加到表示他所持的一手牌的列表中。
- 当牌堆为空时，比较两位玩家手里的牌张数量，数量较少的那位玩家取得胜利。

我们将定义两个类：一个是表示玩家的 Player 类，另一个是表示牌堆的 CardDeck 类。

34.3 定义 Player 类

玩家是由姓名和一手牌定义的。姓名是一个字符串，一手牌是一个字符串列表，表示手里所持的牌。当我们创建一个 Player 对象时，就以参数的形式提供玩家的姓名，并假设一开始玩家手上没有任何牌。

第一个步骤是定义 __init__ 方法，告诉 Python 如何对 Player 对象进行初始化。知道了 Player 对象具有两个数据属性之后，我们还可以编写一个方法返回玩家的姓名。程序清单 34.1 展示了这些方法。

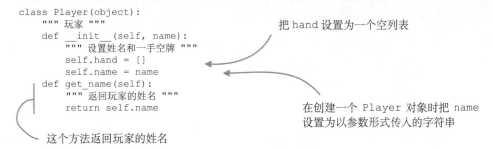

程序清单 34.1 Player 类的定义

```
class Player(object):
    """ 玩家 """
    def __init__(self, name):
        """ 设置姓名和一手空牌 """
        self.hand = []
        self.name = name
    def get_name(self):
        """ 返回玩家的姓名 """
        return self.name
```

把 hand 设置为一个空列表

在创建一个 Player 对象时把 name 设置为以参数形式传入的字符串

这个方法返回玩家的姓名

现在，根据游戏的规则，玩家可以增加一张牌并从手里拿掉一张牌。注意，我们通过检查牌的值是不是 None 来验证手上所增加的牌是否合法。为了检查玩家手上的牌的数量并确定赢家，还可以增加一个方法来显示玩家手上的牌的数量。程序清单 34.2 展示了这 3 个方法。

程序清单 34.2　Player 类的定义

```
class Player(object):
    """ 玩家 """
    # 程序清单 34.1 所定义的方法
    def add_card_to_hand(self, card):
        """ card 是一个字符串，向玩家的手上添加一张合法的牌 """
        if card != None:
            self.hand.append(card)
    def remove_card_from_hand(self, card):
        """ card 是一个字符串，从玩家的手上删除一张牌"""
        self.hand.remove(card)
    def hand_size(self):
        """ 返回玩家手上的牌的数量 """
        return len(self.hand)
```

把一张牌添加到手上，把它添加到列表中，只添加具有合法的点数和花色的牌

从手上拿掉一张牌，找到这张牌并把它从列表中删除

手上牌的数量，返回列表中的元素数量

34.4　定义 CardDeck 类

CardDeck 类表示一堆牌。这堆牌具有 32 张牌，共有 4 种花色：黑桃、红心、方块、梅花。每种花色的点数都是从 2 到 9。程序清单 34.3 展示了如何对这种对象类型进行初始化。这个类只有一个数据属性，也就是一堆牌中所有可能出现的牌的列表。每张牌是用一个字符串表示的。例如，"3H"表示红心 3。

程序清单 34.3　CardDeck 类的初始化

```
class CardDeck(object):
    """ 一堆牌，花色为黑桃、红心、方块和梅花，
    每种花色的点数都是从 2 到 9 """
    def __init__(self):
        """ 一堆牌（字符串，例如"2C"表示梅花 2）包含所有可能出现的牌 """
        hearts = "2H,3H,4H,5H,6H,7H,8H,9H"
        diamonds = "2D,3D,4D,5D,6D,7D,8D,9D"
        spades = "2S,3S,4S,5S,6S,7S,8S,9S"
        clubs = "2C,3C,4C,5C,6C,7C,8C,9C"
        self.deck = hearts.split(',')+diamonds.split(',') + \
                    spades.split(',')+clubs.split(',')
```

创建一个字符串，表示牌堆中所有可能出现的牌

把长字符串根据逗号进行分割，并把所有的牌（字符串）添加到表示牌堆的列表中

决定了用一个列表来表示牌堆，以容纳所有可能出现的牌之后，我们就可以开始实现这个类的方法了。这个类将使用 random 类挑选一张随机的牌供玩家使用。这个类的一个方法从牌堆返回一张随机的牌，另一个方法对两张牌进行比较，并确定哪张牌更大。CardDeck 类的方法的实现如程序清单 34.4 所示。

程序清单 34.4 CardDeck 类的方法

```python
import random

class CardDeck(object):
    """ 一堆牌，花色为黑桃、红心、方块和梅花，
    每种花色的点数都是从 2 到 9 """
    def __init__(self):
        """ 一堆牌（字符串，例如"2C"表示梅花 2）包含所有可能出现的牌 """
        hearts = "2H,3H,4H,5H,6H,7H,8H,9H"
        diamonds = "2D,3D,4D,5D,6D,7D,8D,9D"
        spades = "2S,3S,4S,5S,6S,7S,8S,9S"
        clubs = "2C,3C,4C,5C,6C,7C,8C,9C"
        self.deck = hearts.split(',')+diamonds.split(',') + \
                    spades.split(',')+clubs.split(',')
    def get_card(self):
        """ 返回一张随机的牌（字符串）
            如果牌堆里已经没有牌，就返回 None """
        if len(self.deck) < 1:
            return None
        card = random.choice(self.deck)
        self.deck.remove(card)
        return card
    def compare_cards(self, card1, card2):
        """ 根据下面的规则返回较大的那张牌：
            (1) 返回点数较大的那张牌。如果相同就进行下面的比较
            (2) 黑桃 > 红心 > 方块 > 梅花 """
        if card1[0] > card2[0]:
            return card1
        elif card1[0] < card2[0]:
            return card2
        elif card1[1] > card2[1]:
            return card1
        else:
            return card2
```

从牌堆列表中删除这张牌

如果牌堆里已经没有牌，就返回 None

从牌堆列表中挑选一张随机的牌

返回这张牌的值（字符串）

检查牌的点数值，如果第一张牌更大就返回它

检查牌的点数值，如果第二张牌更大就返回它

如果点数相同，就比较花色

34.5 模拟牌类游戏

在定义了帮助我们模拟牌类游戏的对象类型之后，我们就可以编写代码使用这些类型了。

34.5.1 设置对象

第一个步骤是设置游戏，创建两个 Player 对象和一个 CardDeck 对象。我们要

求用户输入两位玩家的姓名。我们为每位玩家创建一个新的 Player 对象，并调用方法来设置玩家的姓名。程序清单 34.5 展示了这些做法的代码。

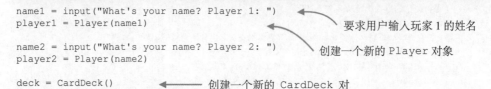

程序清单 34.5　初始化游戏变量和对象

```
name1 = input("What's your name? Player 1: ")         要求用户输入玩家 1 的姓名
player1 = Player(name1)

name2 = input("What's your name? Player 2: ")         创建一个新的 Player 对象
player2 = Player(name2)

deck = CardDeck()          创建一个新的 CardDeck 对
```

对将要在游戏中使用的对象进行初始化之后，我们就可以模拟游戏了。

34.5.2　模拟游戏中的回合

一次游戏由许多个回合组成，在牌堆为空之前会一直继续。计算玩家将要进行的回合数是可以实现的。如果每位玩家在每个回合接受一张牌并且牌堆中共有 32 张牌，那么一共将进行 16 个回合。我们可以使用一个 for 循环对回合进行计数，用 while 循环实现游戏的回合也是可行的。

在每个回合中，每位玩家获得一张牌，因此在牌堆上两次调用 get_card 方法，每位玩家各调用一次。然后，每位玩家调用 add_card_to_hand 方法，它把从牌堆随机返回的牌添加到自己手上。

这样，两位玩家手里至少有了一张牌，现在有两种情况需要考虑。

■　由于牌堆已空，因此游戏结束。

■　牌堆里仍然还有牌，因此玩家必须对牌进行比较，以决定谁把手上的这张牌给对方。

当游戏结束时，我们在每个玩家对象上调用 hand_size 方法以检查他们手上牌的数量。手上牌的数量较多的那位玩家输了，然后从循环退出。

如果游戏还没有结束，就需要在牌堆对象上以两位玩家的牌为参数调用 compare_cards 方法来比较哪位玩家手上的牌更大。它的返回值是较大的牌，如果两张牌的点数相同，就比较花色决定哪张牌更大。如果较大的那张牌与玩家 1 手上的牌相同，玩家 1 就需要把这张牌给玩家 2。在代码中，相当于玩家 1 调用 remove_card_from_hand 方法而玩家 2 调用 add_card_to_hand 方法。当较大的那张牌与玩家 2 手上的牌相同时，也按照相似的方法进行处理。程序清单 34.6 展示了这些做法。

```
name1 = input("What's your name? Player 1: ")
player1 = Player(name1)
name2 = input("What's your name? Player 2: ")
player2 = Player(name2)
deck = CardDeck()

while True:
    player1_card = deck.get_card()
    player2_card = deck.get_card()
    player1.add_card_to_hand(player1_card)
    player2.add_card_to_hand(player2_card)

    if player1_card == None or player2_card == None:
        print("Game Over. No more cards in deck.")
        print(name1, " has ", player1.hand_size())
        print(name2, " has ", player2.hand_size())
        print("Who won?")
        if player1.hand_size() > player2.hand_size():
            print(name2, " wins!")
        elif player1.hand_size() < player2.hand_size():
            print(name1, " wins!")
        else:
            print("A Tie!")
        break

    else:
        print(name1, ": ", player1_card)
        print(name2, ": ", player2_card)
        if deck.compare_cards(player1_card,player2_card)==player1_card:
            player2.add_card_to_hand(player1_card)
            player1.remove_card_from_hand(player1_card)
        else:
            player1.add_card_to_hand(player2_card)
            player2.remove_card_from_hand(player2_card)
```

游戏结束, 因为至少有一位玩家手里已经没有牌

检查手上牌的数量, 玩家 2 取得胜利, 因为他的牌的数量更少

当一位玩家获胜或者出现平局时, 这条 break 语句就退出 while 循环

检查手上牌的数量, 玩家 1 取得胜利, 因为他的牌的数量更少

玩家手里的牌的数量相同, 因此出现平局

游戏可以继续, 因为手上仍然有牌可以进行比较

较大的牌属于玩家 1, 因此把玩家 1 的这张牌添加到玩家 2 的手里

较大的牌属于玩家 1, 因此从玩家 1 的手上拿掉这张牌

玩家手上的牌之间的比较, 返回较大的那张牌

34.6 用类实现模块化和抽象

实现这个游戏是一项比较浩大的工程。如果没有把问题分解为更小的子任务, 程序的代码很快就会变得杂乱不堪。

使用对象和面向对象编程，我们已经设法对程序进行了模块化。我们把代码分离到不同的对象，并为每种对象提供一组数据属性和一组方法。

使用面向对象编程还允许我们把两个主要的思路进行分离：创建类对代码进行组织以及使用类模拟玩游戏的代码。在模拟玩游戏的时候，我们能够按照一致的方式使用同种类型的对象，从而产生了更简捷和更容易理解的代码。它抽象了对象类型及其方法的实现细节，我们可以根据方法的 docstring 确定在模拟游戏时适合使用哪些方法。

34.7   总结

在本章中，我们的目标是学习怎样在编写大型程序时使用其他人所创建的类，以完善自己程序的功能，并学习怎样创建自己的类，并用它们模拟玩游戏。

类定义的代码只需要编写一次。它决定了对象的总体属性以及可以在对象上执行哪些操作。类的代码并不会对任何特定的对象进行操作。游戏本身的代码（不包括类定义的代码）是简单明了的，因为我们已经创建了相关的对象，并在适当的对象上调用了方法。

这种结构把描述对象是什么以及可以做什么的代码与那些使用这些对象完成各种任务的代码进行了分离。按照这种方式，我们就隐藏了在实现游戏时不需要知道的那些不必要的代码细节。

使用程序库完善自己的程序

在本书的大部分内容中，我们所编写的程序依赖于内置类型和自己所创建类型的组合。但是在现实的编程中，很大一部分工作就是学习、使用其他人所编写的代码来完善自己的程序功能。我们可以把其他人的代码融入自己的程序中，并使用他们已经完成的函数和类。在前面的一些阶段性项目中，我们已经稍稍涉及这种做法。

为什么要这样做呢？不同的程序员常常需要完成一组相同的任务。他们并不一定要独立地思考自己的解决方案，而是可以使用那些能够帮助他们实现目标的程序库。许多语言允许程序员创建程序库。程序库可以包含在语言中，也可以从互联网上找到并单独发布。程序库通常以包装的形式提供了相同类型的函数和类。

在本书的第 9 部分，我们将看到一些程序库以及它们所适用的一些常见任务。我们将看到 3 个简单的程序库：math 库包含了帮助我们进行数学运算的函数；random 库包含了允许我们对随机数进行操作的函数；time 库包含了允许我们使用计算机的时钟使程序暂停或对程序进行计时的函数。我们还将看到两个更为复杂的程序库：unittest 库可以帮助我们创建测试，检查代码的行为是否符合预期；tkinter 库可以帮助我们通过一个图形用户接口在程序中增加一个可视化层。

在阶段性项目中，我们将编写程序模拟一种追逐游戏。两位玩家将使用键盘在屏幕上追逐对方。当其中一个玩家足够靠近另一位玩家时，程序将打印一条信息，表示他们已经紧贴在一起。

第 35 章　实用的程序库

在学完第 35 章之后，你可以实现下面的目标。
- 把标准 Python 包之外的程序库导入自己的代码中
- 使用 math 库进行数学运算
- 使用 random 库生成随机数
- 使用 time 库在程序中实现计时功能

作为一项活动，编程最有效率和最有趣的地方在于我们可以在其他人所完成的工作基础之上创建自己的程序。当我们试图解决一个问题时，很可能其他人已经解决了这个问题，并编写了解决类似问题的代码。当我们想要完成一个任务时，从头开始实现代码是非常不现实的事情。任何语言中都存在程序库，我们可以使用它们以一种模块化的方式编写自己的代码：在已经完成、经过测试和调试并验证了正确性和效率的代码的基础上创建自己的程序。

在某种程度上，我们已经采用过这样的做法！我们已经使用过 Python 语言内置的对象和操作。想象一下，如果在学习编程时必须学习怎样操作计算机中的内存位置、从头创建所有的基本对象，该是一件多么困难的事情。

『场景模拟练习』

　　程序的很大一部分工作是建立在已经存在的对象和思路的基础之上的。考虑到目前为止我们所学习的内容，能不能举出一些在这种基础之上进行工作的例子？
　　[答案]
　　我们可以使用其他人已经编写的（甚至是自己以前编写的）代码。我们从简单的对象类型出发，创建更为复杂的对象；使用函数并通过不同的输入复用函数来创建抽象层。

35.1　导入程序库

　　到目前为止，我们已经学习了两个重要的概念。
- 如何创建自己的函数。
- 如何创建自己的对象类型，为一种对象类型包装一组属性和行为。

　　更复杂的代码要求我们在程序中引入大量的函数和对象类型，并且必须包含它们的定义。完成这个任务的一种方式是把这些定义复制并粘贴到自己的代码中。但是，还有另外一种方式更为常见，也更不容易出现错误。
　　当其他文件定义了我们所需要的函数和类时，我们可以在代码的顶部使用 import 语句。采用这种做法的原因是不同的函数或类可能是在不同的文件中定义的，这种做法可以更方便地对代码进行组织，并遵循抽象化的思路。
　　假设有一个文件定义了我们以前看到过的两个类：Circle 和 Rectangle。在另一个文件中，我们可能需要使用这两个类。我们可以在后面这个文件中添加一行代码，导入前面那个文件中的类定义。
　　在 shapes.py 文件中，我们定义了 Circle 类和 Rectangle 类。在另一个文件中，可以通过下面这条语句导入这两个类：

```
import shapes
```

　　这个过程称为导入（importing），它告诉 Python 引入 shapes.py 文件所定义的所有类。注意，import 这一行中的文件名包含了想要导入的定义，它省略了.py 扩展名。为了使这行代码生效，这两个文件必须位于计算机上的同一个目录中。图 35.1 展示了代码的组织形式。
　　导入是一种常见的做法，它可以提高代码的组织性，降低代码的聚集度。一般情况下，我们需要把程序库导入自己的代码中。程序库是一个或多个模块，而模块则是包含了定义的文件。程序库常常把一些相关的模块组织在一起。程序库可以是语言内置的（在安装语言时自动包含），也可以是第三方所提供的（通过其他在线资源下载它们）。

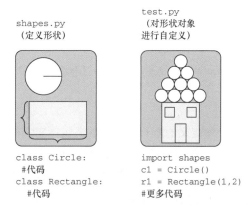

图 35.1 两个文件：shapes.py 和 test.py 位于同一个目录。一个文件定义了 **Circle** 类和 **Rectangle** 类。另一个文件导入 shapes.py 文件所定义的类并使用它们，创建这些类型的不同对象并修改它们的数据属性

在本书的这个部分，我们只使用 Python 内置的程序库。我们可以把 Python 程序库看成一家商店。有些商店非常大，例如百货商店。这类商店提供了我们想要购买的绝大部分商品，但它可能缺少一些专用商品。也有一些商店很小，例如零售亭。它们专门提供一种类型的商品（例如，电话或香水），小商店在它所提供的商品类型方面具有更多的选择。

当我们使用一个程序库时，第一个步骤是查阅它的文档，了解这个库所定义的类和函数。对于内置的程序库（作为语言的组成部分），我们可以在 Python 的官网找到这类文档。这个网站链接到最新版本的 Python 文档，我们也可以查阅以前所有版本的文档。本书所使用的是 Python 3.5。如果读者无法连接到互联网查阅在线文档，也可以在 Python 控制台查阅文档。我们将在下一节介绍具体的做法。

即学即测 35.1 假设有下面这 3 个文件。

■ fruits.py 包含了水果类的定义。

■ activities.py 包含了我们在当天可以进行的活动的函数。

■ life.py 包含了 Life 游戏的设置。

我们想要在 life.py 中使用 fruits.py 和 activities.py 所定义的类和函数，需要编写什么样的代码？

35.2　用 math 库进行数学运算

math 库是最实用的程序库之一。Python 官网上提供了 Python 3.5 所使用的 math 库的文档。math 库包含了很多针对数值的数学运算,而这些数学运算并不是语言内置的。为了在离线情况下查阅 math 库的文档,可以在 IPython 控制台输入下面的命令:

```
import math
help(math)
```

控制台显示了 math 库定义的所有类和函数,包括它们的 docstring。我们可以浏览这些 docstring,观察哪些类或函数适用于自己的代码。

math 库由根据类型所组织的函数所组成:数论和表示形式函数、幂和对数函数、三角函数、角转换函数和双曲函数等。它还包含了两个常用的常量:pi 和 e。

假设我们打算模拟和朋友在球场上抛球的游戏。我们想要观察自己所抛的球是否能够让朋友抓到,这允许少许的偏差,因为朋友在必要的时候会跳起来抓球。让我们观察怎么编写一个程序来模拟这种情况。我们要求用户输入两人之间的距离,然后输入球的抛出速度以及抛球的角度。这个程序告诉我们这个球是否抛得足够合适,能够让朋友抓到。图 35.2 展示了这些设置。

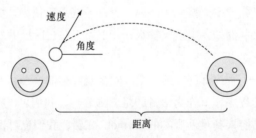

图 35.2　设置以某个速度和某个角度抛出一个球,使它能够到达某个位置

下面这个公式可以计算当我们以某个角度和某个速度抛出一个球时,它能够被抛多远:

$$reach = 2 * speed^2 * \sin(angle) * \cos(angle) / 9.8$$

程序清单 35.1 展示了这个简单程序的代码。它首先要求用户输入与朋友的距离、抛球的速度以及抛球的角度。然后,它使用上面的公式计算这个球将被抛到多远。它允许一定程度的偏差(考虑朋友能够伸手或跳起抓到球),最后它显示下面 3 条信息之一:球被抓住、球落得太近、球落得太远。为了计算正弦(sin)值和余弦(cos)值,需要使用 math 库的函数,因此我们必须用一条 import 语句在程序中导入这个程序库。除

了实现这个公式，还有一个细节需要实现。角可以用角度或弧度表示。math 库的函数假设角是以弧度形式提供的，因此我们需要使用一个 math 库的函数把角从角度转换为弧度。

程序清单 35.1 　使用 math 库来以某个角度抛出球

```
import math            ◄──── 导入 math 库的函数

distance = float(input("How far away is your friend? (m) "))
speed = float(input("How fast can you throw? (m/s) "))
angle_d = float(input("What angle do you want to throw at? (degrees) "))
tolerance = 2                        库函数 math.sin 和 math.cos
                                     接收弧度而不是角度为参数，因
angle_r = math.radians(angle_d)  ◄── 此需要对用户的输入进行转换

reach = 2*speed**2*math.sin(angle_r)*math.cos(angle_r)/9.8  ◄─ 使用 math 库
                                                              的函数实现
if reach > distance - tolerance and reach < distance + tolerance:  公式
    print("Nice throw!")
elif reach < distance - tolerance:
    print("You didn't throw far enough.")
else:
    print("You threw too far.")
```

即学即测 **35.2** 　修改这个程序，使它只要求用户输入与朋友的距离以及抛球的速度。然后，它对从 0 到 90 的所有角度进行迭代，并打印出在该角度下朋友能否够到球。

35.3 　用 random 库操作随机数

random 库提供了一些操作，可以增加程序的不可预测性。Python 官网提供了这个程序库的文档。

35.3.1 　随机化的列表

在程序中增加不可预测性和不确定性可以使程序具有更丰富的功能，使它们对用户而言变得更加有趣。不可预测性来自伪随机数生成器，它可以帮助我们在某个范围内挑选一个随机数，也可以在一个列表中挑选一个随机元素，或者随机排列列表的元素等。

例如，假设有一个人名列表，我们想从中随机挑选一个人名。在一个文件中输入下面的代码并运行：

```
import random
people = ["Ana","Bob","Carl","Doug","Elle","Finn"]
print(random.choice(people))
```

它会随机打印列表 people 中的一个元素。如果多次运行这个程序，可以发现它在每次运行时都会产生不同的输出。

我们甚至可以从这个人名列表中随机挑选一定数量的人名：

```
import random
people = ["Ana","Bob","Carl","Doug","Elle","Finn"]
print(random.sample(people, 3))
```

这段代码保证同一个人不会被多次挑选，它打印指定数量的元素（在此例中为 3）。

35.3.2　模拟概率游戏

random 库的诸多用途之一就是模拟概率游戏。我们可以用 random.random()函数模拟一些事件的发生概率。这个命令中的第一个 random 是库名，第二个 random是函数名，它恰好与库名相同。这个函数返回一个 0（含）到 1（不含）之间的随机浮点数。

程序清单 35.2 展示了一个与用户玩石头剪刀布游戏的程序。这个程序首先要求用户输入自己的选择。接着，它使用 random.random()获取一个随机数。为了模拟计算机挑选石头、剪刀和布各 1/3 的概率，我们可以检查在这 3 个范围（0 到 1/3、1/3 到 2/3以及 2/3 到 1）内生成的随机数。

程序清单 35.2　使用 random 库玩石头剪刀布游戏

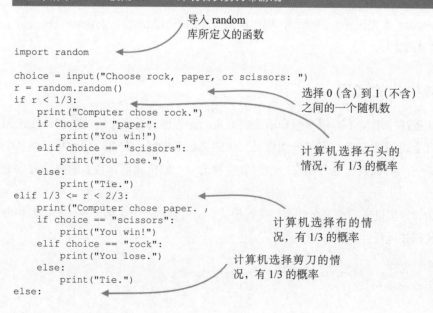

导入 random
库所定义的函数

```
import random

choice = input("Choose rock, paper, or scissors: ")
r = random.random()
if r < 1/3:
    print("Computer chose rock.")
    if choice == "paper":
        print("You win!")
    elif choice == "scissors":
        print("You lose.")
    else:
        print("Tie.")
elif 1/3 <= r < 2/3:
    print("Computer chose paper. ,
    if choice == "scissors":
        print("You win!")
    elif choice == "rock":
        print("You lose.")
    else:
        print("Tie.")
else:
```

选择 0（含）到 1（不含）
之间的一个随机数

计算机选择石头的
情况，有 1/3 的概率

计算机选择布的情
况，有 1/3 的概率

计算机选择剪刀的情
况，有 1/3 的概率

```
print("Computer chose scissors.")
if choice == "rock":
    print("You win!")
elif choice == "paper":
    print("You lose.")
else:
    print("Tie.")
```

35.3.3　使用种子重复结果

如果程序没有产生我们想要的结果，就需要对它进行测试，以确定问题出在哪里。在程序中引入随机数之后，就增加了一层复杂性。使用随机数的程序有时候可能正常运行，有时候可能会出现错误，导致令人烦恼的调试困境。

random 库所生成的随机数并不是真正的随机数，它们是伪随机数。它们看上去是随机的，但实际上它们的值是在一个经常发生变化或不可预测的对象（例如从一个特定日期开始所经过的毫秒数）上调用一个函数的结果所确定的。这个特定日期生成了伪随机序列的第一个数，序列中的每个后续数字都是根据前一个数字所产生的。random 库允许我们使用 random.see(N) 设置随机数的种子，其中 N 可以是任意整数。通过设置种子，我们可以让随机数序列从一个已知的数开始。程序中所生成的随机数序列在每次运行程序时都是相同的，只要它的种子被设置为同一个值。下面的代码产生一个 2 和 17 之间的随机数，然后产生一个 30 和 88 之间的随机数：

```
import random
print(random.randint(2,17))
print(random.randint(30,88))
```

如果多次运行这个程序，它所打印的数字很可能会发生变化。但是我们可以通过设置种子，使程序每次运行时所产生的两个数字是固定不变的：

```
import random
random.seed(0)
print(random.randint(2,17))
print(random.randint(30,88))
```

现在，这个程序每次运行时都打印出 14 和 78。通过更改 seed 函数的参数，我们可以生成不同的随机序列。例如，如果把 random.seed(0) 修改为 random.seed(5)，这个程序每次运行时将打印出 10 和 77。注意，如果使用的 Python 不是 3.5 版本，这些数字可能会变化。

> **即学即测 35.3**　编写一个程序，模拟抛掷一个硬币 100 次。然后打印出正面朝上和反面朝上各有多少次。

35.4　用 time 库对程序进行计时

编写可能运行很长时间的程序时,知道程序的运行时间往往是很有帮助的。time 库提供了一些函数,可以帮助我们实现这个目标。Python 官网提供了这个库的文档。

35.4.1　使用时钟

计算机的速度相当快,但它们在进行简单的计算时能够快到什么程度呢?我们可以通过对一个计数到 100 万的程序进行计时来回答这个问题。

程序清单 35.3 展示了完成这个任务的代码。在使用一个循环增加计数器的值之前,我们先保存计算机时钟的当前时间,然后运行这个循环。在循环结束之后,我们再次获取计算机的当前时间。开始时间和结束时间之差就是这个程序的运行时间。

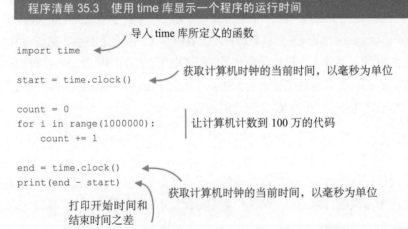

程序清单 35.3　使用 time 库显示一个程序的运行时间

```
导入 time 库所定义的函数
import time

start = time.clock()        获取计算机时钟的当前时间,以毫秒为单位

count = 0
for i in range(1000000):    让计算机计数到 100 万的代码
    count += 1

end = time.clock()
print(end - start)          获取计算机时钟的当前时间,以毫秒为单位

打印开始时间和
结束时间之差
```

在我的计算机上,这个程序的运行时间大约是 0.2 秒。这个时间因计算机的新旧和速度而异,它与计算机上同时运行了多少个应用程序也有关系。如果在后台播放一个视频流,计算机可能会决定分出更多的资源去执行那个进程,而不是运行我们的程序,因此它的运行时间可能会长得多。

35.4.2　使程序暂停运行

time 库还允许我们使用 sleep 函数暂停程序的运行。它停止程序下一行代码的执行,直到经过这个函数所指定的时间量。这个函数的一个用途就是向用户显示一个加载屏幕。程序清单 35.4 展示了怎样打印一个进度条,每隔半秒显示增加 10% 的进度。程序清单 35.4 的代码打印下面的内容，每一行之间暂停半秒。通过观察代码，能不能知道为什么这段代码打印出多个星号？我们可能需要回顾关于字符串和字符串操作的内容：

```
Loading...
[          ] 0 % complete
[ *        ] 10 % complete
[ **       ] 20 % complete
[ ***      ] 30 % complete
[ ****     ] 40 % complete
[ *****    ] 50 % complete
[ ******   ] 60 % complete
[ *******  ] 70 % complete
[ ******** ] 80 % complete
[ *********] 90 % complete
```

程序清单 35.4　使用 time 库显示进度条

导入 time 库所定义的函数

```
import time
print("Loading...")
for i in range(10):
    print("[",i*"*",(10-i)*" ","]",i*10,"% complete")
    time.sleep(0.5)
```

一个表示 10%增量的循环

打印由 multiple * characters 所表示的进度

使程序的运行暂停半秒

> **即学即测 35.4**　编写一个程序，生成 1000 万个随机数字，并打印出这个程序的运行时间。

35.5　总结

在本章中，我们的目标是学习怎样使用其他程序员所创建的程序库完善自己所编写程序的功能。本章所介绍的程序库都比较简单，但使用这些程序库可以产生更为有趣的用户体验。下面是本章的一些要点。

- 在一个独立的文件中组织具有类似功能的代码可以使代码更容易阅读。
- 程序库在一个地方存储与一组活动相关的函数和类。

35.6　章末检测

问题　编写一个程序，让用户掷一次骰子并与计算机掷的结果进行比较。首先，模拟用户掷一个六面骰子的过程，延迟 2 秒并向用户显示结果。接着，模拟计算机掷一个六面骰子的过程，延迟 2 秒并显示结果。在每次掷骰子之后，询问用户是否继续。当用户决定不再玩这个游戏时，就向他显示他已经玩了多久的游戏（以秒为单位）。

第 36 章　测试和调试程序

在第一次尝试时就编写出完美的程序是非常困难的事情。我们常常需要编写代码，并用一些输入对它进行测试，然后对它进行修改并再次进行测试，多次重复这个过程直到程序能够如预期的那样运行。

『场景模拟练习』

考虑到目前为止的编程体验。当我们编写一个程序但它无法正常工作时，可以做哪些事情来修正程序？

[答案]

查看错误消息，如果出现错误，观察是否存在像行号这样的线索能够指导我们直接找到问题所在；在一定的位置添加 print 语句；尝试不同的输入。

36.1 使用 unittest 程序库

Python 提供了许多程序库，可以帮助我们创建围绕程序的测试结构。如果程序中包含了许多不同的函数，测试库就显得非常实用。Python 在安装时就提供了一个测试库，Python 官网提供了这个程序库的 Python 3.5 文档。

为了创建测试套件，可以创建一个表示这个套件的类。这个类的方法表示不同的测试。我们需要运行的每个测试应该有 test_ 作为前缀，然后是该方法的名称。程序清单 36.1 为定义了两个简单测试的代码，并运行了这两个测试。

程序清单 36.1　简单的测试套件

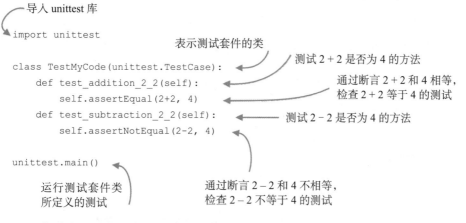

导入 unittest 库

```
import unittest
```
表示测试套件的类

测试 2 + 2 是否为 4 的方法

```
class TestMyCode(unittest.TestCase):
    def test_addition_2_2(self):
        self.assertEqual(2+2, 4)
    def test_subtraction_2_2(self):
        self.assertNotEqual(2-2, 4)
```
通过断言 2 + 2 和 4 相等，检查 2 + 2 等于 4 的测试

测试 2 − 2 是否为 4 的方法

```
unittest.main()
```
运行测试套件类所定义的测试

通过断言 2 − 2 和 4 不相等，检查 2 − 2 不等于 4 的测试

这段代码打印出下面的结果：

```
Ran 2 tests in 0.001s
OK
```

这个结果是符合预期的，因为第一个测试检查 2 + 2 是否等于 4，其结果无疑为 True。第二个测试检查 2 − 2 是否不等于 4，其结果也为 True。现在假设通过下面的修改，使其中一个测试的结果为 False：

```
def test_addition_2_2(self):
        self.assertEqual(2+2, 5)
```

现在，这个测试检查 2 + 2 是否等于 5，它的结果为 False。再次运行这个测试程序将打印出下面的信息：

```
FAIL: test_addition_2_2 (__main__.TestMyCode)
----------------------------------------------------------------
Traceback (most recent call last):
  File "C:/Users/Ana/.spyder-py3/temp.py", line 5, in test_addition_2_2
```

```
    self.assertEqual(2+2, 5)
AssertionError: 4 != 5
----------------------------------------------------------------------
Ran 2 tests in 0.002s

FAILED (failures=1)
```

打印结果充斥着各种信息。它告诉我们下面的事实。

■　哪个测试套件失败了：TestMyCode。

■　哪个测试失败了：test_addition_2_2。

■　测试中的哪一行失败了：self.assertEqual(2+2, 5)。

■　通过比较实际值和预期值，说明为什么失败：4 != 5。

按照这种方式对值进行比较显得有点傻。显然，我们绝不需要检查 2＋2 是否等于 4。我们通常需要测试那些更实用的代码。一般而言，我们想要确保函数能够正确地完成任务。我们将在下一节看到怎样实现这个目标。

> **即学即测 36.1**　在指定的位置填写代码：
>
> ```
> class TestMyCode(unittest.TestCase):
>     def test_addition_5_5(self):
>         # 填写代码，对 5+5 进行测试
>     def test_remainder_6_2(self):
>         # 填写代码，测试 6 除以 2 的余数
> ```

36.2　将程序与测试分离

程序的代码与测试程序的代码应该分离。这种分离强化了模块化的概念，把不同的代码分离到不同的文件中。按照这种方式，我们就避免了让程序本身与不必要的测试命令混杂在一起。

假设有一个文件，包含了程序清单 36.2 所展示的两个函数。一个函数检查一个数是否为质数（只能被 1 和本身所整除且不等于 1 的整数），并返回 True 或 False。另一个函数返回一个数的绝对值。这两个函数各自的实现中都存在一个错误。在学习如何编写测试结构之前，能不能发现这两个函数的错误呢？

> **程序清单 36.2**　funcs.py 文件包含了待测试的函数

```
def is_prime(n):
    prime = True
    for i in range(1,n):
        if n%i == 0:
            prime = False
    return prime

def absolute_value(n):
```

```
if n < 0:
    return -n
elif n > 0:
    return n
```

在一个单独的文件中，我们可以编写单元测试，检查自己所编写的函数是否具有预期的行为。我们可以创建不同的类，对那些与不同的函数相对应的不同测试套件进行组织。这是很好的思路，因为我们应该为每个函数提供多个测试，并确保对各种不同的输入进行测试。为每个函数所创建的测试称为单元测试，因为它是对每个函数本身的行为进行测试。

定义：单元测试是一系列的测试，检查函数的实际输出是否与预期的输出匹配。

为方法编写单元测试的一种常见方法是使用安排-执行-结论模式（3A 模式）。

■ 安排（arrange）：设置在单元测试中传递给函数的对象以及它们的值。

■ 执行（act）：用前一步骤所设置的参数调用函数。

■ 结论（assert）：确保函数的行为如预期的一样。

程序清单 36.3 展示了 funcs.py 中的函数的单元测试的代码。TestPrime 类包含与 is_prime 函数相关的测试，TestAbs 类包含与 absolute_value 函数相关的测试。

程序清单 36.3 test.py 文件包含测试

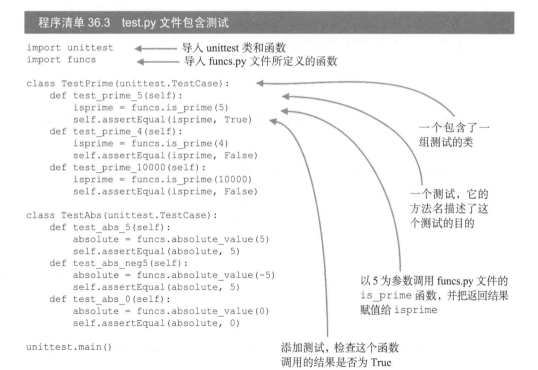

```
import unittest          ◀── 导入 unittest 类和函数
import funcs             ◀── 导入 funcs.py 文件所定义的函数

class TestPrime(unittest.TestCase):
    def test_prime_5(self):
        isprime = funcs.is_prime(5)
        self.assertEqual(isprime, True)
    def test_prime_4(self):
        isprime = funcs.is_prime(4)
        self.assertEqual(isprime, False)
    def test_prime_10000(self):
        isprime = funcs.is_prime(10000)
        self.assertEqual(isprime, False)

class TestAbs(unittest.TestCase):
    def test_abs_5(self):
        absolute = funcs.absolute_value(5)
        self.assertEqual(absolute, 5)
    def test_abs_neg5(self):
        absolute = funcs.absolute_value(-5)
        self.assertEqual(absolute, 5)
    def test_abs_0(self):
        absolute = funcs.absolute_value(0)
        self.assertEqual(absolute, 0)

unittest.main()
```

一个包含了一组测试的类

一个测试，它的方法名描述了这个测试的目的

以 5 为参数调用 funcs.py 文件的 is_prime 函数，并把返回结果赋值给 isprime

添加测试，检查这个函数调用的结果是否为 True

运行这段代码，结果显示它运行了 6 次测试，并发现 2 个错误：

```
FAIL: test_abs_0 (__main__.TestAbs)
----------------------------------------------------------------------
Traceback (most recent call last):
  File "C:/Users/Ana/test.py", line 24, in test_abs_0
    self.assertEqual(absolute, 0)
AssertionError: None != 0

======================================================================
FAIL: test_prime_5 (__main__.TestPrime)
----------------------------------------------------------------------
Traceback (most recent call last):
  File "C:/Users/Ana/test.py", line 7, in test_prime_5
    self.assertEqual(isprime, True)
AssertionError: False != True


----------------------------------------------------------------------
Ran 6 tests in 0.000s
FAILED (failures=2)
```

有了这些信息之后，我们可以对 funcs.py 文件中的函数进行修改，以改正其中的错误。这里所提供的信息显示 test_abs_0 和 test_prime_5 的测试失败。现在，我们可以回到这两个函数对它们进行修改。这个过程称为调试，下一节将讨论它。

像程序员一样思考

　　为方法提供描述性的名称是非常实用的，因为它能够在测试失败后提供快速、一眼可见的信息。我们可以在测试方法中包含函数名、函数的输入以及所测试内容的一到两个单词的描述。

进行增量的修改是非常重要的。每次要进行一个修改时，应该执行 tests.py 再次进行测试。这是为了确保我们为了更正某个问题所进行的任何修改不会导致其他问题的发生。

> **即学即测 36.2**　修改程序清单 36.2 的代码，以改正其中的两个错误。在每次修改之后，运行 tests.py 观察是否改正了这些错误。

测试的类型

unittest 库提供了各种不同的测试，而不仅仅是使用 assertEqual 检查一个值是否等于另一个值。它的完整列表可以在这个库的文档中找到。我们可以花点时间浏览一下这个列表。

> **即学即测 36.3**　浏览我们可以进行的测试列表，为下面所列的各种情况挑选最合适的列表。

1. 检查一个值是否为 False
2. 检查一个值是否在一个列表中
3. 检查两个字典是否相同

36.3 调试代码

调试代码的过程有点像艺术形式，因为不存在特定的公式指导我们怎样进行调试。当一组测试失败之后，就开始了调试过程。

这些测试提供了一个在特定条件下观察代码的起点。我们向一个函数提供一组输入，函数所返回的输出并不是我们所期望的。

穷举解决方案往往是最有效的调试方法，它意味着系统性地观察每一行，并使用笔和纸记录各个值。从导致测试失败的输入开始，假设自己是计算机，然后执行每行代码。

写下每个变量所赋的值，并思考这些值是否正确。根据变量的预期值，一旦发现计算产生的值是不正确的，就很可能发现了错误产生的地方。现在就轮到我们运用已经学过的知识，推断为什么会产生这个错误了。

当我们逐行追踪程序时，一个常见的错误就是理所当然地认为简单的代码行都是正确的，尤其是在调试自己的代码时。我们要对每一行代码保持怀疑，假设自己所检查的代码是一个对编程一无所知的人所编写的。这个过程称为大黄鸭调试（rubber ducky debugging），意思是我们要把自己的代码解释给一个真实的（或虚拟的）的大黄鸭（或其他任何动画角色）听。这就迫使我们用最平实的语言来解释代码，而不是采用编程中的行话，告诉自己的助手每一行代码的功能是什么。

有很多工具可以帮助我们进行调试。Spyder 内置了一个调试器，它的名称有点误导性，因为它不会为我们进行调试。它只是在我们执行每个步骤时打印变量的值。当一个变量的值与预期的值不符时，推断哪行代码出现了错误仍然是我们的职责。调试器可以用于我们所编写的任何代码。

我们可以使用 Spyder 调试器，使用程序清单 36.3 所创建的测试，找出程序清单 36.2 中的代码所存在的问题。我们知道有两个测试失败：test_abs_0 和 test_prime_5。我们应该单独地对每个测试进行调试。

现在，我们将对 test_abs_0 进行调试。图 36.1 展示了打开 tests.py 后 Spyder 编辑器的样子。屏幕的左边是编辑器，右下方是 IPython 控制台，右上方是变量窗口。

第一个步骤是在代码中设置一个断点（图 36.1 中的 1）。断点表示我们希望程序的执行在这个位置暂停，以便检查变量的值。由于 `test_abs_0` 这个测试失败，因此在这个方法的第一行设置一个断点。我们可以在想要设置断点的代码行的左边区域双击，插入一个断点，此时该区域会出现一个点。

图 36.1　调试窗口的屏幕截图

然后，我们可以在调试模式下运行程序。为此，我们可以单击蓝色箭头和两条竖杠的按钮（图 36.1 中的 2）。现在，控制台显示了代码的前几行和一个箭头 ---->，表示接下来将要执行的那一行：

```
----> 1 import unittest
      2 import funcs
      3
      4 class TestPrime(unittest.TestCase):
      5     def test_prime_5(self):
```

单击蓝色双箭头（图 36.1 的 4）进入设置的断点。现在，控制台显示了我们在代码中的位置：

```
21          self.assertEqual(absolute, 5)
22      def test_abs_0(self):
1--> 23         absolute = funcs.absolute_value(0)
24          self.assertEqual(absolute, 0)
25
```

我们可能想要进入这个函数，观察为什么这个absolute不等于0会导致测试失败。单击蓝色小箭头指向三条横杠的按钮（图 36.1 的 3）"步进"到这个函数中。现在我们就位于这个函数调用的内部。变量窗口应该显示 n 的值是 0，控制台显示我们已经进入了这个函数调用：

```
6      return prime
7
----> 8 def absolute_value(n):
9    if n < 0:
10        return -n
```

如果再单击两次"步进"按钮，就会进入下面这行代码：

```
9    if n < 0:
10        return -n
---> 11    elif n > 0:
12        return n
13
```

此时，我们可以看到错误所在。if 语句并没有被执行，因为 n 等于 0。else 语句也没有被执行，因为 n 等于 0。现在已经确定了问题所在，那么可以单击蓝色方块退出调试了。这个函数返回 None，因为当 n 等于 0 时没有指定它应该返回什么。

即学即测 **36.4** 使用调试器对另一个失败的测试 test_prime_5 进行调试。

1. 在适当的代码行上设置一个断点。
2. 运行调试器，进入断点。
3. 步进到函数调用中，一步步地运行程序，直到发现问题所在。

36.4 总结

在本章中，我们的目标是学习测试和调试的基础知识，并进行导入和使用程序库的更多实践。我们学习了如何使用 unittest 库组织测试，并了解了把测试框架与代码分离的重要性。我们还使用了调试器对代码进行一步步的观察。

36.5　章末检测

问题　下面是一个存在问题的程序。编写单元测试，尝试对它进行调试：

```
def remove_buggy(L, e):
    """
    L：一个列表
    e：任何对象
    从 L 中删除所有的 e
    """
    for i in L:
        if e == i:
            L.remove(i)
```

第 37 章　图形用户接口程序库

在学完第 37 章之后，你可以实现下面的目标。

■　描述图形用户接口

■　使用一个图形用户接口库编写程序

我们此前编写的每个程序通过一种以文本为基础的方式与用户进行交互。我们知道怎样在屏幕上显示文本，并知道怎样从用户那里获取文本输入。尽管我们可以按照这种方式编写有趣的程序，但用户缺少一种视觉体验。

『场景模拟练习』

考虑我们在日常生活中所使用的一个程序：用于访问互联网的浏览器。我们与浏览器进行交互的方式是什么？

[答案]

打开浏览器窗口、单击按钮、滚动鼠标、选择文本以及关闭浏览器窗口。

许多编程语言提供了程序库，以帮助程序员编写可视化应用程序。这类应用程序使用了用户和程序都熟悉的界面：按钮、文本框、绘图画布和图标等。

37.1　一个图形用户接口库

图形用户接口（GUI）是一组类和方法，它提供了用户和操作系统之间的接口，显示一种名为部件（widget）的图形控件元素。部件的用途是通过交互提升用户经验，它所支持的功能包括按钮、滚动条、菜单、窗口、绘图画布、进度条和对话框等。

Python 提供了一个标准的 GUI 库，称为 tkinter。Python 官网提供了它的文档。

开发 GUI 应用程序通常需要 3 个步骤。本章演示了其中的每个步骤。和其他任何程序一样，GUI 应用程序的开发也包括设置单元测试和调试。这 3 个步骤如下。

- 设置窗口，确定它的大小、位置和标题。
- 添加部件，它是类似于按钮或菜单这样的可交互"对象"。
- 选择部件的行为，处理诸如单击一个按钮或者选择一个菜单项这样的事件。部件的行为是通过编写事件处理函数实现的。后者的形式和函数一样，它告诉程序当用户与一个特定的部件进行交互时应该采取什么行动。

> **即学即测 37.1**　对于下面的每种部件，我们可以对它进行哪些操作？
> 1. 按钮
> 2. 滚动条
> 3. 菜单
> 4. 画布

37.2　使用 tkinter 库设置程序

所有的 GUI 程序一般都是在窗口中运行的。我们可以通过更改窗口的标题、大小和背景颜色对它进行自定义。程序清单 37.1 展示了如何创建一个 800×200 像素的窗口，它的标题是"My first GUI"，背景色为灰色。

程序清单 37.1　创建一个窗口

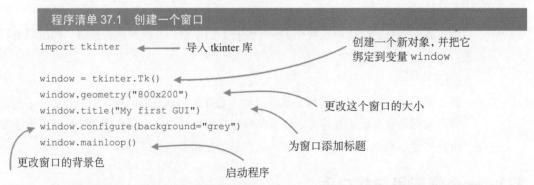

```
import tkinter          ← 导入 tkinter 库                         创建一个新对象，并把它
                                                                绑定到变量 window
window = tkinter.Tk()
window.geometry("800x200")
window.title("My first GUI")                    更改这个窗口的大小
window.configure(background="grey")
window.mainloop()                               为窗口添加标题

更改窗口的背景色

                        启动程序
```

在运行这个程序之后，计算机屏幕上会显示一个新窗口。如果没有看到这个窗口，那么它被隐藏在其他窗口的后面，此时可以在任务栏上看到一个新图标。我们可以通过关闭窗口来终止程序的运行。

图 37.1 展示了这个窗口在 Windows 操作系统中的样子。如果使用 Linux 或 Mac 操作系统，这个窗口的样子可能有所不同。

图 37.1 一个 800×200 像素的窗口，标题为"My first GUI"，背景色为灰色

即学即测 **37.2** 为下面的每个任务编写一个程序。

1．创建一个 500×200 像素的窗口，标题为"go go go"，背景色为绿色。

2．创建一个 100×900 像素的窗口，标题为"Tall One"，背景色为红色。

3．创建两个 100×100 像素的无标题窗口，但其中一个窗口的背景色为白色，另一个窗口的背景色为黑色。

37.3 添加部件

空白窗口很无趣。用户单击它之后也没有任何反应！创建了窗口之后，我们就可以开始添加部件了。我们将创建一个具有 3 个按钮、1 个文本框、1 个进度条和 1 个标签的程序。

为了添加一个部件，我们需要两行代码：一行是创建这个部件，另一行是把它放在窗口中。下面这两行代码创建了一个按钮并把它添加到程序清单 37.1 所创建的窗口中。第一行代码创建了这个按钮，并把它绑定到变量 btn。第二行代码用 pack 命令把它添加到窗口中：

```
btn = tkinter.Button(window)
btn.pack()
```

程序清单 37.2 显示了如何创建 3 个按钮、1 个文本框和 1 个标签，假设我们已经像程序清单 37.1 那样创建了一个窗口。

程序清单 37.2　把部件添加到窗口

```
import tkinter
window = tkinter.Tk()
window.geometry("800x200")
window.title("My first GUI")
window.configure(background="grey")

red = tkinter.Button(window, text="Red", bg="red")
red.pack()

yellow = tkinter.Button(window, text="Yellow", bg="yellow")
yellow.pack()

green = tkinter.Button(window, text="Green", bg="green")
green.pack()

textbox = tkinter.Entry(window)
textbox.pack()

colorlabel = tkinter.Label(window, height="10", width="10")
colorlabel.pack()

window.mainloop()
```

创建一个背景色为红色的新按钮，其上的文本为"Red"

把具有这些属性的按钮添加到窗口

创建并添加一个可以输入文本的文本框

创建并添加一个高度为 10 的标签

当我们运行这个程序时，可以看到一个与图 37.2 一样的窗口。

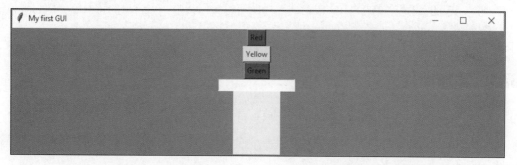

图 37.2　添加了 3 个按钮、1 个文本框和 1 个标签之后的窗口。顶部的按钮
是红色的，标签为 Red，中间的按钮是黄色的，标签为 Yellow，
底部的按钮是绿色的，标签为 Green

我们可以在程序中添加许多部件。表 37.1 列出了标准 tkinter 库所提供的部件。

即学即测 **37.3**　编写一行代码，创建下面这些部件。

■　一个橙色的按钮，其上的文本是"Click here"。

■　两个单选按钮。

■　一个复选按钮。

表 37.1　tkinter 库所提供的部件

部件名	描述	部件名	描述
Button	按钮，显示一个按钮	Menubutton	菜单按钮，显示菜单
Canvas	画布，绘制形状	OptionMenu	选项菜单，显示一个弹出菜单
Checkbutton	复选按钮，通过复选框显示选项（可以选择多个选项）	PanedWidnow	窗格，包含可以改变大小的窗格
Entry	输入区域，用于输入文本的文本区域	Radiobutton	单选按钮，通过单选框显示选项（只能选择一个选项）
Frame	框架，容纳其他部件的容器	Scale	缩放，显示一个滑块
Label	标签，显示单行文本或一幅图像	Scrollbar	滚动条，向其他部件添加滚动条
LabelFrame	标签框架，用于增加空间的容器	Spinbox	微调框，与 Entry 相似，但只能从某些文本中进行选择
Listbox	列表框，通过一个列表显示选项	Text	文本，显示多行文本
Menu	菜单，显示命令（包含在 Menubutton 中）	TopLevel	顶层窗口，允许一个单独的窗口容器

37.4　添加事件处理函数

现在，我们已经创建了 GUI 窗口，并向它添加了部件。最后一个步骤就是编写代码，告诉程序当用户与一个部件进行交互时应该做些什么。这样的代码必须以某种方式把部件与行动进行关联。

当我们创建一个部件时，就向它提供一个想要运行的命令名称。这个命令是同一个程序中的一个函数。程序清单 37.3 展示了一个例子，当用户单击一个按钮部件时就更改窗口的背景色。

程序清单 37.3　单击一个按钮的事件处理函数

表示将要发生的事件的函数

这个函数更改窗口的背景色

```
import tkinter

def change_color():
    window.configure(background="white")

window = tkinter.Tk()
window.geometry("800x200")
window.title("My first GUI")
window.configure(background="grey")

white = tkinter.Button(window, text="Click", command=change_color)
white.pack()

window.mainloop()
```

具有相关活动的按钮，把函数名赋值给 command 参数

图 37.3 展示了这个按钮被单击之后屏幕的样子。这个窗口最初是灰色的，但是在单击这个按钮之后，它变成了白色。再次单击这个按钮不会把窗口的颜色改回到灰色，它仍然是白色的。

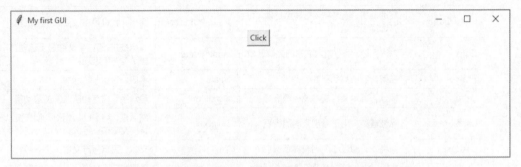

图 37.3　单击按钮之后，窗口的背景色从灰色变为白色

我们可以在事件处理函数中进行更有趣的操作。在编写 GUI 程序时，可以应用到目前为止在本书中所学习的所有技巧。作为最后一个例子，我们将编写代码实现一个倒计时的计时器。我们将看到怎样从其他部件读取信息、在事件处理函数中使用循环甚至使用其他程序库。

程序清单 37.4 展示了一个程序，它读取用户在一个文本框中输入的数字，然后显示一个从这个数到 0 的倒计时器，数字每秒改变一次。下面是这个程序所使用的 4 个部件。

■　一个向用户提供指令的标签

■　一个供用户输入数字的文本框

■　一个启动倒计时的按钮

■　一个显示数字变化的标签

这个按钮是唯一具有相关联的事件处理函数的部件。这个事件的处理函数将执行下面的操作。

■　把标签的颜色更改为白色

■　获取文本框的数字并把它转换为整数

■　在一个循环中使用来自文本框的数字，从这个值开始倒计到 0

这个程序的主要工作是在一个循环中完成的。它使用循环变量 i 更改标签的文本。注意，我们提供了一个变量名作为这个标签的 text 参数，它的值在循环的每次迭代时都会改变。接着，它调用一个 update 方法刷新窗口，显示更新后的标签。最后，它使用 time 库的 sleep 方法使程序暂停执行 1 秒。如果没有 sleep 方法，倒计时的速度将非常快，以至于我们无法看清变化的数字。

程序清单 37.4　读取一个文本框并根据文本框中的数字进行倒计时的程序

事件处理函数

把标签的颜色更改为白色

从文本框中获取值并把它转换为 int 类型

从文本框中的数字循环到 0

把标签的文本修改为循环变量的值

更新窗口，显示更新后的标签值

使用 time 库等待 1 秒

更改标签的文本，到达 0 之后完成

一个向用户提供指令的标签

启动倒计时的按钮，第一行所编写的函数作为事件命令

打印倒计时值的标签

由用户输入数字的文本框

```
import tkinter
import time

def countdown():
    countlabel.configure(background="white")
    howlong = int(textbox.get())
    for i in range(howlong,0,-1):
        countlabel.configure(text=i)
        window.update()
        time.sleep(1)
    countlabel.configure(text="DONE!")

window = tkinter.Tk()
window.geometry("800x600")
window.title("My first GUI")
window.configure(background="grey")

lbl = tkinter.Label(window, text="How many seconds to count down?")
lbl.pack()
textbox = tkinter.Entry(window)
textbox.pack()
count = tkinter.Button(window, text="Countdown!", command=countdown)
count.pack()
countlabel = tkinter.Label(window, height="10", width="10")
countlabel.pack()

window.mainloop()
```

学会了设置窗口、添加部件和创建事件处理函数之后，我们就可以编写许多具有视觉吸引力以及独特交互性的程序。

> **即学即测 37.4**　编写代码创建一个按钮。当用户单击这个按钮时，它随机地选择红色、绿色或蓝色，并把窗口的背景色更改为它所选中的颜色。

37.5　总结

在本章中，我们的目标是学习如何使用图形用户接口库。这个库包含了帮助程序员对操作系统的图形元素进行操作的类和方法。下面是本章的一些要点。

- GUI 程序是在窗口中运行的。
- 在窗口中，可以添加名为部件的图形元素。

■ 我们可以添加函数，当用户与一个部件进行交互时执行相关的任务。

37.6　章末检测

问题　编写一个程序，存储一本电话簿中所有人的姓名、电话号码和电子邮件。窗口中应该有 3 个文本框，分别输入姓名、电话号码和电子邮件。窗口中还应该有一个按钮用来添加一个联系人，另一个按钮用来显示所有的联系人。最后，它应该还有一个标签。当用户单击 "Add" 按钮时，程序读取这几个文本框并存储信息。当用户单击 "Show" 按钮时，它读取已经存储的所有联系人，并把它们打印在一个标签中。

第 38 章 阶段性项目：追逐游戏

在学完第 38 章之后，你可以实现下面的目标。

■ 编写使用 tkinter 库的简单游戏

■ 使用类和面向对象编程对 GUI 程序的代码进行
  组织

■ 编写代码，使用键盘与用户进行交互

■ 使用画布在程序中绘制形状

当我们思考使用 GUI 的程序时，最先想到的一种最常见的程序就是游戏。游戏是一种简短的交互性程序，让用户感到轻松。如果我们所玩的游戏是自己编写的，无疑会更加有趣！

[问题] 使用 tkinter 库编写一个 GUI 游戏，这个游戏模拟追逐游戏。我们可以在窗口中创建两位玩家。玩家的位置和大小可以在开始时随机选取。两位玩家使用同一个键盘：一位玩家使用 W、A、S 和 D 键，另一位玩家使用 I、J、K 和 L 键移动他们的棋子。用户可以决定哪位玩家尝试追逐对方。然后，他们使用各自的键在窗口中移动，试图接触到另一位玩家。当其中一位玩家接触到另一位玩家时，就在屏幕上的某个位置显示 Tag 这个单词。

这是一个简单的游戏，程序的代码不会太长。当我们编写像游戏这样的 GUI 程序或可视化应用程序时，重要的是在一开始不要太雄心勃勃。从简单的问题出发，然后在它的基础上进一步完善，这是正确的学习之路。

38.1　确认问题的组成部分

对于给定的问题，首先应该确认它的各个组成部分。我们将会发现，以增量的方式编写代码会更加容易。最终，我们需要完成下面这 3 个任务。

- 创建两个形状
- 当某些键被按下时，在窗口中它们会被移动
- 检查这两个形状是否接触

每个任务都可以编写为一段独立的代码，可以单独进行测试。

38.2　在窗口中创建两个形状

和之前看到过的其他 GUI 程序一样，我们的第一个步骤是创建一个窗口，并添加游戏中需要使用的部件。程序清单 38.1 展示了完成这个任务的代码。这个窗口只有一个部件，也就是一块画布。画布部件是一个矩形区域，我们可以在它的上面绘制形状和其他图形对象。

程序清单 38.1　初始化窗口和部件

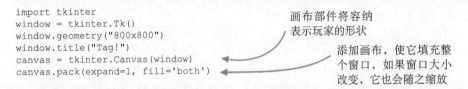

```
import tkinter
window = tkinter.Tk()
window.geometry("800x800")
window.title("Tag!")
canvas = tkinter.Canvas(window)
canvas.pack(expand=1, fill='both')
```

画布部件将容纳
表示玩家的形状

添加画布，使它填充整
个窗口，如果窗口大小
改变，它也会随之缩放

现在是时候创建表示玩家的形状了。我们用矩形表示玩家。这些形状将作为对象添加到画布中，而不是添加到窗口本身。由于我们所创建的玩家不止一个，因此采用模块化的方式是很好的思路。我们将创建一个类表示玩家，它将在画布上对玩家对象进行初始化。

为了使游戏更加有趣，我们可以使用随机数设置形状的起点和大小。图 38.1 展示了创建矩形的方法。我们将选择一个随机坐标 x1 和 y1 表示矩形的左上角。然后，我们将选择一个随机数表示矩形的大小。x2 和 y2 坐标是通过把矩形的大小分别加上 x1 和 y1 计算产生的。

按照随机的方式创建矩形意味着每次当我们创建一位新玩家时，表示该玩家的矩形将出现在窗口中的任意位置，并且它的大小也是随机的。

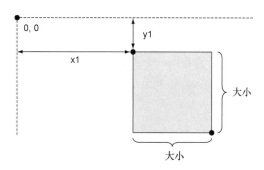

图 38.1 创建矩形的玩家对象，选择玩家的左上角坐标以及一个随机数表示大小

程序清单 38.2 展示了创建表示玩家的矩形块的代码。这段代码创建了一个名为 Player 的类。我们将使用矩形表示玩家。画布上的任何对象都是由一个四整数元组(x1，y1，x2，y2）表示的，其中(x1，y1)是形状的左上角坐标，(x2，y2)是形状的右下角坐标。

程序清单 38.2　表示玩家的类

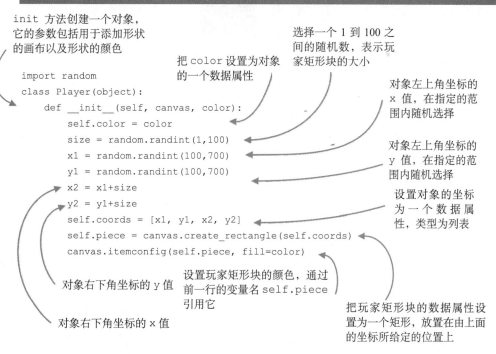

　　在创建了窗口之后，我们可以用下面的代码把玩家添加到画布中。这段代码在同一块画布上创建了两个 Player 对象，一个为黄色，另一个为蓝色：

```
player1 = Player(canvas, "yellow")
player2 = Player(canvas, "blue")
```

　　如果运行这段代码，将会看到一个类似图 38.2 的窗口。在窗口上有两个不同颜色的形状，它们具有随机的位置和随机的大小。在这两个形状上单击鼠标或者按下某个键不会有任何响应。

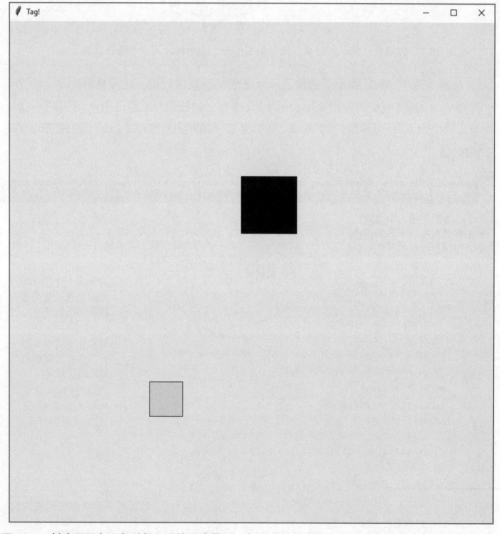

图 38.2　创建了两个玩家对象之后的游戏界面。每个方块的位置和大小在程序每次运行时都不相同

38.3 在画布中移动形状

每个形状对同一类型的事件"按键"做出响应。

- 为了向上移动形状，一个形状可以按 W 键，另一个形状可以按 I 键。
- 为了向左移动形状，一个形状可以按 A 键，另一个形状可以按 J 键。
- 为了向下移动形状，一个形状可以按 S 键，另一个形状可以按 K 键。
- 为了向右移动形状，一个形状可以按 D 键，另一个形状可以按 L 键。

我们必须创建一个函数，该函数作为事件处理函数，对画布上的任何按键做出响应。在这个函数内部，我们将移动其中一位玩家，至于移动哪位玩家则取决于哪个键被按下。程序清单 38.3 展示了这个函数的代码。在这段代码中，move 是个在 Player 类中定义的方法。它将移动玩家的位置，其中"u"表示向上移动，"d"表示向下移动，"r"表示向右移动，"l"表示向左移动。

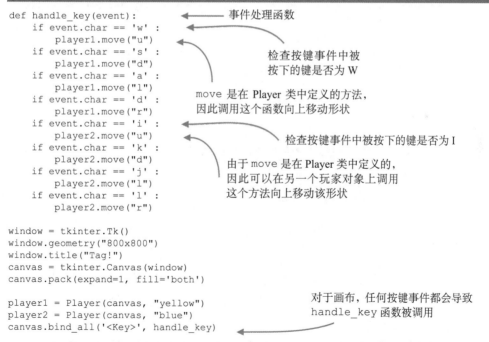

程序清单 38.3 事件处理函数，对于画布上按下的任何键做出响应

```
def handle_key(event):
    if event.char == 'w' :
        player1.move("u")
    if event.char == 's' :
        player1.move("d")
    if event.char == 'a' :
        player1.move("l")
    if event.char == 'd' :
        player1.move("r")
    if event.char == 'i' :
        player2.move("u")
    if event.char == 'k' :
        player2.move("d")
    if event.char == 'j' :
        player2.move("l")
    if event.char == 'l' :
        player2.move("r")

window = tkinter.Tk()
window.geometry("800x800")
window.title("Tag!")
canvas = tkinter.Canvas(window)
canvas.pack(expand=1, fill='both')

player1 = Player(canvas, "yellow")
player2 = Player(canvas, "blue")
canvas.bind_all('<Key>', handle_key)
```

注意这段代码非常好地做到了模块化。很容易理解当前正在发生什么事情，因为我们把移动形状背后的逻辑隐藏到 Player 类中。在事件处理函数中我们需要做的就是确定哪个玩家需要被移动以及需要移动到哪个方向，"u"表示向上移动，"d"表示向下移动，"i"表示向左移动，"l"表示向右移动。

在 Player 类的内部，我们可以编写代码，通过更改形状的坐标来移动形状，程序清单 38.4 展示了代码。对于玩家可以移动的每个方向，我们修改了坐标数据属性。然后，我们把形状的坐标更新为它在画布上的新坐标。两位玩家不能同时移动。

在一位玩家开始移动之后，当另一位玩家按下一个键时，它就会停止移动。

程序清单 38.4　怎样在画布中移动形状

```
class Player(object):
    def __init__(self, canvas, color):
        size = random.randint(1,100)
        x1 = random.randint(100,700)
        y1 = random.randint(100,700)
        x2 = x1+size
        y2 = y1+size
        self.color = color
        self.coords = [x1, y1, x2, y2]
        self.piece = canvas.create_rectangle(self.coords, tags=color)
        canvas.itemconfig(self.piece, fill=color)

    def move(self, direction):
        if direction == 'u':
            self.coords[1] -= 10
            self.coords[3] -= 10
            canvas.coords(self.piece, self.coords)
        if direction == 'd':
            self.coords[1] += 10
            self.coords[3] += 10
            canvas.coords(self.piece, self.coords)
        if direction == 'l':
            self.coords[0] -= 10
            self.coords[2] -= 10
            canvas.coords(self.piece, self.coords)
        if direction == 'r':
            self.coords[0] += 10
            self.coords[2] += 10
            canvas.coords(self.piece, self.coords)
```

移动形状的方法，接收一个方向为参数，该参数的值为 u、d、l、r 之一

对于 4 种可能的输入 (u, d, l, r) 进行不同的移动

如果向上移动，通过索引访问列表 coords，减小 y1 和 y2 的值

把 self.piece 所表示的矩形的坐标更改为新坐标

这段代码可以被画布上所创建的任何对象所使用。它遵循了抽象化和模块化的原则。它是在 Player 类中实现的，这意味着我们只需要对它编写一次，所有这种类型的对象就可以复用这个方法。

在运行程序时，W、A、S、D 键将在窗口中移动黄色形状，I、J、K、L 键将在窗口中移动蓝色形状。我们可以邀请其他人一起玩这个游戏来测试代码。我们会注意到，如果一直按住一个键，对应的形状将一直移动，但是一旦松开手，这个形状将停止移动，

并根据所按下的其他键进行相应的移动（直到另一个键被按下）。形状之间的追逐看上去很有趣，但是当两个形状相互接触时，不会发生什么。

38.4　检测形状之间的碰撞

这个游戏的最后一个任务就是增加代码逻辑，检测两个形状是否碰撞。毕竟这是一个追逐游戏，如果一个形状接触到了另一个形状，应该通知这种情况。这个代码逻辑由画布上的两个方法调用所组成，它将在处理画布按键事件的处理函数中实现。这是因为在每次按键之后，我们就需要观察是否发生了碰撞。

程序清单38.5展示了检测两个形状之间是否发生了碰撞的代码。根据设计，在tkinter库中，每个被添加到画布的形状都有一个ID。第一个添加到画布的形状的ID是1，第2个形状的ID是2，以此类推。我们添加到画布的第一个形状是黄色的。代码背后的思路是通过调用bbox方法获取画布中第一个形状的坐标，这个方法寻找围绕这个形状的边框。如果是矩形，这个边框就是矩形本身。如果是其他形状，边框是它的外接矩形。然后，我们在画布上以边框的坐标为参数调用find_overlapping方法。这个方法返回一个元组，告诉我们在这个边框内的所有ID。由于提供给这个方法的参数是其中一个形状的边框，因此如果两个形状重叠，它就会返回一个元组(1, 2)。

现在所剩下的工作就是检查ID为2的形状是否在返回的元组中。如果是，就在画布中显示文本"Tag!"。

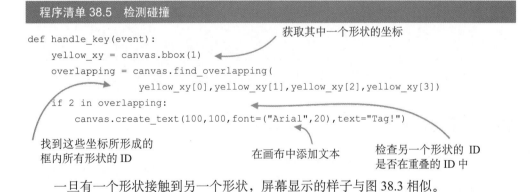

程序清单 38.5　检测碰撞

```
def handle_key(event):
    yellow_xy = canvas.bbox(1)
    overlapping = canvas.find_overlapping(
                yellow_xy[0],yellow_xy[1],yellow_xy[2],yellow_xy[3])
    if 2 in overlapping:
        canvas.create_text(100,100,font=("Arial",20),text="Tag!")
```

获取其中一个形状的坐标

找到这些坐标所形成的框内所有形状的ID

在画布中添加文本

检查另一个形状的 ID 是否在重叠的 ID 中

一旦有一个形状接触到另一个形状，屏幕显示的样子与图38.3相似。

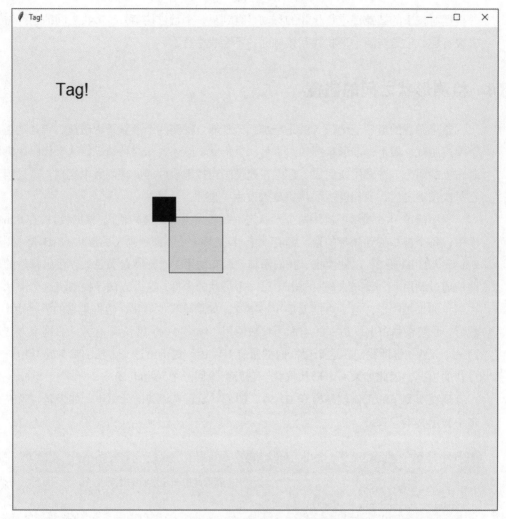

图 38.3   当一个形状与另一个形状的边框重叠时，就会在画布上打印出文本 "Tag!"

38.5 可能的扩展

这个游戏存在很多的扩展可能性。我们在本章所编写的代码是一个很好的起点。下面是一些对这个游戏进行扩展的思路。

- 我们可以不用关闭窗口并再次启动窗口来开始游戏，而是可以添加一个按钮询问用户是否继续游戏。如果用户选择是，就选择另一个随机的位置和大小表示自己的形状。

■　允许被追逐的形状逃逸。如果形状在接触一次之后不再接触，就从画布中删除文本"Tag!"。

■　允许玩家对它们的形状进行自定义，可以更改形状的颜色或者把形状改为圆形。

38.6　总结

在本章中，我们的目标是学习如何使用更高级的 GUI 元素创建一个游戏。我们使用了一块画布在 GUI 中添加形状，并添加了事件处理函数，根据哪个键被按下对形状进行移动。我们还了解了如何检查画布中形状之间的碰撞。本章还讲解了如何使用类和函数完成那些将被复用的大部分代码，从而实现整洁、有组织并且容易阅读的代码。

附录 A　各章习题的答案

附录 A 包含了本书各章习题的答案。即学即测的答案非常简单、直接,章末检测中有些习题的答案可以用几种不同的方法实现。我为每个习题提供了一种可能的解决方案,但读者的答案可能与我所提供的答案略有不同。

第 2 章

即学即测的答案

即学即测 2.1

问题:制作芝士通心粉。

含糊的陈述:把芝士通心粉倒入装了沸水的壶里烹制 12 分钟。

更为具体的陈述:在壶里倒 6 杯水,打开炉子的升温开关,等待水沸,倒入通心粉,烹制 12 分钟。沥干通心粉,添加一包芝士并搅拌。

即学即测 2.2　见图 A.1。

即学即测 2.3

1. 把需要求的值放在左边:$c^2 = a^2 + b^2$。

2. 取平方根:$c = \sqrt{a^2 + b^2}$。

即学即测 2.4

\# 初始化灌满水池所需要的时间(以分数形式的小时为单位)

\# 把时间转换为分钟

\# 把时间转换为单位时间速率

\# 把两个单位时间速率相加

\# 求出同时使用两条水管灌满水池所需要的分钟数

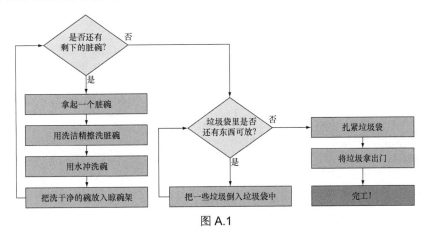

图 A.1

第 3 章

即学即测的答案

即学即测 3.1

1．偷看

2．打印

3．偷看

4．打印

即学即测 3.2

1．将看到 -12

2．将看到 19

3．不会在控制台看到任何输出

第 4 章

即学即测的答案

即学即测 4.1

1．不允许

2．不允许

3．允许

4．允许

即学即测 4.2

手机的属性：矩形、有光泽的、黑色、可以点亮、4英寸×2英寸、具有按键。

手机的操作：按键、制作噪声、抛掷、打电话、输入邮件。

狗的属性：多毛的、4只脚、1张嘴、2只眼睛、1个鼻子、2只耳朵。

狗的操作：吠叫、抓挠、跑、跳、鸣咽、舔。

镜子的属性：有反射性、脆弱、锋利。

镜子的操作：破碎、显示镜像。

信用卡的属性：3英寸×2英寸、薄、有弹性、上面有数字和字母。

信用卡的操作：可以刷卡、用来开门、用来购物。

即学即测 4.3

1．是

2．否

3．否

4．否

5．是

6．是

即学即测 4.4

1．是

2．否

3．否（具有描述性，但含义不明确，除非用于与独角兽有关的程序）

4．否（太长）

即学即测 4.5

1. `apples = 5`

2. `oranges = 10`

3. `fruits = apples + oranges`

4. `apples = 20`

5. `fruits = apples + oranges`

章末检测的答案

问题 4.1

`x = b - a = 2 - 2 = 0`

问题 4.2

它仍然会产生一个错误。这是因为 Python 解释器并不理解怎样执行最后一行。解释器期望等号左边是一个变量名，但 a + x 并不是变量名。

第 5 章

即学即测的答案

即学即测 5.1

1. `six = 2 + 2 + 2`

2. `neg = six * (-6)`

3. `neg /= 10`

即学即测 5.2

1. `half = 0.25 * 2`

2. `other_half = 1.0 - half`

即学即测 5.3

1. `cold = True`

2. `rain = False`

3. `day = cold and rain`

即学即测 5.4

1. `one = "one"` 或者 `one = 'one'`

2. `another_one = "1.0"` 或者 `another_one = '1.0'`

3. `last_one = "one 1"` 或者 `last_one = 'one 1'`

即学即测 5.5

1. 浮点数

2. 整数

3. 布尔值

4. 字符串

5. 字符串

6. 整数

7. 整数

8. 字符串

9. `NoneType`

即学即测 5.6

1. 语句和表达式

2. 语句和表达式

3. 语句

4. 语句

即学即测 5.7

1. `str(True)`

    `'True'`

2. `float(3)`

```
   3.0
3. str(3.8)
   '3.8'
4. int(0.5)
   0
5. int("4")
   4
```

即学即测 5.8

```
1. float
   1.25
2. float
   9.0
3. int
   8
4. int
   201
5. float
   16.0
6. float
   1.0
7. float
   1.5
8. int
   2
9. int
   0
```

第 6 章

即学即测的答案

即学即测 6.1

1. 7 小时和 36 分钟

2. 0 小时和 0 分钟

3. 166 小时和 39 分钟

即学即测 6.2

1. 13

2. 0

3. 12

即学即测 6.3

1. stars = 50

2. stripes = 13

3. ratio = stars/stripes，ratio 的类型是浮点数。

4. ratio_truncated = int(ratio)，ratio_truncated 的类型是整数。

即学即测 6.4

```
minutes_to_convert = 789
hours_decimal = minutes_to_convert/60
hours_part = int(hours_decimal)
minutes_decimal = hours_decimal-hours_part
minutes_part = round(minutes_decimal*60)
print("Hours")
print(hours_part)
print("Minutes")
print(minutes_part)
```

输出：

```
Hours
13
Minutes
9
```

章末检测的答案

问题 6.1

```
fah = 75
cel = (fah-32)/1.8
print(cel)
```

问题 6.2

```
miles = 5
km = miles/0.62137
meters = 1000*km
print("miles")
print(miles)
print("km")
print(km)
print("meters")
print(meters)
```

第 7 章

即学即测的答案

即学即测 7.1

1. 是

2. 是

3. 否

4. 否

5. 是

即学即测 **7.2**

1. 正向：5   反向：−8

2. 正向：0   反向：−13

3. 正向：12   反向：−1

即学即测 **7.3**

1. 'e'

2. ' '（空格字符）

3. 'L'

4. 'x'

即学即测 **7.4**

1. 't'

2. 'nhy tWp np'

3. ''（空字符串，因为起始索引大于终止索引，但步进值为1）

即学即测 **7.5**

1. 'Python 4 ever&ever'

2. 'PYTHON 4 EVER&ever'

3. 'PYTHON 4 EVER&EVER'

4. 'python 4 ever&ever'

章末检测的答案

问题 **7.1**

```
s = "Guten Morgen"
s[2:5].upper()
```

问题 **7.2**

```
s = "RaceTrack"
s[1:4].captalize()
```

第 8 章

即学即测的答案

即学即测 **8.1**

1. 14

2. 9

3. `-1`

4. `15`

5. `6`

6. `8`

即学即测 8.2

1. `True`

2. `True`

3. `False`

即学即测 8.3

1. `1`

2. `2`

3. `1`

4. `0`

即学即测 8.4

1. `'raining in the spring time.'`

2. `'Rain in the spr time.'`

3. `'Raining in the spring time.'`

4. （没有输出）但b现在是`'Raining in the spring tiempo.'`

即学即测 8.5

1. `'lalaLand'`

2. `'USA vs Canada'`

3. `'NYcNYcNYcNYcNYc'`

4. `'red-circlered-circlered-circle'`

章末检测的答案

问题

还有许多方法可以完成这个任务！

```
s = "Eat Work Play Sleep repeat"
s = s.replace(" ", "ing ")
s = s[7:22]
s = s.lower()
print(s)
```

第 9 章

章末检测的答案

问题

1. 试图访问字符串中的一个索引值，这个索引值大于字符串的长度。

2. 在调用命令时向它提供了一个对象，但这个命令的括号中并不需要任何对象。

3. 在调用命令时只向它提供一个对象，但这个命令的括号中需要两个对象。

4. 在调用命令时提供了一个错误类型的对象。必须要向它提供一个字符串对象，而不是整数对象。

5. 在调用命令时使用了变量名而不是字符串对象。如果在使用 h 之前已经把它初始化为一个字符串对象，这种做法就是可行的。

6. 试图把两个字符串对象相乘。只允许两个字符串相加或者把一个字符串乘以一个整数。

第 10 章

即学即测的答案

即学即测 **10.1**

1. 是

2. 是

3. 否

4. 是

即学即测 **10.2**

1. 4

2. 2

3. 1

4. 0

即学即测 **10.3**

1. (1, 2, 3)

2. '3'

3. ((1,2), '3')

4. True

即学即测 **10.4**

1. ('no', 'no', 'no')

2. ('no', 'no', 'no', 'no', 'no', 'no')

3. (0, 0, 0, 1)

4. (1, 1, 1, 1)

即学即测 **10.5**

1. (s, w) = (w, s)

2. (no, yes) = (yes, no)

章末检测的答案

问题

有许多方法可以完成这个任务。下面是其中的一种方法：

```
word = "echo"
t = ()
count = 3

echo = (word,)
echo *= count
cho = (word[1:],)
cho *= count
ho = (word[2:],)
ho *= count
o = (word[3:],)
o *= count

t = echo + cho + ho + o
print(t)
```

第 11 章

即学即测的答案

即学即测 11.1

1. `12`

2. （不打印任何东西）

3. `Nice is the new cool`

即学即测 11.2

1. `sweet = "cookies"`

2. `savory = "pickles"`

3. `num = 100`

4. `print(num, savory, "and", num, sweet)`

5. `print("I choose the " + sweet.upper() + "!")`

即学即测 11.3

1. `input("Tell me a secret: ")`

2. `input("What's your favorite color? ")`

3. `input("Enter one of: # or $ or % or & or *: ")`

即学即测 11.4

1. `song = input("Tell me your favorite song: ")`
   `print(song)`
   `print(song)`
   `print(song)`

2. `celeb = input("Tell me the first & last name of a celebrity: ")`
   `space = celeb.find(" ")`
   `print(celeb[0:space])`

```
print(celeb[space+1:len(celeb)])
```

即学即测 11.5

```
user_input = input("Enter a number to find the square of: ")
num = float(user_input)
print(num*num)
```

章末检测的答案

问题 11.1

```
b = int(input("Enter a number: "))
e = int(input("Enter a number: "))
b_e = b**e
print("b to the power of e is", b_e)
```

问题 11.2

```
name = input("What's your name? ")
age = int(input("How old are you? "))
older = age+25
print("Hi " + name + "! In 25 years you will be " + str(older) + "!")
```

第 13 章

即学即测的答案

即学即测 13.1

1. 否

2. 是

3. 否

4. 否

5. 否

即学即测 13.2

1. 你住在树屋里

2. （不能转换）

3. （不能转换）

4. 字典里有 youniverse 这个单词

5. 7 是偶数

6. 变量 a 和 b 相等

即学即测 13.3

1. num is less than 10

   Finished

2. Finished

3. Finished

即学即测 13.4

1.
```
word = input("Tell me a word: ")
print(word)
if " " in word:
    print("You did not follow directions!")
```

2.
```
num1 = int(input("One number: "))
num2 = int(input("Another number: "))
print(num1+num2)
if num1+num2 < 0:
    print("Wow, negative sum!")
```

即学即测 13.5

见图 A.2。

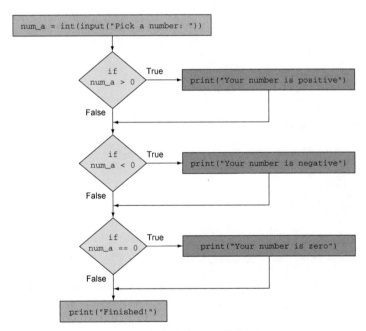

图 A.2　程序清单 13.3 的流程图

即学即测 13.6

num_a	num_b	答案（嵌套）	答案（非嵌套）
-9 5		num_a: is negative Finished	num_a: is negative Finished
9	5	Finished	Finished
-9 -5		num_a: is negative num_b is negative Finished	num_a: is negative num_b is negative Finished

```
----------------------------------------------------------------------
9       -5      Finished              num_b is negative
                                      Finished
----------------------------------------------------------------------
```

即学即测 13.7

程序清单 13.5 展示了一个可能的解决方案。

章末检测的答案

问题 13.1

if x 是奇数 then $x + 1$ 是偶数

问题 13.2

```
var = 0
if type(var) == int:
    print("I'm a numbers person.")
if type(var) == str:
    print("I'm a words person.")
```

问题 13.3

```
words = input("Tell me anything: ")
if " " in words:
    print("This string has spaces.")
```

问题 13.4

```
print("Guess my number! ")
secret = 7
num = int(input("What's your guess? "))
if num < secret:
    print("Too low.")
if num > secret:
    print("Too high.")
if num == secret:
    print("You got it!")
```

问题 13.5

```
num = int(input("Tell me a number: "))
if num >= 0:
    print("Absolute value:", num)
if num < 0:
    print("Absolute value:", -num)
```

第 14 章

即学即测的答案

即学即测 14.1

1. 你是否需要牛奶并且拥有汽车？如果是，就开车去店里买牛奶。

2. 变量 a 是 0 且变量 b 是 0 且变量 c 是 0 吗？如果是，则所有的变量都是 0。

3. 你有夹克或衬衫吗？如果有，穿上一件，外面冷。

即学即测 14.2

1. 真

2. 真

3. 假

即学即测 14.3

```
num_a    num_b
0        0
0        -5
-20      0
-1       -1
-20      -988
```

即学即测 14.4

```
num is -3    输出：num is negative
num is 0     输出：num is zero
num is 2     输出：num is positive
num is 1     输出：num is positive
```

即学即测 14.5

见图 A.3。

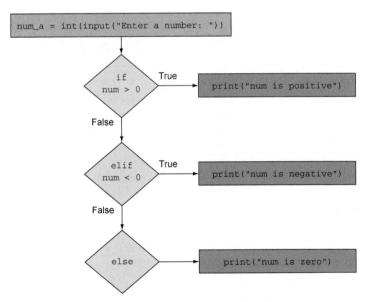

图 A.3　程序清单 14.3 的代码的流程图

即学即测 14.6

```
num            With if-elif-else        With if
-------------------------------------------------------------------
```

```
20             num is greater than 3      num is greater than 3
               Finished.                  Finished.
-------------------------------------------------------------------
9              num is less than 10        num is less than 10
               Finished.                  num is greater than 3
                                          Finished.
-------------------------------------------------------------------
5              num is less than 6         num is less than 6
               Finished.                  num is less than 10
                                          num is greater than 3
                                          Finished.
-------------------------------------------------------------------
0              num is less than 6         num is less than 6
               Finished.                  num is less than 10
                                          Finished.
```

章末检测的答案

问题 14.1

```
num1 = int(input("One number: "))
num2 = int(input("Another number: "))
if num1 < num2:
    print("first number is less than the second number")
elif num2 < num1:
    print("first number is greater than the second number")
else:
    print("numbers are equal")
```

问题 14.2

```
words = input("Enter anything: ")
if "a" in words and "e" in words and "i" in words and "o" in words and "u" in words:
    print("You have all the vowels!")
if words[0] == 'a' and words[-1] == 'z':
    print("And it's sort of alphabetical!")
```

第 16 章

即学即测的答案

即学即测

```
1. for i in range(8):
        print("crazy")

2. for i in range(100):
        print("centipede")
```

即学即测 16.2

1. 0, 1

2. 0, 1, 2, 3, 4

3．0, 1, 2, 3, 4, 5, 6, …, 99

章末检测的答案

问题

```
num = int(input("Tell me a number: "))
for i in range(num):
    print("Hello")
```

不使用 for 循环是无法完成这个任务的，因为我们并不知道用户提供的数字。

第 17 章

即学即测的答案

即学即测 17.1

1．0, 1, 2, 3, 4, 5, 6, 7, 8

2．3, 4, 5, 6, 7

3．-2, 0, 2

4．5, 2, -1, -4

5．（无）

即学即测 17.2

```
vowels = "aeiou"
words = input("Tell me something: ")
for letter in words:
    if letter in vowels:
        print("vowel")
```

章末检测的答案

问题 17.1

```
counter = 0
for num in range(2, 100, 2):
    if num%6 == 0:
        counter += 1
print(counter, "numbers are even and divisible by 6")
```

问题 17.2

```
count = int(input("How many books on Python do you have? "))
for n in range(count,0,-1):
    if n == 1:
        print(n, "book on Python on the shelf", n, "book on Python")
        print("Take one down, pass it around, no more books!")
    else:
```

```
        print(n, "books on Python on the shelf", n, "books on Python")
        print("Take one down, pass it around,", n-1, " books left.")
```

问题 17.3

```
names = input("Tell me some names, separated by spaces: ")
name= ""
for ch in names:

    if ch == " ":
        print("Hi", name)
        name = ""
    else:
        name += ch
#  处理最后一个名字（后面没有空格）
lastspace = names.rfind(" ")
print("Hi", names[lastspace+1:])
```

第 18 章

即学即测的答案

即学即测 18.1

```
password = "robot fort flower graph"
space_count = 0
for ch in password:
    if ch == " ":
        space_count += 1
print(space_count)
```

备注：上面的代码也可以用一个在字符串对象上执行的命令 count 来完成，用法是 password.count(" ")。

即学即测 18.2

```
secret = "snake"
word = input("What's my secret word? ")
guesses = 1
while word != secret:
    word = input("What's my secret word? ")
    if guesses == 20 and word != secret:
        print("You did not get it.")
        break
    guesses += 1
```

章末检测的答案

问题 18.1

```
#  订正后的代码
num = 8
guess = int(input("Guess my number: "))
while guess != num:
    guess = int(input("Guess again: "))
print("Right!")
```

问题 **18.2**

```
play = input("Play? y or yes: ")
while play == 'y' or play == "yes":
    num = 8
    guess = int(input("Guess a number! "))
    while guess != num:
        guess = int(input("Guess again: "))
    print("Right!")
    play = input("Play? y or yes: ")
print("See you later!")
```

第 20 章

即学即测的答案

即学即测 20.1

1. 独立的

2. 依赖的

3. 独立的

即学即测 20.2

1. 输入：笔、纸、姓名、地址、信封、邮票、婚礼日期、新婚夫妇。

输出：准备邮寄的婚礼函。

2. 输入：电话号码、电话。

输出：无。

3. 输入：硬币。

输出：正面或反面。

4. 输入：钱。

输出：衣服。

即学即测 20.3

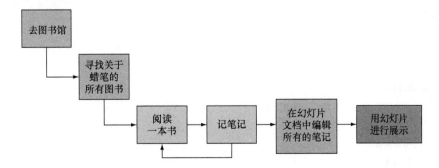

即学即测 20.4

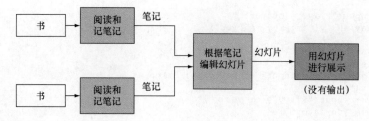

章末检测的答案

问题

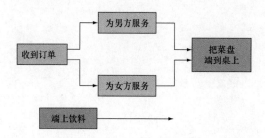

第 21 章

即学即测的答案

即学即测 21.1

1. def set_color(name, color):

2. def get_inverse(num):

3. def print_my_name():

即学即测 21.2

1. 3

2. 0

3. 4

即学即测 21.3

1. 是（当 2 和 3 是可以相加的变量类型时）

2. 是

3. 否（缩进错误）

即学即测 21.4

下面只是其中的几种可能性，还有很多其他的可能性。

1. get_age 或 get_tree_age

2. translate 或 dog_says

3. cloud_to_animal 或 take_picture

4. age、get_age 或 years_later

即学即测 21.5

1. 变量 sign 的长度（返回类型是整数）

2. 真（返回类型是布尔值）

3. "and toes"（返回类型是字符串）

即学即测 21.6

1. return (money_won, guessed)

2.

- (100, True)
- (1.0, False)
- 不打印任何东西
- 不打印任何东西

  False

  8.0

即学即测 21.7

1. 不打印任何东西

2. Hector is eating

3. Hector is eating 8 bananas

4. Hector is bananas is eating 8 bananas

5. None

章末检测的答案

问题

1.
```
def calculate_total(price, percent):
    tip = price*percent/100
    total = price + tip
    return total
```

2. calculate_total(20, 15)

3.
```
my_price = 78.55
my_tip = 20
total = calculate_total(my_price, my_tip)
print("Total is:", total)
```

第 22 章

即学即测的答案

即学即测 22.1

1. −11

   −11.0

2. −3

   −3.0

3. 24

   1.5

4. 32

   2.0

即学即测 22.2

1. 42

2. 6

3. 12

4. 21

即学即测 22.3

```
-----------------------------------------------
def sandwich(kind_of_sandwich):
    print("--------")
    print(kind_of_sandwich ())
    print("--------")
def blt():
    my_blt = " bacon\nlettuce\n tomato"
    return my_blt
def breakfast():
    my_ec = " eggegg\n cheese"
    return my_ec

print(sandwich(blt))                         <-------- 这里
                                             全局作用域
                                                sandwich：（一些代码）
                                                blt：（一些代码）
                                                breakfast：（一些代码）
-----------------------------------------------
def sandwich(kind_of_sandwich):              <-------- 这里
    print("--------")
    print(kind_of_sandwich ())
    print("--------")
def blt():
    my_blt = " bacon\nlettuce\n tomato"
    return my_blt
def breakfast():
    my_ec = " eggegg\n cheese"
    return my_ec
```

```
print(sandwich(blt))
```

全局作用域
 sandwich：（一些代码）
 blt：（一些代码）
 breakfast：（一些代码）
 sandwich(blt)的作用域
 kind_of_sandwich: blt

```
def sandwich(kind_of_sandwich):
    print("--------")
    print(kind_of_sandwich ())                          <-------- 这里
    print("--------")
def blt():
    my_blt = " bacon\nlettuce\n tomato"
    return my_blt
def breakfast():
    my_ec = " eggegg\n cheese"
return my_ec

print(sandwich(blt))
```

全局作用域
sandwich：（一些代码）
blt：（一些代码）
breakfast：（一些代码）
sandwich(blt)的作用域
kind_of_sandwich: blt

```
def sandwich(kind_of_sandwich):
    print("--------")
    print(kind_of_sandwich ())
    print("--------")
def blt():                                              <-------- 这里
    my_blt = " bacon\nlettuce\n tomato"
    return my_blt
def breakfast():
    my_ec = " eggegg\n cheese"
    return my_ec

print(sandwich(blt))
```

全局作用域
sandwich：（一些代码）
blt：（一些代码）
breakfast：（一些代码）
sandwich(blt)的作用域
 kind_of_sandwich: blt
 blt()的作用域

```
def sandwich(kind_of_sandwich):
    print("--------")
    print(kind_of_sandwich ())
    print("--------")
def blt():
    my_blt = " bacon\nlettuce\n tomato"
    return my_blt                                       <-------- 这里
def breakfast():
    my_ec = " eggegg\n cheese"
    return my_ec

print(sandwich(blt))
```

全局作用域

sandwich：（一些代码）
blt：（一些代码）
breakfast：（一些代码）
sandwich(blt) 的作用域
kind_of_sandwich: blt

blt() 的作用域
返回：bacon
　　　lettuce
　　　tomato

```
def sandwich(kind_of_sandwich):
    print("--------")
    print(kind_of_sandwich ())
    print("--------")                          <-------- 这里
def blt():
    my_blt = " bacon\nlettuce\n tomato"
    return my_blt
def breakfast():
    my_ec = " eggegg\n cheese"
    return my_ec

print(sandwich(blt))
```

全局作用域
sandwich：（一些代码）
　　blt：（一些代码）
breakfast：（一些代码）
sandwich(blt) 的作用域
kind_of_sandwich: blt
返回：None

即学即测 22.4

```
def grumpy():
    print("I am a grumpy cat:")
    def no_n_times(n):
        print("No", n,"times...")
        def no_m_more_times(m):
            print("...and no", m,"more times")
            for i in range(n+m):
                print("no")
        return no_m_more_times
    return no_n_times
grumpy()(4)(2)                                 <-------- 这里
```
全局作用域
grumpy：（一些代码）

```
def grumpy():                                  <-------- 这里
    print("I am a grumpy cat:")
    def no_n_times(n):
        print("No", n,"times...")
        def no_m_more_times(m):
            print("...and no", m,"more times")
            for i in range(n+m):
                print("no")
        return no_m_more_times
    return no_n_times

grumpy()(4)(2)
```
全局作用域
grumpy：（一些代码）

```
                                              grumpy()的作用域
----------------------------------------------------------------
def grumpy():
    print("I am a grumpy cat:")
    def no_n_times(n):
        print("No", n,"times...")
        def no_m_more_times(m):
            print("...and no", m,"more times")
            for i in range(n+m):
                print("no")
        return no_m_more_times
    return no_n_times                          <-------- 这里

grumpy()(4)(2)
                                              全局作用域
                                              grumpy: （一些代码）
                                              grumpy()的作用域
                                              no_n_times(): （一些代码）
                                              返回: no_n_times
----------------------------------------------------------------
def grumpy():
    print("I am a grumpy cat:")
    def no_n_times(n):
        print("No", n,"times...")
        def no_m_more_times(m):
            print("...and no", m,"more times")
            for i in range(n+m):
                print("no")
        return no_m_more_times
    return no_n_times

grumpy()(4)(2)                                 <-------- 这里
                                              这一行现在是 no_n_times(4)(2)
                                              全局作用域
                                              grumpy: （一些代码）
----------------------------------------------------------------
def grumpy():
    print("I am a grumpy cat:")
    def no_n_times(n):                         <-------- 这里
        print("No", n,"times...")
        def no_m_more_times(m):
            print("...and no", m,"more times")
            for i in range(n+m):
                print("no")
        return no_m_more_times
    return no_n_times
grumpy()(4)(2)
                                              全局作用域
                                                grumpy: （一些代码）
                                              no_n_times(4)的作用域
                                              n:
                                              no_m_more_times: （一些代码）
----------------------------------------------------------------
def grumpy():
    print("I am a grumpy cat:")
    def no_n_times(n):
        print("No", n,"times...")
        def no_m_more_times(m):
            print("...and no", m,"more times")
            for i in range(n+m):
```

```
            print("no")
        return no_m_more_times                        <-------- 这里
    return no_n_times

grumpy()(4)(2)
```
全局作用域
grumpy：（一些代码）
no_n_times(4)的作用域
n:4
no_m_more_times：（一些代码）
返回：no_m_more_times

```
def grumpy():
    print("I am a grumpy cat:")
    def no_n_times(n):
        print("No", n,"times...")
        def no_m_more_times(m):
            print("...and no", m,"more times")
            for i in range(n+m):
                print("no")
        return no_m_more_times
    return no_n_times

grumpy()(4)(2)                                          <-------- 这里
```
这一行现在是 no_m_more_times(2)
全局作用域
grumpy：（一些代码）

```
def grumpy():
    print("I am a grumpy cat:")
    def no_n_times(n):
        print("No", n,"times...")
        def no_m_more_times(m):                        <-------- 这里
            print("...and no", m,"more times")
            for i in range(n+m):
                print("no")
        return no_m_more_times
    return no_n_times

grumpy()(4)(2)
```
全局作用域
grumpy：（一些代码）
no_m_more_times(2)的作用域
m: 2

```
def grumpy():
    print("I am a grumpy cat:")
    def no_n_times(n):
        print("No", n,"times...")
        def no_m_more_times(m):
            print("...and no", m,"more times")
            for i in range(n+m):
                print("no")                            <-------- 这里
        return no_m_more_times
    return no_n_times
grumpy()(4)(2)
```
全局作用域

grumpy：（一些代码）
no_m_more_times(2)的作用域
m: 2

返回：None

```
-------------------------------------------------------------
def grumpy():
    print("I am a grumpy cat:")
    def no_n_times(n):
        print("No", n,"times...")
        def no_m_more_times(m):
            print("...and no", m,"more times")
            for i in range(n+m):
                print("no")
        return no_m_more_times
    return no_n_times

grumpy()(4)(2)                              <-------- 这里
在一行完成
全局作用域
                                    grumpy: （一些代码）
```

章末检测的答案

问题 22.1

```
def area(shape, n):
    # 编写一行代码，返回一个参数为 n 的通用形状的面积
    return shape(n)
```

1. area(circle, 10)

2. area(square, 5)

3. area(circle, 4/2)

问题 22.2

```
def person(age):
    print("I am a person")
    def student(major):
        print("I like learning")
        def vacation(place):
            print("But I need to take breaks")
            print(age,"|",major,"|",place)
        return vacation
    return student
```

1. person(29)("CS")("Japan")

2. person(23)("Law")("Florida")

第 24 章

即学即测的答案

即学即测 24.1

见图 A.4。

即学即测 24.2

1. 不可变对象（元组，因为城市名称不会改变）或可变对象（列表，因为可以根据需要增加或删除城市）。

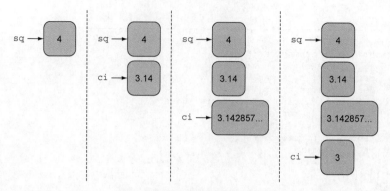

图 A.4   语句序列的可视化形式

2. 不可变对象，可以使用整数（这种情况下可变对象并无优势，因为年龄只是一个数据项，因此修改年龄的开销并不值得改用可变对象）。

3. 可变对象，可以使用字典存储一个物品以及它的价格。

4. 不可变对象，可以使用字符串。

章末检测的答案

问题

one 是一个不可变对象。

age 是一个可变对象。

第 25 章

即学即测的答案

即学即测 25.1

1. 元组

2. 元组

3. 元线

4. 列表

5. 列表

即学即测 25.2

1. tape

2. mouse

3. Error, index out of bounds（错误，索引超出范围）

4. stapler

即学即测 **25.3**

```
1
4
0
8
2
error
```

即学即测 **25.4**

1. `[1, '1']`

2. `[0, ['zero']]` （注意，第 2 个元素是另外一个列表）

3. `[]`

4. `[1,2,3,4,5]`

   `[0,1,2,3,4,5]`

即学即测 **25.5**

```
[3,1,4,1,5,9]
[3,1,4,1,5]
[3,1,4,1]
```

即学即测 **25.6**

1. `[1, 2, 3, 4, 7, 11, 13, 17]`

2. `[1, 2, 3, 4, 6, 11, 13, 17]`

3. `[1, 2, 3, 4, 6, 11, 13, 1]`

4. `[3, 2, 3, 4, 6, 11, 13, 1]`

章末检测的答案

问题 **25.1**

1. ```
   menu = []
   menu.append("pizza")
   menu.append("beer")
   menu.append("fries")
   menu.append("wings")
   menu.append("salad")
   ```

2. ```
   menu[0] = menu[-1]
   menu[-1] = ""
   menu.pop(1)
   menu[-1] = "pizza"
   ```

3. ```
   menu.pop()
   menu.pop()
   menu.pop()
   menu.append("quinoa")
   menu.append("steak")
   ```
   ```

问题 **25.2**

```
def unique(L):
    L_unique = []
    for n in L:
        if n not in L_unique:
            L_unique.append(n)
    return L_unique
```

问题 **25.3**

```
def unique(L):
    L_unique = []
    for n in L:
        if n not in L_unique:
            L_unique.append(n)
    return L_unique

def common(L1, L2):
    unique_L1 = unique(L1)
    unique_L2 = unique(L2)
    length_L1 = len(unique_L1)
    length_L2 = len(unique_L2)
    if length_L1 != length_L2:
        return False
    else:
        for i in range(length_L1):
            if L1[i] not in L2:
            return False
    return True
```

第 26 章

即学即测的答案

即学即测 **26.1**

```
['g', 'n', 'i', 'm', 'm', 'a', 'r', 'g', 'o', 'r', 'p']
['a', 'g', 'g', 'i', 'm', 'm', 'n', 'o', 'p', 'r', 'r']
['r', 'r', 'p', 'o', 'n', 'm', 'm', 'i', 'g', 'g', 'a']
['a', 'g', 'g', 'i', 'm', 'm', 'n', 'o', 'p', 'r', 'r']
['a', 'g', 'g', 'i', 'm', 'm', 'n', 'o', 'p', 'r', 'r']
```

即学即测 **26.2**

1. board = [[empty, empty, empty], [x, x, x], [o, o, o]]

2. board = [[x, o, x, o], [o, o, x, x], [o, empty, x, x]]

即学即测 **26.3**

1. " abcdefghijklmnopqrstuvwxyz".split(" ")

2. "spaces and more spaces".split(" ")

3. "the secret of life is 42".split("s")

即学即测 **26.4**

1. 堆栈

2. 堆栈

3. 队列

4. 皆不是（因为第一个出现的行李可能一直不会有人提取）

章末检测的答案

问题 26.1

```
cities = "san francisco,boston,chicago,indianapolis"
city_list = cities.split(",")
city_list.sort()
print(city_list)
```

问题 26.2

```
def is_permutation(L1, L2):
    L1.sort()
    L2.sort()
    return L1 == L2
```

第 27 章

即学即测的答案

即学即测 27.1

1. employee_database = {}

   键：姓名字符串

   值：元组(字符串形式的电话号码, 字符串形式的家庭地址)

2. snow_accumulation = {}

   键：表示城市的字符串

   值：元组(表示 1990 年的整数，表示 1990 年降雪量的浮点数，表示 2000 年的　　整数，表示 2000 年降雪量的浮点数)

3. valuables = {"tv": 2000, "sofa": 1500}

   键：表示物品名称的字符串

   值：表示物品价格的整数

即学即测 27.2

1. 3 个条目，整数映射到整数。

2. 3 个条目，字符串映射到整数。

3. 3 个条目，整数映射到列表。

即学即测 27.3

```
{}
{'LA': 3884}
```

```
{'NYC': 8406, 'LA': 3884}
{'NYC': 8406, 'LA': 3884, 'SF': 837}
{'NYC': 8406, 'LA': 4031, 'SF': 837}
```

即学即测 27.4

```
3.14
1.41
```
（将会出现错误）

即学即测 27.5

（顺序无关紧要，原因如下一节所述）

```
25
51
35
```

章末检测的答案

问题 27.1

```python
songs = {"Wannabe": 3, "Roar": 4, "Let It Be": 5, "Red Corvette": 5, "Something": 1}

for s in songs.keys():
    if songs[s] == 5:
        print(s)
```

问题 27.2

```python
def replace(d, v, e):
    for k in d:
        if d[k] == v:
            d[k] = e
```

问题 27.3

```python
def invert(d):
    d_inv = {}
    for k in d:
        v = d[k]
        if v not in d_inv:
            d_inv[v] = [k]
        else:
            d_inv[v].append(k)
    return d_inv
```

第 28 章

即学即测的答案

即学即测 28.1

1. 相同的 ID

2. 相同的 ID

3. 相同的 ID（从理论上说，它应该是一个不同的 ID，因为不可变对象没有别名。但是，Python 在背后进行了优化，引用了具有相同值的现有对象，而不是创建一个新对象。这种优化并不保证一定会发生）

即学即测 28.2

1. 相同的 ID

2. 相同的 ID

3. 不同的 ID（创建了一个恰好具有相同元素的其他对象，并不是原先对象的别名）

即学即测 28.3

1. 是

2. 是

3. 是

4. 是

5. 否

即学即测 28.4

1. order = sorted(chaos)

2. colors.sort()

3. cards = deck

章末检测的答案

问题 28.1

```
def invert_dict(d):
    new_d = {}
    for k in d.keys():
        new_d[d[k]] = k
    return new_d
```

问题 28.2

```
def invert_dict_inplace(d):
    new_d = d.copy()
    d = {}
    for k in new_d.keys():
        d[d_new[k]] = k
```

第 30 章

即学即测的答案

即学即测 30.1

1. 是的，可以用一个整数来表示。

2. 是的，可以用一个元组来表示。

3. 不行（需要决定用哪些属性和行为来定义一个人。例如，姓名、年龄、身高、体重、是否会走路、是否会说话？）。

4. 不行（需要决定用哪些属性和行为来定义一把椅子。例如，椅脚的数量、椅子的高度、深度。我们可以对椅子做什么？）。

即学即测 30.2

1. 宽度和高度。

2. 宽度、高度、深度、端口数量、像素数量等。

3. 椅脚的数量、是否有靠背、是否有坐垫。

4. 姓名、年龄、身高、体重、头发的颜色、眼睛的颜色等。

即学即测 30.3

1. 计算面积或周长。

2. 打开或关闭、取屏幕对角线的长度、把电缆连接到一个端口。

3. 让人坐在椅子上、切掉一个椅脚、增加一个座垫。

4. 更改姓名、增加年龄、改变头发的颜色。

即学即测 30.4

1. 字符串

2. 列表

3. 字典

4. 字符串

第 31 章

即学即测的答案

即学即测 31.1

1. class Person(object):

2. class Car(object):

3. class Computer(object):

即学即测 31.2

```
class Person(object):
    def __init__(self):
        self.name = ""
        self.age = 0

class Car(object):
    def __init__(self):
        self.length = 0
        self.width = 0
        self.height = 0

class Computer(object):
    def __init__(self):
        self.on = False
        self.touchscreen = False
```

即学即测 31.3

```
class Door(object):
    def __init__(self):
        self.width = 1
        self.height = 1
        self.open = False
    def get_status(self):
        return self.open
    def get_area(self):
        return self.width*self.height
```

即学即测 31.4

```
square_door = Door()
square_door.change_state()
square_door.scale(3)
```

即学即测 31.5

```
a = Rectangle(1,1)
b = Rectangle(1,1)
Rectangle.set_length(a, 4)
Rectangle.set_width(b, 4)
```

章末检测的答案

问题 31.1

```
def get_area(self):
    """ 返回圆的面积 """
    return 3.14*self.radius**2

# 测试方法
a = Circle()
print(a.get_area())     # 应该为 0
a.change_radius(3)
print(a.get_area())     # 应该为 28.26
```

问题 31.2

```
def get_area(self):
    """ 返回矩形的面积 """
    return self.length*self.width

def get_perimeter(self):
    """ 返回矩形的周长 """
    return self.length*2 + self.width*2
```

第 32 章

即学即测的答案

即学即测 32.1

```
def add_list(self, L):
    for e in L:
        self.stack.append(e)
```

即学即测 32.2

```python
circles = Stack()
for i in range(3):
    one_circle = Circle()
    one_circle.change_radius(3)
    circles.add_one(one_circle)
rectangles = Stack()
one_rectangle = Rectangle(1, 1)
rectangles.add_many(one_rectangle, 5)
```

章末检测的答案

问题

```python
class Queue(object):
    def __init__(self):
        self.queue = []
    def get_queue_elements(self):
        return self.queue.copy()
    def add_one(self, item):
        self.queue.append(item)
    def add_many(self, item, n):
        for i in range(n):
            self.queue.append(item)
    def remove_one(self):
        self.queue.pop(0)
    def remove_many(self, n):
        for i in range(n):
            self.queue.pop(0)
    def size(self):
        return len(self.queue)
    def prettyprint(self):
        for thing in self.queue[::-1]:
            print('|_',thing, '_|')

#   通过创建对象并执行一些操作来对这个类进行测试
a = Queue()
a.add_one(3)
a.add_one(1)
a.prettyprint()
a.add_many(6,2)
a.prettyprint()
a.remove_one()
a.prettyprint()
b = Queue()
b.prettyprint()
```

第 33 章

即学即测的答案

即学即测 33.1

```python
def __sub__(self, other_fraction):
```

```
    new_top = self.top*other_fraction.bottom - \
            self.bottom*other_fraction.top
    new_bottom = self.bottom*other_fraction.bottom
    return Fraction(new_top, new_bottom)
```

即学即测 33.2

```
def __str__(self):
        toreturn = str(self.top) + "\n--\n" + str(self.bottom)
        return toreturn
```

即学即测 33.3

1. quarter.__mul__(half)

   Fraction.__mul__(quarter, half)

2. quarter.__str__()

   Fraction.__str__(quarter)

3. (half.__mul__(half)).__str__()

   Fraction.__str__(Fraction.__mul__(half, half))

章末检测的答案

问题

```
class Circle(object):
    def __init__(self):
        self.radius = 0
    def change_radius(self, radius):
        self.radius = radius
    def get_radius(self):
        return self.radius
    def __str__(self):
        return "circle: "+str(self.radius)


class Stack(object):
    def __init__( self):
        self.stack = []
    def get_stack_elements(self):
        return self.stack.copy()
    def add_one(self , item):
        self.stack.append(item)
    def add_many(self , item, n):
        for i in range(n):
            self.stack.append(item)
    def remove_one(self):
        self.stack.pop()
    def remove_many(self , n):
        for i in range(n):
            self.stack.pop()
    def size(self):
        return len(self.stack)
    def prettyprint(self):
        for thing in self.stack[::-1]:
            print('|_',thing, '_|')
    def __str__(self):
```

```
        ret = ""
        for thing in self.stack[::-1]:
            ret += ('|_ '+str(thing)+ ' _|\n')
        return ret
```

第 35 章

即学即测的答案

即学即测 35.1

```
import fruits
import activities
```

即学即测 35.2

```
import math

distance = float(input("How far away is your friend? (m) "))
speed = float(input("How fast can you throw? (m/s) "))

tolerance = 2

#  0 度表示平抛，90 度表示垂直向上抛
for i in range(0,91):
    angle_r = math.radians(i)
    reach = 2*speed**2*math.sin(angle_r)*math.cos(angle_r)/9.8
    if reach > distance - tolerance and reach < distance + tolerance:
        print("angle: ", i, "Nice throw!")
    elif reach < distance - tolerance:
        print("angle: ", i, "You didn't throw far enough.")
    else:
        print("angle: ", i, "You threw too far.")
```

即学即测 35.3

```
import random

heads = 0
tails = 0
for i in range(100):
    r = random.random()
    if r < 0.5:
        heads += 1
    else:
        tails += 1
print("Heads:", heads)
print("Tails:", tails)
```

即学即测 35.4

```
import time
import random

count = 0
start = time.clock()
```

```
for i in range(10000000):
    count += 1
    random.random()

end = time.clock()
print(end-start) # 打印大约 4.5 秒
```

章末检测的答案

问题

```
import time
import random

def roll_dice():
    r = str(random.randint(1,6))
    # put bars around the number so it looks like a dice
    dice = "  _ \n|" + r + "|"
    print(dice)
    return r

start = time.clock()

p = "roll"
while p == "roll":
    print("You rolled a dice...")
    userroll = roll_dice()
    print("Computer rolling...")
    comproll = roll_dice()
    time.sleep(2)
    if userroll >= comproll:
        print("You win!")
    else:
        print("You lose.")
    p = input("Type roll to roll again, any other key to quit: ")

end = time.clock()
print("You played for", end-start, "seconds.")
```

第 36 章

即学即测的答案

即学即测 36.1

```
class TestMyCode(unittest.TestCase):
    def test_addition_5_5(self):
        self.assertEqual(5+5, 10)
    def test_remainder_6_2(self):
        self.assertEqual(6%2, 0)
```

即学即测 36.2

```
def is_prime(n):
```

```
        prime = True
        for i in range(2,n):
            if n%i == 0:
                prime = False
        return prime

 def absolute_value(n):
        if n < 0:
            return -n
        elif n >= 0:
            return n
```

即学即测 36.3

1. `assertFalse(x, msg=None)`

2. `assertIn(a, b, msg=None)`

3. `assertDictEqual(a, b, msg=None)`

即学即测 36.4

1. 在 `isprime = funcs.is_prime(5)`这一行设置断点。

2. 单击带两条竖杠的蓝色箭头，单击双箭头按钮。

3. 步进到这个函数，并注意到循环是从 1 而不是 2 开始的。

章末检测的答案

问题

```
import unittest

def remove_buggy(L, e):
    """
    L，列表
    e，任意对象
    从 L 删除所有的 e
    """
    for i in L:
        if e == i:
            L.remove(i)

def remove_fixed(L, e):
    """
    L，列表
    e，任意对象
    从 L 删除所有的 e
    """
    for i in L.copy():
        if e == i:
            L.remove(i)

class Tests(unittest.TestCase):
    def test_123_1(self):
        L = [1,2,3]
        e = 1
        remove_buggy(L,e)
        self.assertEqual(L, [2,3])
    def test_1123_1(self):
```

```
L = [1,1,2,3]
e = 1
remove_buggy(L,e)
self.assertEqual(L, [2,3])

unittest.main()
```

第 37 章

即学即测的答案

即学即测 37.1

1. 按钮：单击。

2. 滚动条：用鼠标拖曳。

3. 菜单：悬停在一个部件上面并单击它。

4. 画布：画直线、圆、矩形，擦除。

即学即测 37.2

1. ```
   import tkinter
   window = tkinter.Tk()
   window.geometry("500x200")
   window.title("go go go")
   window.configure(background="green")
   window.mainloop()
   ```

2. ```
   import tkinter
   window = tkinter.Tk()
   window.geometry("100x900")
   window.title("Tall One")
   window.configure(background="red")
   window.mainloop()
   ```

3. ```
   import tkinter
   window1 = tkinter.Tk()
   window1.geometry("100x100")
   window1.configure(background="white")
   window2 = tkinter.Tk()
   window2.geometry("100x100")
   window2.configure(background="black")
   window1.mainloop()
   window2.mainloop()
   ```

即学即测 37.3

```
btn = tkinter.Button(window, text="Click here", bg="orange")
radio_btn1 = tkinter.Radiobutton()
```
```

```
    radio_btn2 = tkinter.Radiobutton()
    check_btn = tkinter.Checkbutton()
```

即学即测 37.4

```
import tkinter
import random

def changecolor():
    r = random.choice(["red", "green", "blue"])
    window.configure(background=r)
window = tkinter.Tk()
window.geometry("800x600")
window.title("My first GUI")

btn = tkinter.Button(window, text="Random color!", command=changecolor)
btn.pack()

window.mainloop()
```

章末检测的答案

问题

```
import tkinter

window = tkinter.Tk()
window.geometry("200x800")
window.title("PhoneBook")

phonebook = {}

def add():
    name = txt_name.get()
    phone = txt_phone.get()
    email = txt_email.get()
    phonebook[name] = [phone, email]
    lbl.configure(text = "Contact added!")

def show():
    s = ""
    for name, details in phonebook.items():
        s += name+"\n"+details[0]+"\n"+details[1]+"\n\n"
    lbl.configure(text=s)

txt_name = tkinter.Entry()
txt_phone = tkinter.Entry()
txt_email = tkinter.Entry()

btn_add = tkinter.Button(text="Add contact", command=add)
btn_show = tkinter.Button(text="Show all", command=show)

lbl = tkinter.Label()

txt_name.pack()
txt_phone.pack()
txt_email.pack()
btn_add.pack()
btn_show.pack()
lbl.pack()
window.mainloop()
```

附录 B　Python 语法摘要

变量名

- 大小写敏感。
- 不能以数字开头。
- 不能是 Python 的关键字。
- 正确的变量名: `name`、`my_name`、`my_1st_name`、`name2`。
- 不正确的变量名: `13_numbers`、`print`。

字符串的操作

描述	操作符	例子	输出
相等	==	`'me' == 'ME'`	False
		`'you' == 'you'`	True
不相等	!=	`'me' != 'ME'`	True
		`'you' != 'you'`	False
小于	<	`'A' < 'a'`	True
		`'b' < 'a'`	False
小于或等于	<=	`'Z' <= 'a'`	True
		`'a' <= 'a'`	True
大于	>	`'a' > 'B'`	True
		`'a' > 'z'`	False

续表

描述	操作符	例子	输出
大于或等于	>=	'a' >= 'a'	True
		'a' >= 'z'	False
包含于	in	'Go' in 'Gopher'	True
		'py' in 'PYTHON'	False
长度	len	len('program')	7
		len('')	0

s = "Python Cheat Sheet"的字符串索引操作

索引/截取	结果
s[0]	'P'
s[-1]	't'
s[6]	' '
s[2:10]	'thon Che'
s[7:15:2]	'CetS'
s[4:8:-1]	''
s[13:3:-2]	'SteCn'
s[::]	'Python Cheat Sheet'
s[::-1]	'teehS taehC nohtyP'

L = ['hello', 'hi', 'welcome']的列表操作

截取	结果
索引/截取	与字符串相同
L[0][0]	'h'
len(L)	3
L.append([])	['hello', 'hi', 'welcome', []]
'hi' in L	True
L[1] = 'bye'	['hello', 'bye', 'welcome']
L.remove('welcome')	['hello', 'hi']

可变对象与不可变对象

- 不可变对象：整数、浮点数、字符串、布尔值。

- 可变对象：列表、字典。
- 在迭代时修改可变对象要小心。

字典

- 键不能是可变对象。
- 值可以是可变对象或不可变对象。

附录 C　有趣的 Python 程序库

已经看到过的程序库

名称	描述
math	数学运算
random	与伪随机数有关的操作
time	使用时钟的操作
unittest	用于添加测试的框架
tkinter	使用图形用户接口

其他有趣的程序库

名称	描述
numpy	高级数学运算 ■ 创建数据和矩阵的多维矩阵 ■ 用全零、随机数等填充数组 ■ 在元素或元素对上执行数组的数学运算 ■ 改变数组的维度
scrapy	用于网页数据抓取 ■ 抓取网页并提取数据 ■ 可以导出多种标准格式的数据（CSV、JSON、XML）

续表

名称	描述
matplotlib	创建平面图和图形 ■　创建柱状图、线状图、直方图、箱形图、饼状图、散点图 ■　创建图像、轮廓、流图 ■　添加文本、标签、轴线、图例以及修改数据标记
pygame	二维游戏开发 ■　可以添加图像、绘制形状、加载光标 ■　管理基于游戏杆、鼠标或键盘输入的事件 ■　操作声音、图像和计时 ■　通过缩放、旋转或反转对图像进行转换
scipy	科学计算工具和算法 ■　解决积分、微分方程和数值优化 ■　可以进行数据集群、进行信号处理（以及图像的失真）以及各种统计分析
smtplib	电子邮件 ■　设置数据，合成带标题的电子邮件信息 ■　认证和加密
pillow	处理图像 ■　创建缩略图、转换图像格式和打印图像 ■　处理图像（改变大小、旋转、改变对比度和亮度、图像的失真）
wxpyton	处理图形用户接口（tkinter 的替代）
pyqt	处理图形用户接口（tkinter 的替代）
nltk	自然语言工具箱 ■　分析单词、句子、文本 ■　创建一个与部分发言相对应的单词 ■　从文本中根据分类提取名称（人、地点、时间、数量等）
basemap	在图像上绘制数据 ■　matplotlib 的扩展 ■　绘制海岸线、陆地、国界 ■　绘制点和等高线 ■　读取点数据，用于绘制多边形
sqlalchemy	数据库 ■　以一种面向对象的方式与数据库进行交互
pandas	数据分析 ■　处理表格数据、时间序列数据、矩阵数据和统计数据